机械制造工艺与夹具

（第3版）

主　编　卞洪元

副主编　崔益银　陈为华

主　审　张　勇

北京理工大学出版社

BEIJING INSTITUTE OF TECHNOLOGY PRESS

图书在版编目（CIP）数据

机械制造工艺与夹具 / 卞洪元主编. —— 3 版. —— 北京：北京理工大学出版社，2021.7

ISBN 978 - 7 - 5763 - 0124 - 3

Ⅰ. ①机… Ⅱ. ①卞… Ⅲ. ①机械制造工艺 – 高等学校 – 教材②机床夹具 – 高等学校 – 教材 Ⅳ. ①TH16 ②TG75

中国版本图书馆 CIP 数据核字（2021）第 153604 号

出版发行 / 北京理工大学出版社有限责任公司

社　　　址 / 北京市海淀区中关村南大街 5 号

邮　　　编 / 100081

电　　　话 / （010）68914775（总编室）

　　　　　　（010）82562903（教材售后服务热线）

　　　　　　（010）68944723（其他图书服务热线）

网　　　址 / http：//www.bitpress.com.cn

经　　　销 / 全国各地新华书店

印　　　刷 / 涿州市新华印刷有限公司

开　　　本 / 787 毫米 × 1092 毫米　1/16

印　　　张 / 16

字　　　数 / 376 千字

版　　　次 / 2021 年 7 月第 3 版　2021 年 7 月第 1 次印刷

定　　　价 / 68.00 元

责任编辑 / 多海鹏

文案编辑 / 辛丽莉

责任校对 / 周瑞红

责任印制 / 李志强

第3版前言

　　《机械制造工艺与夹具》是高等职业教育"十三五"创新型规划教材。本书于2010年2月由北京理工大学出版社正式出版后，一直受到全国广大职业院校的普遍欢迎。为使本书能够进一步反映新理念、融合新内容、体现新教法，更好地服务于职业院校的"三教"（教师、教材、教法）改革，切实践行教育部关于在职业院校推行"教学诊改"工作的重要思想，不断提升教育教学质量，在总结本书第2版使用实践的基础上，修订、编写了本书第3版。

　　本次修订本着推陈出新、扬优补缺的原则，继续保持第2版的框架结构、特色、原有基本内容和经典内容的论述，更注重知识的必要性和实用性，突出理论、实训与实践紧密结合，注重联系生产实际和强化应用，同时根据高等职业教育发展与改革的新形势及最新国家标准，进一步精选和修订教学内容，适量增加了先进制造工艺、智能制造等相关内容，对培养高素质的高等职业技术人才奠定必要的机械制造工艺方面的基础，在培养学生的工程意识、创新思维、运用规范的工程语言、技术信息与解决工程实际问题的能力方面，进行全新、全面的探索。

　　参加本书修订工作的有江苏联合职业技术学院盐城机电分院卞洪元（第1、3、6、7章，全书统稿和修改）；江苏联合职业技术学院盐城机电分院崔益银（绪论、第5章），江苏省盐城技师学院陈为华（第2、4章）；河北机电职业技术学院张勇。本书由卞洪元任主编，崔益银、陈为华任副主编，张勇任主审。

　　由于编者水平有限，书中的缺点、错误在所难免，恳请读者批评指正。

编　者

绪　论

机械制造工业是国民经济的物质基础和产业主体，是国家科技水平和综合实力的重要标志，是以信息化带动和加速工业化的主导产业，是科技的基本载体和孕育母体，是在新科技革命条件下实现科技创新的主要舞台，是国家国际竞争力的重要体现，是世界产业转移和调整的承接主体，决定着中国在经济全球化格局中的国际分工地位。大机器制造业的发展，将有助于塑造工业文明的道德基础和市场经济秩序。因此，机械制造工业的技术水平和规模是衡量一个国家科技水平和经济实力的重要标志。

经过多年的发展，我国机械制造工业已取得很大成绩，逐步形成了基本产品门类齐全、配置比较合理的机械制造工业体系。它不仅为国民经济制造普通机械、农业机械、运输机械、电力机械、重型机械、仪表及各种机床等机械产品，也制造农业机械化、电力工业、煤炭工业、冶金工业、交通运输、石油工业及港口等大型成套设备。随着科学技术的发展，在高新技术产品的开发方面也取得了长足的进步，如 20－100GM500NC 超重型数控龙门铣床、PJ－1 喷漆机器人、SX041 大规模集成电路光栅数显仪、300 t 立式弯板机、125 t 液压起重机、数控平面磨床等新产品都达到了世界先进水平。

我国机械制造工业虽然取得了很大成绩，但与工业发达国家相比，在生产能力、技术水平、管理水平和劳动生产率等方面还有很大差距。因此，我国机械制造工业今后的发展除不断提高常规机械生产的工艺装备与工艺水平外，还必须研究开发优质、高效精密装备与工艺，为高新技术产品的生产提供新工艺、新装备，同时须加强基础技术研究，消化和掌握引进技术，提高自主开发能力，从而形成常规制造技术与先进制造技术并进的机械制造工业结构。

机械制造工业的生产能力主要取决于机械制造装备的先进程度，产品性能和质量的好坏则取决于制造过程中工艺水平的高低。将设计图样转化成产品，离不开机械制造工艺与夹具，因而它是机械制造业的基础，是生产高科技产品的保障。离开了它，就不能开发制造出先进的产品和保证产品质量，不能提高生产率、降低成本和缩短生产周期。

机械制造工艺与夹具课程是以机械制造中的工艺和工装设计问题为研究对象的一门应用性制造技术学科。所谓工艺，是使各种原材料、半成品成为产品的方法和过程，机械制造工艺是各种机械的制造方法和过程的总称。在生产过程中，用来迅速、方便、安全地装夹工件的工艺装备，称为夹具。所谓制造技术学科，就是在深入了解实际的基础上，利用各种基础理论知识，经过实事求是地分析和对比，找出客观规律，解决面临的工艺问题的学科。机械生产中制造工艺是最活跃的因素，它既是构思和想法，又是实实在在的方法和手段，因此，机械制造工艺过程的分析和研究，如何科学地、优质、高产、低耗生产各类机械产品及装备，并最终落实在由机床、刀具、夹具和工件组成的工艺系统中是本课程的重点。机械制造工艺与夹具课程包含和涉及的范围很广，如零件的毛坯制造、机械加工及热处理和产品的装配等，且需要多门学科的支持，同时又和生产实际紧密联系，本课程主要从质量（精度、寿命）、劳动生产率（先进的工艺方法和装备、先进的生产组织和管理方法）和经济性等几个方面进行研究，即在保证产品质量的前提下实现高生产效率和获得良好的经济效益。

　　机械制造工艺与夹具课程是机械类各专业的一门主要专业课。通过本课程的学习及相关实践教学环节的训练，学生初步具备分析和解决机械制造工艺问题的能力。本课程的基本要求如下：

　　（1）掌握机械制造工艺的基本理论（包括定位和基准理论、工艺和装配尺寸链理论、加工精度和误差分析理论、表面结构和机械振动理论等）。

　　（2）掌握机床夹具的基本理论，并合理使用。

　　（3）具有制定中等复杂零件的机械加工工艺规程、设计夹具和制定一般产品的装配工艺规程的初步能力。

　　（4）了解现代（先进）制造技术的新成就、发展方向和一些重要的现代（先进）制造技术，以扩大视野、开阔思路、提高工艺等制造技术水平和增强人才的竞争力及就业能力。

　　本课程虽只涉及机械制造工艺中最基本的理论知识，然而，无论工艺水平发展到何种程度，都和这些基本理论知识有着密切的关系。因此，必须学好本课程，为今后的工作实践中不断增加工艺知识，提高分析和解决工艺等制造技术问题的能力打下坚实基础。

　　本课程既是机械制造专业的一门重要专业课程，又是综合多门课程知识进行应用、研究，解决生产实际工艺问题的归结性课程，理论与实际联系密切。本课程的内容来自生产和科研实践，而工艺理论的发展又促进和指导生产的发展。学习机械制造工艺学的目的在于应用，在于提高工艺水平。因此，要多下工厂、多实践，要重视试验、生产实习和专业实习。有了一定的感性知识，就容易理解和掌握工艺学的概念、理论和方法。在学习过程中，要着重理解和掌握基本概念及其在实际中的应用，要多做习题和思考题，要重视课程设计。机械制造工艺学是制造技术学科中的核心内容，属"软技术"范畴，特别是工艺理论和工艺方法的应用灵活性很大。因此，学习时要善于综合运用已学过的专业基础课和专业课，深入接触社会，了解我国的经济政策和亚洲及世界的经济形势，拓宽知识面，根据具体条件和情况，实事求是地进行辩证的分析。

✔ 本门课程对应岗位

机械制造工艺与夹具课程是以机械制造中的工艺和工装设计问题为研究对象的一门应用性制造技术学科，是工科院校机械类各专业必修的专业课。本门课程适合高职高专机电一体化、数控技术、机械制造及自动化、模具设计与制造等专业理论及技能的教学和培训。通过学习本课程，可以掌握机械制造工艺与夹具的基本理论，获得零件加工工艺的基础知识及基本技能，为学习其他相关课程和将来从事机械加工方面的工作奠定必要的工艺基础。

✔ 岗位需求知识点

1. 机械制造工艺的基本理论：加工定位原理与定位基准的选择方法；工艺尺寸链和装配尺寸链的计算方法及应用；加工精度与表面结构控制等。

2. 机械制造工艺的基本知识：工艺过程设计的基本知识；机床夹具的基本知识；装配工艺过程设计的方法；机械制造工艺过程的技术经济分析及提高劳动生产率的途径。

3. 机械加工过程的一般工艺问题。

4. 机械制造领域中先进制造技术的应用及发展趋势。

目　录

第1章

机械加工工艺规程的制定

本章知识点

1. 生产过程的基本概念；
2. 工艺规程及其制定原则、原始资料、制定步骤；
3. 制定工艺规程时要解决的主要问题。

先导案例

加工如图 1-1 所示的一批零件，试确定其加工工艺路线。

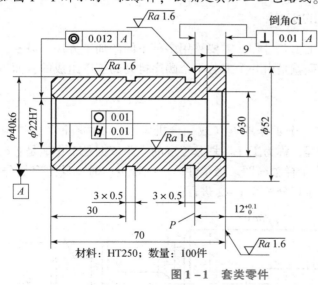

图 1-1 套类零件

1.1 基本概念

1.1.1 生产过程、机械加工工艺过程和机械加工工艺系统

1. 生产过程

机械产品的生产过程是将原材料转变为成品的全过程。它包括原材料的运输和保管、生

产技术准备过程、毛坯制造过程、机械加工过程、热处理过程、装配过程、检验过程、喷涂和包装过程等。各种机械产品的具体制造方法和过程是不相同的，但生产过程大致可分为三个阶段，即毛坯制造、零件加工和产品装配。

2. 机械加工工艺过程

机械产品的生产过程是一个十分复杂的过程，在这些过程中，改变生产对象的形状、尺寸、相对位置及性质，使其成为成品或半成品的过程称为工艺过程。它是生产过程的主要部分，主要包括铸造、锻造、冲压、焊接、热处理、机械加工等。利用机械加工的方法，直接改变毛坯的形状、尺寸和表面结构，使其转变为成品的过程，称为机械加工工艺过程。

3. 机械加工工艺系统

零件进行机械加工时，必须具备一定的条件，即要有一个系统来支持，称为机械制造系统。

在机械制造系统中，机械加工所使用的机床、工具、夹具和工件组成一个相对独立的统一体，称为机械加工工艺系统。机床是指加工设备，如车床、铣床、磨床等，也包括钳工台等钳工设备。工具指的是各种刀具、磨具、检具，如车刀、砂轮、游标卡尺等。夹具是指机床夹具。工件是被加工对象。机械加工工艺系统可以是单台机床，也可以是由多台机床组成的生产线。

机械加工工艺系统本身的性能和状态对工件的质量影响极大，也是本课程研究的主要对象。

1.1.2　机械加工工艺过程的组成

要完成一个零件的机械加工工艺过程，需要采用多种不同的加工方法和设备，通过一系列加工工序。机械加工工艺过程就是由一个或若干个顺序排列的工序组成的，而工序又可分为安装、工位、工步和走刀。

1. 工序

一个（或一组）工人，在一个工作地点（或一台机床上），对一个（或一组）零件连续加工所完成的那部分工艺过程，称为工序。划分工序的主要依据是工作地是否改变和加工是否连续完成。图 1 - 2 所示为阶梯轴简图。当单件、小批量生产时，其工序划分按表 1 - 1进行；当大批量生产时，其工序划分按表 1 - 2 进行。

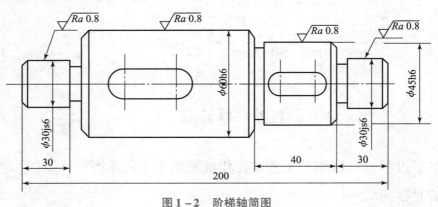

图 1 - 2　阶梯轴简图

表 1-1 单件、小批量生产的工艺过程

工序号	工序内容	设备
1	车端面，钻中心孔	车床
2	车外圆，切槽和倒角	车床
3	铣键槽，去毛刺	铣床
4	磨外圆	磨床

表 1-2 大批量生产的工艺过程

工序号	工序内容	设备
1	两边同时铣端面，钻中心孔	铣端面钻中心孔机床
2	车一端外圆，切槽和倒角	车床
3	车另一端面，切槽和倒角	车床
4	铣键槽	铣床
5	去毛刺	钳工台
6	磨外圆	磨床

工序不仅是制定工艺过程的基本单元，也是制定时间定额、配备工人、安排作业计划和进行质量检验的基本单元。

2. 工步

在一个工序中，当加工表面不变、切削工具不变、切削用量中的进给量和切削速度不变的情况下所完成的那部分工艺过程称为工步。以上三种因素中任一因素改变后，即成为新的工步。一个工序可以只包括一个工步，也可以包括几个工步。如表 1-1 中的工序 1，加工两个表面，所以有两个工步。表 1-2 中的工序 4 只有一个工步。

为简化工艺文件，对于那些连续进行的若干个相同的工步，通常都看作一个工步。如加工图 1-3 所示的零件，在同一工序中，连续钻 4 个 $\phi15$ mm 的孔就可看作一个工步。为了提高生产率，用几把刀具或复合刀具同时加工几个表面，也可看作一个工步，称为复合工步。如表 1-2 中铣端面、钻中心孔，每个工位都是用两把刀具同时铣两端面或钻两端中心孔，它们都是复合工步。在工艺文件上，复合工步应视为一个工步。

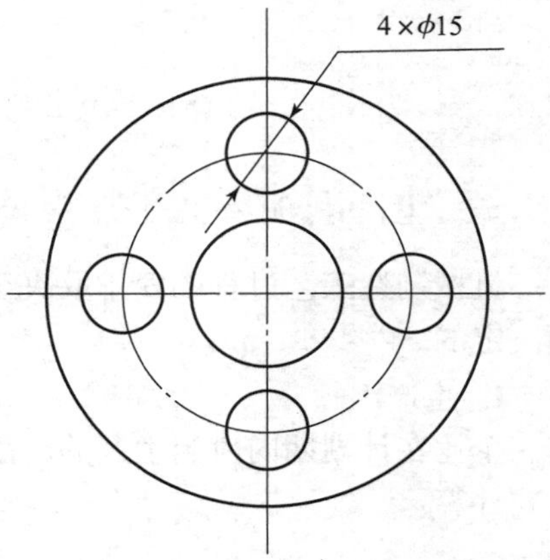

图 1-3 简化相同工步的实例

3. 走刀

在一个工步内，若被加工表面需切去的金属层很厚，就可分几次切削，每进行一次切削就是一次走刀。一个工步可包括一次或几次走刀。

4. 安装

工件在加工之前，在机床或夹具中占有正确位置的过程称为定位。工件定位后将固定不动的过程称为夹紧。将工件在机床或夹具中定位、夹紧的过程称为安装。在一道工序中，工件可能被安装一次或多次，才能完成加工。如表 1-1 中的工序 1 要进行两次安装：先装夹工件一端，车端面、钻中心孔，称为安装 1；再调头装夹，车另一端面、钻中心孔，称为安装 2。工件在加工中，应尽量减少安装次数，多一次安装，就会增加定位和夹紧误差，还会增加安装时间。

5. 工位

在批量生产中，为了提高劳动生产率，减少安装次数、时间，常采用回转夹具、回转工作台或其他移位夹具，使工件在一次安装中先后处于不同的位置进行加工。工件在机床上所占据的每一个待加工位置称为工位。图 1-4 所示为利用回转工作台或转位夹具，在一次安装中顺利完成装卸工件、钻孔、扩孔、铰孔 4 个工位加工的实例。采用这种多工位加工方法可以提高加工精度和生产率。

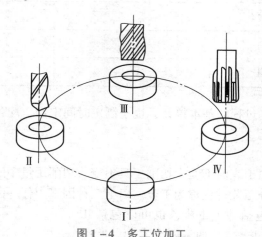

图 1-4　多工位加工

工位 I —装夹工件；工位 II —钻孔；工位 III —扩孔；工位 IV —铰孔

1.1.3　生产纲领与生产类型

机械制造工艺过程的安排取决于生产类型，而企业的生产类型又是由企业产品的生产纲领决定的。

1. 生产纲领

企业在计划期内应当生产的产品数量和进度计划称为生产纲领。零件的年生产纲领可按下式计算：

$$N = Qn(1 + \alpha + \beta) \tag{1-1}$$

式中　N——零件的年产量，单位为件/年；

　　　Q——产品的年产量，单位为台/年；

n——每台产品中该零件的数量，单位为件/台；

α——备品率；

β——废品率。

生产纲领的大小决定了产品（或零件）的生产类型，对生产组织和零件加工工艺过程起着重要作用，它决定了各工序所需专业化和自动化的程度，决定了所应选用的工艺方法和工艺装备。

2. 生产类型

在机械制造业中，根据生产纲领的大小和产品的大小，可分为三种不同的生产类型：单件生产、成批生产和大量生产。

1）单件生产

单件生产是指单件地生产一种产品或少数几个，很少重复生产。例如，新产品的试制、重型机器制造、专用设备制造等都属于单件生产。

2）成批生产

成批生产是指一次、成批地制造相同的产品，每隔一定时间又重复进行生产，即分期、分批地进行生产各种产品，制造过程有一定的重复性。例如，机床、机车和电机的制造等常属于成批生产。

一次投入或产出的同一产品（或零件）的数量称为批量。根据批量的大小，成批生产又可分为小批生产、中批生产和大批生产三种类型。在工艺上，小批生产和单件生产相似，常合称为单件、小批生产；大批生产和大量生产相似，常合称为大批、大量生产。

3）大量生产

大量生产是指相同产品数量很大，大多数工作地点长期、重复地进行某一零件的某一工序的加工。例如，汽车、柴油机、拖拉机、轴承等的制造多属大量生产。

在生产中，一般按照生产纲领的大小选用相应规模的生产类型。而生产纲领和生产类型的关系还随着零件的大小及复杂程度不同而有所不同，表 1-3 列出了它们之间的关系。

表 1-3　生产纲领和生产类型的关系

生产类型	产品年生产纲领/(件·年$^{-1}$)		
	重型零件	中型零件	轻型零件
单件生产	≤5	≤20	≤100
小批生产	5~100	20~200	100~500
中批生产	100~300	200~500	500~5 000
大批生产	300~1 000	500~5 000	5 000~50 000
大量生产	>1 000	>5 000	>50 000

3. 各种生产类型的工艺特征

各种生产类型具有不同的工艺特征。生产类型不同，产品和零件的制造工艺、所用设备及工艺装备和生产组织的形式也不同。各种生产类型的工艺特征见表 1-4。

表1-4 各种生产类型的工艺特征

类型特点 / 项目	单件、小批生产	中批生产	大批、大量生产
加工对象	经常变换	周期性变换	固定不变
机床设备及布置	通用机床，按机群式布置	通用机床、部分专用机床，部分流水排列	广泛采用专用机床，按流水线排列
毛坯及余量	木模手工造型，自由锻。毛坯精度低，加工余量大	部分铸件金属模，部分模锻。毛坯精度和余量中等	广泛采用金属模机器造型和模锻。毛坯精度高，余量小
安装方法	划线找正	部分划线找正	无须划线找正
夹具	通用工装为主，必要时采用专用夹具	广泛采用专用夹具，可调夹具。部分采用专用的刀、量具	广泛采用高效夹具和特种工具
对工人技术要求	高	中等	一般
工艺文件	工艺过程卡	工艺卡，内容详细	工艺过程卡、工序卡，内容详细
生产率	低	一般	高
成本	高	一般	低

1.2 机械加工工艺规程的制定

1.2.1 工艺规程概述

把工艺过程的各项内容用表格（或以文件）的形式确定下来，并用于指导和组织生产的工艺文件叫作工艺规程。工艺规程是指导工人操作和用于生产、工艺管理工作及保证产品质量可靠性的主要技术文件。它一般包括：毛坯类型和材料定额；工件的加工工艺路线；所经过的车间和工段；各工序的内容要求和工艺装备；工件质量的检验项目及检验方法；切削用量；工时定额及工人技术等级。工艺规程要经过逐级审批，因而也是工厂生产中的工艺纪律，有关人员必须严格执行。

将工艺规程的内容填入一定格式（格式可根据各工厂具体情况自行确定）的卡片，即形成工艺文件。工艺文件一般有以下三种。

1. 机械加工工艺过程卡

机械加工工艺过程卡主要列出零件加工所经过的工艺路线,包括毛坯制造、机械加工、热处理等,各工序的说明不具体。一般不用于直接指导工人操作,多作为生产管理使用。在单件、小批生产时,通常用这种卡片来指导生产,这时应编制得详细些。机械加工工艺过程卡的格式和内容见表 1-5。

表 1-5　机械加工工艺过程卡的格式和内容

（工厂）	机械加工工艺过程卡		产品型号		零（部）件图号		共　页	
			产品名称		零（部）件名称		共　页	
材料牌号		毛坯种类		毛坯外形尺寸		每毛坯件数	每台件数	备注	
工序号	工序名称	工序内容			车间	工段	设备	工艺装备	工时
									准终　单件
						编制（日期）	审核（日期）	会签（日期）	
标记	处数	更改文件号	签字	日期	标记	处数	更改文件号	签字	日期

2. 机械加工工艺卡

机械加工工艺卡是以工序为单位,详细说明零件整个工艺过程的工艺文件,它用来指导工人操作和帮助管理人员及技术人员掌握零件加工全过程,广泛用于批量生产的零件和小批生产的重要零件。机械加工工艺卡的格式和内容见表 1-6。

3. 机械加工工序卡

机械加工工序卡是用来具体指导生产的一种详细的工艺文件。它根据工艺卡以工序为单元制定,包括加工工序图和详细的工步内容,多用于大批、大量生产。其格式和内容见表 1-7。

表1-6　机械加工工艺卡的格式和内容

（工厂）	机械加工工艺卡		产品型号		零（部）件图号			共　页	
			产品名称		零（部）件名称			共　页	
材料牌号		毛坯种类		毛坯外形尺寸		每毛坯件数		每台件数	备注

工序	装夹	工步	工序内容	同时加工零件数	切削用量				设备名称及编号	工艺装备名称及编号			技术等级	工时定额/min	
					背吃刀量/mm	切削速度/(m·min^{-1})	每分钟转数或往复次数	进给量/(mm·r^{-1}或mm·双行程$^{-1}$)		夹具	刀具	量具		单件	准终

| | | | | | 编制（日期） | 审核（日期） | | 会签（日期） | |
| 标记 | 处数 | 更改文件号 | 签字 | 日期 | 标记 | 处数 | 更改文件号 | 签字 | 日期 |

表1-7　机械加工工序卡的格式和内容

（工厂）	机械加工工序卡	产品型号		零件图号		共　页
		产品名称		零件名称		第　页
		车间	工序号	工序名称	材料牌号
		毛坯种类	毛坯外形尺寸	每毛坯可制件数	每台件数
		设备名称	设备型号	设备编号	同时加工件数
		夹具编号		夹具名称	切削液
		工位器具编号		工位器具名称	工序工时
					准终	单件

工步号	工步内容	工艺设备	主轴转速/(r·min⁻¹)	切削速度/(m/min)	进给量/(mm·r⁻¹)	背吃刀量 mm	进给次数	工时定额	
								机动	辅助
				设计（日期）	审核（日期）	标准化（日期）	会签（日期）		
标记	处数	更改文件号	签字	日期	标记	处数	更改文件号	签字	日期				

1.2.2 工艺规程制定

1. 制定工艺规程的原则

制定工艺规程的基本原则是在保证产品质量的前提下，争取最大的经济效益，即在一定的生产条件下，以最快的速度、最少的劳动消耗和最低的成本，最可靠地加工出符合图样要求的零件，同时应注意以下问题。

（1）技术上的先进性。在制定工艺规程时，要充分利用现有设备，要了解国内外本行业工艺技术的发展水平，通过必要的工艺试验，积极采用适宜的先进工艺和工艺装备。

（2）经济上的合理性。在一定的生产条件下，可能会有几种工艺方案，应通过核算和相互对比，选择最合适的方案，使产品的能源、材料消耗和生产成本最低。

（3）有良好的劳动条件。在制定工艺规程时，要注意保证在操作时有良好而安全的劳动条件，在制定工艺方案时要注意采取机械化和自动化措施，以减轻工人的体力劳动。

2. 制定工艺规程的原始资料

在制定工艺规程时，一般应具备以下原始资料。

（1）产品的装配图和零件图。

（2）产品验收的质量标准。

（3）产品的生产纲领（年产量）。

（4）毛坯资料。

（5）现场的生产条件。这包括生产车间的面积，加工设备的种类、规格、型号，现场起重能力，工装制造能力，工人的操作技术水平和操作习惯特点，质量控制和检测手段等。

（6）国内、外同类产品工艺技术的参考资料。

（7）有关的工艺手册及图册。

3. 制定工艺规程的步骤

（1）熟悉和分析制定工艺规程的主要依据和生产条件，确定零件的生产纲领和生产类型，进行零件的结构工艺性分析。

（2）确定毛坯，包括选择毛坯类型及其制造方法。

（3）拟定工艺路线，这是制定工艺规程的关键。

（4）确定各工序的加工余量，计算工序尺寸及其公差。

（5）确定各主要工序的技术要求及检验方法。

（6）确定各工序的切削用量和时间定额。

（7）进行技术经济分析，选择最佳方案。

（8）填写工艺文件。

1.3　零件的结构工艺性分析和技术要求分析

1.3.1　零件的结构工艺性分析

零件的结构工艺性是指零件在满足使用要求的前提下制造的可行性和经济性。一个好的机器产品和零件结构，不仅要满足使用性能要求，而且要便于制造和维修，即满足结构工艺性要求。零件图是制造零件的主要技术依据。在设计工艺路线之前需要进行工艺分析，着重了解零件的结构特征和主要技术要求，以便在制定工艺规程时采取适当的措施加以保证。

机械零件的结构，由于使用场合及使用要求不同，机械零件的形状结构、几何尺寸和技术要求也不同。各种不同的零件都是由一些基本的典型表面和特种表面组成的，因此应从形体分析入手弄清零件的结构，确定构成零件的表面类型。表面类型是选择加工方法的基本依据，如平面可采用铣削、磨削加工出来，内孔表面可通过钻、扩、铰、镗和磨削等方法获得。

此外，各种类型表面的不同组合，形成零件各自的结构特点。例如：以内、外圆表面为主，既可组成轴、盘类零件，也可组成套、环类零件；对轴而言，既可以是粗轴也可以是细长轴，而零件的结构特点不同，其加工工艺将有很大差别。

零件的结构工艺性对其工艺过程的影响很大。使用性能相同而结构上却不相同的两个零件，它们的加工方法与制造成本往往也有很大差异。在研究零件的结构时，还要注意审查零件的结构工艺性。所谓良好的结构工艺性，是指所设计的零件在保证产品使用性能的前提下，根据已定的生产规模，能采用生产效率高和成本低的方法制造出来。零件的结构工艺性较好，则可提高生产率，降低制造成本。

表1-8列出了一些零件机械加工结构工艺性实例。表中A栏表示工艺性不好的结构，B栏表示工艺性好的结构。

1.3.2　零件的技术要求分析

零件的技术要求包括以下几个方面。

（1）加工表面的尺寸精度。

（2）主要加工表面的形状精度。

表 1 – 8　零件机械加工结构工艺性实例

序号	结构工艺性内容	A 工艺性不好的结构	B 工艺性好的结构
1	尽量减少大平面加工		
2	键槽的尺寸、方位相同，可减少装夹次数		
3	槽宽尺寸一致，减少刀具种类和换刀时间		
4	加工表面应有退刀槽		
5	斜面钻孔，易引偏；出口处有阶梯，钻头易折断		
6	尽量减少深孔加工，既便于加工，又节约材料		
7	便于引进刀具		
8	凸台高度相同，一次加工		

（3）主要加工表面之间的相互位置精度。

（4）加工表面的表面粗糙度以及表面结构方面的其他要求。

（5）热处理要求。

（6）其他要求（如动平衡、未注圆角或倒角、去毛刺、毛坯要求等）。

通过对零件结构工艺特点、技术条件的分析，即可根据生产批量、设备条件等编制工艺规程。在编制工艺规程的过程中，应着重考虑主要表面和加工较困难表面的工艺措施，从而保证加工质量。

1.4　毛坯的选择

在制定工艺规程时，选择毛坯的基本任务是选定毛坯的种类及其制造方法。毛坯的选择不仅影响毛坯的制造工艺、设备及费用，而且对零件的加工方案、加工质量、材料消耗、生产率以及生产成本也有很大的影响。

1.4.1　毛坯的类型及特点

机械加工中常见的零件毛坯类型有：铸件、锻件、型材及焊接件四种。

1. 铸件

铸件常用作形状比较复杂的零件毛坯，它是由砂型铸造、金属模铸造、压力铸造、离心铸造、精密铸造等方法获得的。

2. 锻件

锻件毛坯由于经锻造后可得到连续、均匀分布的金属纤维组织，从而提高了零件的强度，适用于对结构强度有一定要求、形状比较简单的零件。锻件有自由锻造件和模锻件两种。自由锻造件的加工余量大，锻件精度低，但生产率不高，适用于单件和小批生产，以及大型零件毛坯。模锻件的加工余量较小，锻件精度高，生产率高，适用于产量较大的中小型零件毛坯。

3. 型材

型材有热轧和冷拉两类，热轧型材尺寸较大，精度较低，多用于一般零件毛坯；冷拉型材尺寸较小，精度较高，多用于对毛坯精度要求较高的中小型零件。

4. 焊接件

焊接件是根据需要将型材和钢板焊接成零件毛坯。对于大型工件来说，焊接件简单方便，生产周期短，节省材料。但焊接零件变形大，需要经过时效处理后才能进行机械加工。

1.4.2　毛坯选择的原则

确定毛坯包括选择毛坯类型及其制造方法，应考虑以下因素。

1. 零件的材料及其力学性能

当零件的材料选定后，毛坯的类型就大致确定。例如：铸铁或青铜材料，可选择铸造毛坯；钢材且力学性能要求高时，可选锻件；当对力学性能要求较低时，可选型材或铸钢。

2. 零件的结构形状和尺寸大小

形状复杂的毛坯，常用铸造方法。尺寸大的铸件宜用砂型铸造；薄壁零件，可用压力铸造；中、小型零件可用较先进的铸造方法。一般用途的钢质阶梯轴零件，如各台阶的直径相差不大，可用棒料；如各台阶的直径相差较大，宜用锻件。

3. 生产类型

大批量生产的零件应选精度和生产率都比较高的毛坯制造方法。用于毛坯制造的费用可由材料消耗的减少和机械加工费用的降低来补偿。例如，铸件应采用金属模机器造型或精密铸造；锻件应用模锻、冷轧和冷拉型材等。单件、小批生产则应采用木模手工造型或自由锻。

4. 现有生产条件

确定毛坯的种类和制造方法时必须考虑具体生产条件，如现场毛坯制造的实际水平和能力、外协的可能性等。有条件时，应积极组织地区专业化生产，统一供应毛坯。

5. 充分考虑利用新工艺、新技术和新材料的可能性

为节约材料和能源，随着毛坯制造专业化生产的发展，目前毛坯制造方面的新工艺、新技术和新材料的发展很快。例如，精铸、精锻、冷轧、冷挤压、粉末冶金和工程塑料等在机械中的应用日益增加。应用这些方法后，可大大减少机械加工量，有时甚至可不再进行机械加工，其经济效果非常显著。

1.5　定位基准的选择

在制定机械加工工艺规程时，正确选择定位基准对保证零件表面间的相互位置精度，确定表面加工顺序和夹具结构的设计都有很大影响。选择定位基准不同，工艺过程也随之不同，如用夹具装夹时，定位基准还会影响到夹具结构的复杂程度。因此，定位基准的选择是一个十分重要的工艺问题。

1.5.1　基准的概念及分类

基准是确定零件上的某些点、线、面位置时所依据的那些点、线、面。根据基准功用的不同，可以分为设计基准和工艺基准两大类。

1. 设计基准

设计基准是在图样上用以确定其他点、线、面位置的基准。如图 1－5 所示的轴套零件，外圆和内孔的设计基准是它们的轴心线；端面 A 是端面 B、C 的设计基准；内孔 D 的轴心线是 φ25h6 外圆径向圆跳动的设计基准。

对于某一个位置要求（包括两个表面之间的尺寸或者位置精度）而言，在没有特殊指明的情况下，它所指向的两个表面之间常常是互为设计基准，如图 1－5 所示，对于尺寸 40 mm 来说，A 面是 C 面的设计基准，也可认为 C 面是 A 面的设计基准。

零件上的某一点、线、面的位置常由多个尺寸（或位置公差）来确定，此时对应每一个要求便有一个设计基准。作为设计基准的点、线、面在工件上不一定存在，如表面的几何中心、对称线、对称平面等。

2. 工艺基准

在零件加工、测量和装配过程中所使用的基准，称为工艺基准。按用途不同，工艺基准又可分为定位基准、工序基准、测量基准和装配基准等。

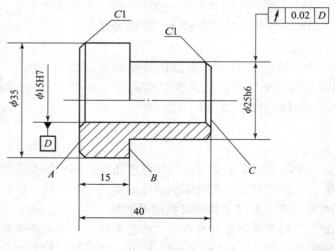

图 1-5 轴套

1）定位基准

在加工时，用以确定零件在机床上或夹具中的正确位置所采用的基准，称为定位基准。例如，将图 1-6（a）所示零件的内孔套在心轴上加工 $\phi40h6$ 外圆时，内孔即定位基准。加工一个表面时，往往需要数个定位基准同时使用。如图 1-7 所示零件，加工 ϕE 孔时，为保证孔对 A 面的垂直度，要用 A 面作定位基准，为保证 L_1、L_2 的距离尺寸，要用 B、C 面作定位基准。

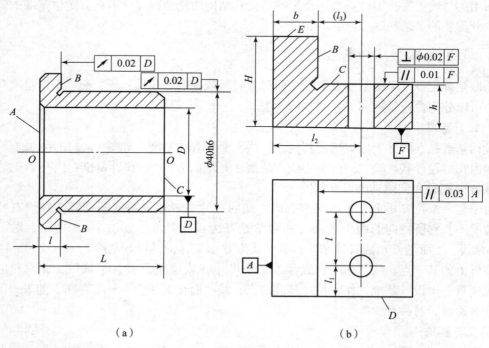

（a）   （b）

图 1-6 基准分析示例

（a）钻套；（b）支撑块

定位基准除了是工件的实际表面外，也可以是表面的几何中心、对称线或对称面，但必须由相应的实际表面来体现。例如，内孔（或外圆）的中心线由内孔表面（外圆表面）来体现，V 形架的对称面用其两斜面来体现。这些面通称为定位基面。

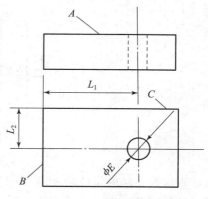

图 1-7　定位基准示例

2）测量基准

工件检验时，用以测量已加工表面尺寸及位置的基准，称为测量基准。如图 1-5 所示，工件以内孔套在心轴上测量外圆 $\phi25h6$ 的径向圆跳动，则内孔为外圆的测量基准；用卡尺测量尺寸 15 mm 和 40 mm，表面 A 是表面 B、C 的测量基准。

3）装配基准

装配时用以确定零件在机器中位置的基准，称为装配基准。例如，箱体零件的底面、主轴的主轴颈以及齿轮的孔和端面等。如图 1-6（a）的钻套，$\phi40h6$ 外圆及端面 B 为装配基准；如图 1-6（b）的支承块，底面 F 为装配基准。

4）工序基准

在工艺文件上用以标定被加工表面位置的基准，称为工序基准。

图 1-8 所示为钻孔的工序简图，本工序是钻 D_1 孔，保证工序尺寸 H 和 L，则本工序的工序基准分别为孔 D_2 的轴心线和端面 C。

1.5.2　工件的定位

机械加工时，为使工件的被加工表面获得规定的尺寸及位置精度要求，必须使工件在机床上或夹具中占有一个正确的位置，这个过程称为定位。

1. 定位与定位基准

工件上用于定位的表面即确定工件位置的依据，称为定位基准。以轴心线（中心要素）为定位基准时，一般以轴的中心孔为基准定位，也可以用内、外圆柱（或圆锥）面作为间接定位基准；以平面定位时，与定位元件相接触的平面就是定位基准。

2. 工件定位的方法

根据定位的特点不同，工件在机床上定位一般有三种方式：直接找正法、划线找正法和采用夹具定位。

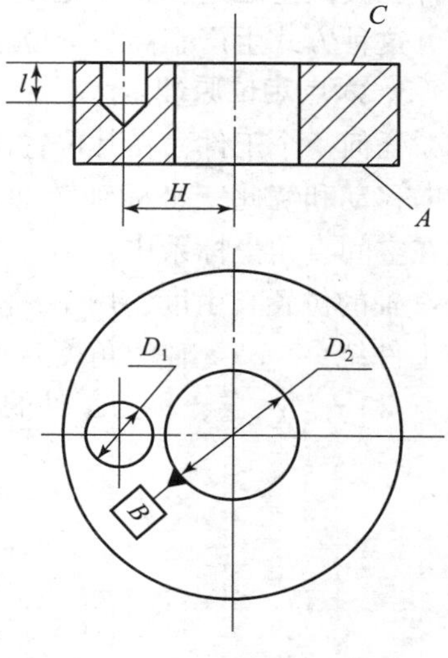

1）直接找正法

图 1-8　钻孔工序

工件定位时，用量具或量仪直接找正工件上某一表面，使工件处于正确的位置，称为直接找正法。在这种装夹方式中，被找正的表面就是工件的定位基准。如图 1-9 所示的套筒零件，为了保证磨孔时的加工余量均匀，先将套筒预夹在四爪单动卡盘中，用划针或百分表找正内孔表面，使其轴线与机床回转中心同轴，然后夹紧工件。此时定位基准就是内孔而不是支承表面外圆。

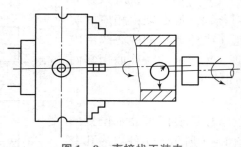

图 1 – 9 直接找正装夹

直接找正法的定位精度与所用量具的精度和操作者的技术水平有关，找正所需的时间长，结果也不稳定，只适用于单件、小批生产。但是当工件加工要求特别高，而又没有专门的高精度设备或装备时，可以采用这种方式。此时必须由技术熟练的工人使用高精度的量具仔细地操作。

2）划线找正法

划线找正法是先按加工表面的要求在工件上划线，加工时在机床上按线找正以获得工件的正确位置。此法受到划线精度的限制，定位精度比较低，多用于批量较小、毛坯精度较低以及大型零件的粗加工中。

3）采用夹具定位

机床夹具是指在机械加工工艺过程中用以装夹工件的机床附加装置。使用夹具定位时，工件在夹具中迅速而正确地定位与夹紧，无须找正就能保证工件与机床、刀具间的正确位置。这种方式生产率高、定位精度好，广泛用于成批生产和单件、小批生产的关键工序中。

3. 六点定位原理

任何一个工件，在其位置没有确定前，均有 6 个自由度，即沿空间坐标轴 x、y、z 三个方向移动和绕此三坐标轴转动。如图 1 – 10 所示，将未定位工件（双点划线所示长方体）放在空间直角坐标系中，工件可以沿 x、y、z 轴的直线方向有不同的位置，称作工件沿 x、y、z 轴的位置自由度，用 $\vec{x}$、$\vec{y}$、$\vec{z}$ 表示；也可以绕 x、y、z 轴旋转方向有不同的位置，称作工件绕 x、y、z 轴的角度自由度，用 $\hat{x}$、$\hat{y}$、$\hat{z}$ 表示。用以描述工件位置不确定性的 $\vec{x}$、$\vec{y}$、$\vec{z}$ 和 $\hat{x}$、$\hat{y}$、$\hat{z}$，称为工件的 6 个自由度。

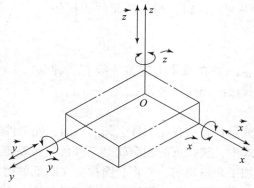

图 1 –10   未定位工件的 6 个自由度

工件定位的实质是限制对加工有不良影响的自由度。设空间有一固定点，工件的底面与该点保持接触，那么沿 z 轴的位置自由度便被限制了。如果按图 1-11 所示设置 6 个固定点，工件的三个面分别与这些点保持接触，工件的 6 个自由度便都被限制了。这些用来限制工件自由度的固定点称为定位支承点，简称支承点。工件定位时，用合理分布的 6 个支承点与工件的定位基准相接触来限制工件 6 个自由度，使工件的位置完全确定，称为"六点定位规则"。

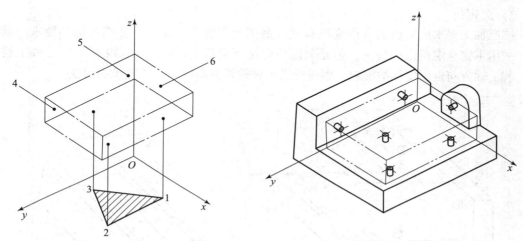

图 1-11　长方体工件定位时支承点的分布

支承点的分布必须合理，否则 6 个支承点限制不了工件的 6 个自由度，或不能有效地限制工件的 6 个自由度。例如，图 1-11 中工件底面上的支承点 1、2 和 3 限制了 $\vec{z}$、$\hat{x}$、$\hat{y}$，该 3 个支承点应放成三角形，三角形的面积越大，定位越可靠。工件侧面上的支承点 4 和 5 限制 $\vec{x}$、$\hat{z}$，支承点 4 和 5 的连线不能垂直于平面 xOy，否则工件绕 z 轴的角度自由度 $\hat{z}$ 便不能被限制。支承点 6 限制自由度 $\vec{y}$。

4. 定位方式

1）完全定位

工件实际需要限制的自由度数取决于工件的加工要求。工件的 6 个自由度全部被限制的定位方式称为完全定位，此时工件在夹具中的位置是唯一的，如图 1-12 所示。

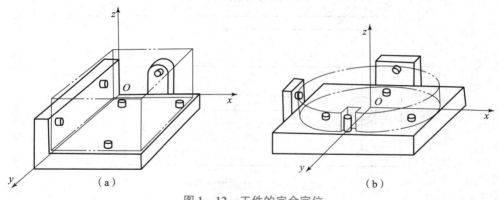

（a）　　　　　　　　　　　　　　（b）

图 1-12　工件的完全定位

2）不完全定位

根据加工要求，并不需要限制工件全部6个自由度的定位称为不完全定位。如图1－13所示的通槽，工件沿y轴方向的移动并不影响通槽的加工要求，此时只需限制工件的5个自由度就可满足加工要求。这种情况在生产中应用很多，如工件装夹在电磁吸盘上磨削平面只需限制3个自由度，又如用三爪卡盘装夹工件车外圆，沿工件轴线方向的移动和转动不需要限制，只需要限制4个自由度。

3）欠定位

按照加工要求应限制的自由度没有被限制的定位称为欠定位。在满足加工要求的前提下，采用不完全定位是允许的，但是欠定位是绝不允许的。如图1－14所示，工件上铣槽时，若y轴方向自由度不被限制，则键槽沿工件轴线方向的尺寸A就无法保证。

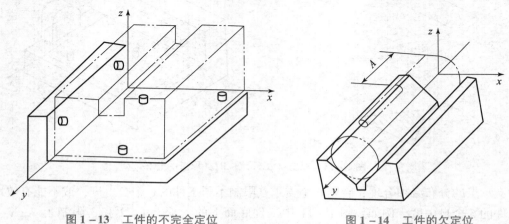

图1－13　工件的不完全定位　　　　　　图1－14　工件的欠定位

4）重复定位

工件上某一个自由度或某几个自由度被重复限制的定位称为重复定位。如图1－15所示，加工连杆大孔时在夹具中定位的情况，连杆以定位销2、支承板1及挡销3进行定位，

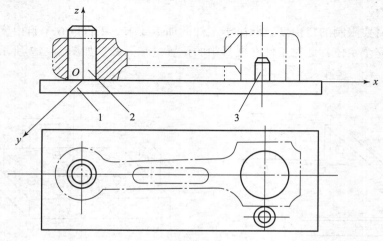

图1－15　工件的重复定位

1—支承板；2—定位销；3—挡销

其中定位销限制了 $\vec{x}$、$\vec{y}$、$\hat{x}$、$\hat{y}$ 4 个自由度，支承板限制了 $\vec{z}$、$\hat{x}$、$\hat{y}$ 3 个自由度，挡销 3 限制了 $\hat{z}$ 1 个自由度，其中 $\hat{x}$、$\hat{y}$ 被重复限定了。由于工件的端面和小头孔不可能绝对垂直，定位销 2 也不可能和支承板 1 绝对垂直，这样在夹紧工件时夹具的定位元件就可能产生变形，影响工件加工精度。因此为减少或消除重复定位造成的不良后果可采取以下措施：提高工件和夹具有关表面的位置精度；改变定位装置结构等。

表 1-9 列出了一些常见定位方式所能限制的自由度。

表 1-9　常见定位方式所能限制的自由度

定位基面	定位元件	定位简图	限制的自由度
平面	支承钉		1，2，3—$\vec{z}$，$\hat{x}$，$\hat{y}$ 4，5—$\vec{x}$，$\hat{z}$ 6—$\vec{y}$
	支承板		1，2—$\vec{z}$，$\hat{x}$，$\hat{y}$ 3—$\vec{x}$，$\hat{z}$
	固定支承与浮动支承		1，2—$\vec{z}$，$\hat{x}$，$\hat{y}$ 3—$\vec{x}$，$\hat{z}$
	固定支承与辅助支承		1，2，3—$\vec{z}$，$\hat{x}$，$\hat{y}$ 4—$\vec{x}$，$\hat{z}$ 5—增加刚性，不限制自由度
圆孔	短定位销（短心轴）		$\vec{x}$，$\vec{y}$
	长定位销（长心轴）		$\vec{x}$，$\vec{y}$ $\hat{x}$，$\hat{y}$
	锥销		固定销 1—$\vec{x}$，$\vec{y}$，$\vec{z}$ 活动销 2—$\hat{x}$，$\hat{y}$

定位基面	定位元件	定位简图	限制的自由度
外圆柱面	窄 V 形块		$\vec{x}$，$\vec{z}$
	宽 V 形块		$\vec{x}$，$\vec{z}$ $\hat{x}$，$\hat{z}$
	短定位套		$\vec{y}$，$\vec{z}$
	长定位套		$\vec{y}$，$\vec{z}$ $\hat{y}$，$\hat{z}$
	锥套		$\vec{x}$，$\vec{y}$，$\vec{z}$
			固定套 1—$\vec{x}$，$\vec{y}$，$\vec{z}$ 活动套 2—$\hat{y}$，$\hat{z}$

1.5.3　定位基准的选择

选择工件上的哪些表面作为定位基准，是制定工艺规程的一个十分重要的问题。在最初的工序中，只能用工件上未经加工的毛坯表面作为定位基准，这种定位基准称为粗基准。采用经过加工的表面作为定位基准时称为精基准。

1. 粗基准的选择

选择粗基准时，主要考虑两个问题：一是保证主要加工面有足够而均匀的余量和各待加工表面有足够的余量；二是保证加工面与非加工面之间的相互位置精度。具体选择原则是：

（1）为了保证加工面与非加工面之间的位置要求，应选非加工面为粗基准。如图 1-16 所示的毛坯，铸造时孔 *B* 和外圆 *A* 有偏心。只有采用非加工面（外圆 *A*）为粗基准加工孔 *B*，才能保证加工后的孔 *B* 与外圆 *A* 的轴线是同轴的，即壁厚是均匀的，但孔 *B* 的加工余量不均匀。

当工件上有多个非加工面与加工面之间有位置要求时，则应以其中要求最高的非加工面为粗基准。

（2）合理分配各加工面的余量。在分配余量时应考虑以下两点。

① 为了保证各加工面都有足够的加工余量，应选择毛坯余量最小的面为粗基准。例如，图 1-17 所示的阶梯轴，因 ϕ55 mm 外圆的余量较小，故应选 ϕ55 mm 外圆为粗基准。如果选 ϕ108 mm 外圆为粗基准加工 ϕ50 mm，当两外圆有 3 mm 的偏心时，则可能因 ϕ50 mm 的余量不足而使工件报废。

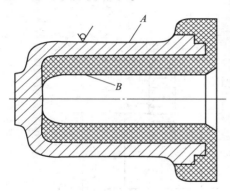

图 1-16　粗基准选择实例

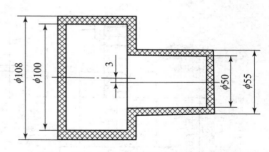

图 1-17　阶梯轴加工的粗基准选择

② 对于工件上的某些重要表面（如导轨和重要孔等），为了尽可能使其加工余量均匀，则应选择重要表面作粗基准。如图 1-18 所示的车床床身，导轨表面是重要表面，要求耐磨性好，且在整个导轨表面内具有大体一致的力学性能。因此，加工时应选导轨表面作为粗基准加工床腿底面 ［图 1-18（a）］，然后以床腿底面为基准加工导轨平面 ［图 1-18（b）］。

（3）粗基准应避免重复使用。在同一尺寸方向上，粗基准通常只允许使用一次，以免产生较大的定位误差。如图 1-19 所示的小轴加工，如重复使用 *B* 面去加工 *A*、*C* 面，则必然会使 *A* 面与 *C* 面的轴线产生较大的同轴度误差。

（4）选作粗基准的表面应平整，没有浇口、冒口或飞边等缺陷，以便定位可靠。

2. 精基准的选择

选择精基准时应从保证零件加工精度要求出发，同时考虑装夹方便可靠，夹具结构简单。精基准的选择一般应遵循以下原则。

1）基准重合的原则

应当尽量选用设计基准作为定位基准，以避免定位基准与设计基准不重合而引起的基准不重合误差。

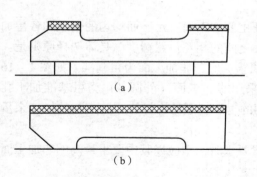

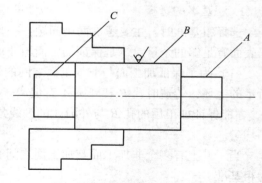

图1-18 床身加工粗基准选择   图1-19 重复使用粗基准示例

（a）加工床腿底面；（b）加工导轨平面

图1-20所示的零件的设计尺寸为 $A \pm (T_A/2)$ 和 $B \pm (T_B/2)$，设顶面和底面已加工好 [即尺寸 $A \pm (T_A/2)$ 已保证]，现在用调整法铣削一批零件的槽 N。为保证设计尺寸 $B \pm (T_B/2)$，可以有两种定位方案。

（1）以底面为主要定位基准 [图1-20（a）]。

（2）以顶面为主要定位基准 [图1-20（b）]。

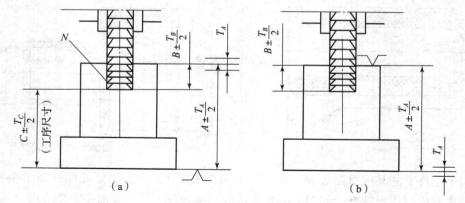

图1-20 基准不重合误差

（a）以底面为主要定位基准；（b）以顶面为主要定位基准

由于铣刀是相对夹具定位面（或机床工作台面）调整的，对于一批零件来说，刀具调整好后位置不再变动。第一方案加工后尺寸 B 的大小除受本工序加工误差（$\leqslant T_C$）的影响外，还与上道工序的加工误差（$\leqslant T_A$）有关。如果采用第二方案，尺寸 A 的公差 T_A 对于尺寸 B 却无影响。这一误差是由于所选的定位基准与设计基准不重合产生的，这种定位误差称为基准不重合误差，它的大小等于设计基准与定位基准之间尺寸的公差。设计基准与定位基准之间的尺寸就称为定位尺寸。

当定位尺寸的方向与工序尺寸的方向不同时，基准不重合误差的大小等于定位尺寸公差在工序尺寸方向上的投影。

显然，采用基准不重合的定位方案，必须控制该工序的加工误差和基准不重合误差的总和不超过尺寸 B 的公差 T_B。这样既缩小了本道工序的加工允差，又对前面工序提出了较高的要求，使加工成本提高，当然是应当避免的。所以，在选择定位基准时，应当尽量使定位基准与设计基准重合。

有时工件的加工要求比较高，采用基准重合方案一次加工不能达到预定的要求，这时常常采用互为基准反复加工的方案。例如，车床主轴的前锥孔与主轴支承轴颈间有严格的同轴度要求，加工时先以轴颈外圆为定位基准加工锥孔，再以锥孔为定位基准加工外圆，如此反复多次，才最终达到加工要求。

必须注意，基准重合原则是针对一个工序的主要加工要求而言的。当工序中加工要求较多时，对于其他的加工要求并不一定都是基准重合的，这时应当根据保证这些加工要求必须限制的自由度找出相应的定位基准，并对基准不重合误差进行分析和计算，使之符合加工要求。

在实际情况下，有时基准重合会带来一些新的问题，如装夹工件不方便或夹具结构太复杂等，因而很难甚至不可能实现，此时就不得不放弃这一原则，而采用其他方案。

2）基准统一原则

在零件加工的整个工艺过程中或者有关的某几道工序中尽可能采用同一个（或一组）定位基准来定位，称为基准统一原则。

采用基准统一原则，可以简化夹具的设计和制造工作，减少工件在加工过程中的翻转次数，在流水作业和自动化生产中应用十分广泛。有时为了得到合适的统一基准面，在工件上特地做出一些表面供定位用，如轴类零件上的顶尖孔及某些大型工件上的工艺凸台等，或者将工件上已有的表面提高精度要求作为定位基准，如将箱体零件上原有的紧固孔加工成 H7 的标准孔等。这些零件上本来没有或本来要求不高，但为了满足工艺需要专门加工出来的定位基准面称为辅助基准。

应当指出，基准统一原则是针对整个工艺过程或几道工序而言的，对于其中某些工序或某些加工要求，常会带来基准不重合的问题，必须针对具体情况认真分析。

3）余量均匀原则

前面介绍过粗基准选择时应当考虑以要求余量均匀的表面为粗基准，其实精基准选择时仍然有类似的问题。某些精加工工序，特别要求余量小而均匀时，应当先以这些表面为精基准。例如，齿轮渗碳淬火后常以齿面为精基准磨内孔，再以孔定位磨齿面时，可以保证在齿面上切去小而均匀的余量，留下均匀的足够的渗碳淬硬层。

对于零件上重要表面的精加工，必须选加工表面本身作为基准，称为"自为基准"原则。例如，磨削车床导轨面时，就利用导轨面作为基准进行找正安装，以保证加工余量少且均匀。除此之外，还有无心磨外圆、浮动镗刀镗孔等均采用自为基准原则。

4）互为基准原则

有些零件采用互为基准反复加工的原则，如车床主轴的轴颈和前端锥孔的同轴度要求很高，常以轴颈和锥孔表面互为基准反复加工来达到精度要求。

5）便于装夹原则

所选择的精基准应能保证零件定位准确、夹紧可靠，还应使夹具结构简单，操作方便。

实际上，无论精基准还是粗基准的选择，上述原则都不可能同时满足，有时还互相矛盾。因此，在选择时应根据具体情况进行分析，权衡利弊，保证其主要的要求。

1.6 工艺路线的拟定

零件机械加工的工艺路线是指零件生产过程中，由毛坯到成品所经过的工序先后顺序。工艺路线是指零件加工所经过的整个路线，也就是仅列出工序名称的简略工艺过程。工艺路线的拟定是制定工艺规程的重要内容，其主要任务是选择各个表面的加工方法，确定各个表面的加工顺序及整个工艺过程的工序数目和各工序内容。

1.6.1 加工方法的选择

选择加工方法时，一般先根据表面的加工精度和表面粗糙度要求选定最终加工方法，然后再由后向前定精加工前各工序的加工方法，即确定加工方案。由于获得同一精度和表面粗糙度的加工方法往往有几种，选择时还要考虑生产率要求和经济效益，考虑零件的结构形状、尺寸大小、材料和热处理要求及工厂的生产条件等。

1. 加工经济精度和经济表面粗糙度

任何一个表面加工中，影响选择加工方法的因素很多，每种加工方法在不同的工作条件下所能达到的精度和经济效果均不同。各加工方法能够获得的加工精度和表面粗糙度均有一个较大的范围。例如，在一定的设备条件下，精细操作，选择较低的切削用量，就能达到较高精度和较细的表面粗糙度。但是，这样会降低生产率，增加成本。反之则提高了生产率，虽然降低了成本，但也降低了精度。

加工经济精度是指在正常加工条件下（采用符合质量标准的设备、工艺装备和标准技术等级的工人，合理的加工时间）所能达到的加工精度，相应的表面粗糙度称为经济表面粗糙度。

统计资料表明，各种加工方法的加工误差和加工成本之间的关系如图 1－21 所示。图中横坐标是加工误差 Δ，纵坐标是成本 Q。在 A 点左侧，精度不易提高，且有一极限值（$\Delta_{极}$）；在 B 点右侧，成本不易降低，也有一极限值（$Q_{极}$）。曲线 AB 段的精度区间属经济精度范围。

各种加工方法所能达到的经济精度和经济粗糙度等级，以及各种典型的加工方法可在机械加工的各种手册中查到。表 1－10、表 1－11、表 1－12 中分别摘录了外圆、内孔和平面等典型表面常用加工方法的加工经济精度及表面粗糙度，表 1－13 摘录了用各种加工方法加工轴线平行孔系的位置精度（用距离误差表示），供选用时参考。

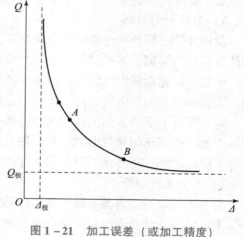

图 1－21 加工误差 （或加工精度）
和加工成本的关系

必须指出，经济精度的数值不是一成不变的。随着科学技术的发展，工艺技术的改进，加工经济精度会逐步提高。

表 1 – 10　外圆加工中常用加工方法的加工经济精度及表面粗糙度

加工方法	加工性质	加工经济精度（IT）	表面粗糙度 $Ra/\mu m$
车	粗车	12 ~ 13	10 ~ 80
	半精车	10 ~ 11	2.5 ~ 10
	精车	7 ~ 8	1.25 ~ 5
	金刚石车（镜面车）	5 ~ 6	0.02 ~ 1.25
外磨	粗磨	8 ~ 9	1.25 ~ 10
	半精磨	7 ~ 8	0.63 ~ 2.5
	精磨	6 ~ 7	0.16 ~ 1.25
	精密磨（精修整砂轮）	5 ~ 6	0.08 ~ 0.32
	镜面磨	5	0.008 ~ 0.08
研磨	粗研	5 ~ 6	0.16 ~ 0.63
	精研	5	0.04 ~ 0.32
	精密研	5	0.008 ~ 0.08
砂带磨	精磨	5 ~ 6	0.02 ~ 0.16
	精密磨	5	0.008 ~ 0.04

表 1 – 11　孔加工中常用加工方法的加工经济精度及表面粗糙度

加工方法	加工性质	加工经济精度（IT）	表面粗糙度 $Ra/\mu m$
钻	实心材料	11 ~ 13	2.5 ~ 20
扩	粗扩	12 ~ 13	10 ~ 20
	铸或冲孔后一次扩孔	11 ~ 12	10 ~ 40
	精扩	9 ~ 11	2.5 ~ 10
铰	半精铰	8 ~ 9	1.25 ~ 10
	精铰	6 ~ 7	0.32 ~ 5
	手铰	5	0.08 ~ 1.25
拉	粗拉	10 ~ 11	2.5 ~ 5
	精拉	7 ~ 9	0.63 ~ 2.5
镗	粗镗	12 ~ 13	5 ~ 20
	半精镗	10 ~ 11	2.5 ~ 10
	精镗	7 ~ 9	0.63 ~ 5
	金刚镗	5 ~ 7	0.16 ~ 1.25

加工方法	加工性质	加工经济精度（IT）	表面粗糙度 $Ra/\mu m$
内磨	粗磨	9～11	1.25～10
	半精磨	9～10	0.32～1.25
	精磨	7～8	0.08～0.63
	精密磨（精修整砂轮）	6～7	0.04～0.16
珩	粗珩	5～6	0.32～1.25
	精珩	5	0.04～0.32
研	粗研	5～6	0.32～1.25
	精研	5	0.01～0.32
	精密研	5	0.008～0.08
滚压		7～8	0.16～0.63

表 1-12　平面常用加工方法的加工经济精度及表面粗糙度

加工方法	加工性质	加工经济精度（IT）	表面粗糙度 $Ra/\mu m$
周铣	粗铣	11～12	5～20
	精铣	10	1.25～5
端铣	粗铣	11～12	5～20
	精铣	9～10	0.63～5
车	半精车	8～11	2.5～10
	精车	6～8	1.25～5
	细车（金刚石车）	6～7	0.008～1.25
刨	粗刨	11～13	5～20
	半精刨	8～11	2.5～10
	精刨	6～8	0.63～5
	宽刀精刨	6～7	0.008～1.25
平磨	粗磨	8～10	1.25～10
	半精磨	8～9	0.63～2.5
	精磨	6～8	0.16～1.25
	精密磨	6	0.04～0.32
研磨	粗研	6	0.16～0.63
	精研	5	0.04～0.32
	精密研	5	0.008～0.08
刮研	手工刮研	10～20 点/25 mm×25 mm	0.16～1.25

表 1 – 13　轴线平行的孔的位置精度（经济精度）

加工方法	工具的定位	两孔轴线间的距离误差或从孔轴线到平面的距离误差	加工方法	工具的定位	误差或从孔轴线到平面的距离误差
立钻或摇臂钻上钻孔	用钻模	0.1 ~ 0.2	卧式镗床上镗孔	用镗模	0.05 ~ 0.08
	按划线	1.0 ~ 3.0		按定位样板	0.08 ~ 0.2
立钻或摇臂钻上镗孔	用镗模	0.05 ~ 0.03		按定位器的指示读数	0.04 ~ 0.06
车床上镗孔	按划线	1.0 ~ 2.0		用块规	0.05 ~ 0.1
	用带有滑座的角尺	0.1 ~ 0.3			
坐标镗床上镗孔	用光学仪器	0.004 ~ 0.015		用内径规或用塞尺	0.05 ~ 0.25
金刚镗床上镗孔	—	0.008 ~ 0.02		用程序控制的坐标装置	0.04 ~ 0.05
				用游标尺	0.2 ~ 0.4
多轴组合机床上镗孔	用镗模	0.03 ~ 0.05		按划线	0.4 ~ 0.6

2. 选择加工方法时考虑的因素

1）工件的结构形状和尺寸

工件的结构形状和尺寸影响加工方法的选择。例如，小孔一般采用钻、扩、铰的方法；大孔常采用镗削的加工方法；箱体上的孔一般难以拉削或磨削而采用镗削或铰削；对于非圆的通孔，应优先考虑用拉削或批量较小时用插削加工；对于难磨削的小孔，可采用研磨加工。

2）工件材料的性质

经淬火后的表面，一般应采用磨削加工；材料未淬硬的精密零件的配合表面，可采用刮研加工；对硬度低而韧性较大金属，如铜、铝、镁铝合金等非铁合金，为避免磨削时砂轮的嵌塞，一般不采用磨削加工，而采用高速精车、精镗、精铣等加工方法。

3）生产类型

所选用的加工方法要与生产类型相适应。大批、大量生产应选用生产率高和质量稳定的加工方法，如平面和孔可采用拉削加工；单件、小批生产则应选择设备和工艺装备易于调整，准备工作量小，工人便于操作的加工方法。例如，平面采用刨削、铣削，孔采用钻、扩、铰或镗的加工方法。又如，为保证质量可靠和稳定，保证有高的成品率，在大批量生产中采用珩磨和超精磨加工精密零件，也常常降级使用一些高精度的加工方法加工一些精度要求并不太高的表面。

4）生产率和经济性

对于较大的平面，铣削加工生产率较高，窄长的工件宜用刨削加工；对于大量生产的低精度孔系，宜采用多轴钻；对批量较大的曲面加工，可采用机械靠模加工、数控加工和特种加工等加工方法。

5）生产条件

选择加工方法，不能脱离本厂实际，充分利用现有设备和工艺手段，发挥技术人员的创造性，挖掘企业潜力，重视新技术、新工艺的推广应用，不断提高工艺水平。

1.6.2 加工顺序的安排

复杂工件的机械加工工艺路线中，要经过切削加工、热处理和辅助工序。因此，在拟定工艺路线时，必须全面地把切削加工、热处理和辅助工序一起考虑，合理安排。为确定各表面的加工顺序和工序数目，生产中已总结出一些指导性原则及具体安排中应注意的问题，现分述如下。

1. 加工阶段的划分

零件机械加工时，首先应确定先加工哪些表面后加工哪些表面。热处理工序和检验工序应安排何处，均需统筹合理安排。工艺过程的加工阶段一般可分为四个阶段：粗加工阶段、半精加工阶段、精加工阶段、光整加工阶段。

（1）粗加工阶段。从毛坯上切除大部分加工余量，只能达到较低的加工精度和表面结构。

（2）半精加工阶段。它是介于粗加工和精加工的切削加工过程，能完成一些次要表面的加工，并为主要表面的精加工做好准备（如精加工前必要的精度、表面粗糙度和合适的加工余量等）。

（3）精加工阶段。该阶段使各主要表面达到规定质量要求。

（4）光整加工和超精密加工。它是针对要求特别高的零件增设的加工方法，主要目的是得到所要求的光洁表面和加工精度。

工艺过程中划分加工阶段的优点如下。

（1）保证加工质量。工件在粗加工时加工余量较大，产生较大的切削力和切削热，同时也需要较大的夹紧力，在这些力和热的作用下，工件会产生较大的变形。而且经过粗加工后工件的内应力要重新分布，也会使工件发生变形。如果不分阶段而连续进行加工，就无法避免和修正上述原因所引起的加工误差。加工阶段划分后，粗加工造成的误差通过半精加工和精加工可以得到修正，并逐步提高零件的加工精度，改善零件的表面结构，保证了零件的加工要求。

（2）合理使用设备。粗加工要求功率大、刚性好、生产率高而精度要求不高的设备，精加工则要求精度较高的设备。划分加工阶段后就可以充分发挥粗精加工设备的特点，避免以精干粗，做到合理使用设备。

（3）便于安排热处理工序，使冷热加工配合得更好。对一些精密零件，粗加工后安排去除应力的时效处理，可以减少内应力变形对加工精度的影响；对于要求淬火的零件，在粗加工或半精加工后安排热处理，可便于前面工序的加工和在精加工中修正淬火变形，达到工件的加工精度要求。

（4）便于及时发现毛坯的缺陷。毛坯的各种缺陷，如气孔、砂眼、夹渣及加工余量不足等，在粗加工后即可发现，便于及时修补或决定报废，以免继续加工后造成工时和费用的浪费。

在拟定零件的工艺路线时，一般应遵循划分加工阶段这一原则，但并非所有工件都如上述一样划分加工阶段，在应用时要灵活掌握。例如，对一些加工要求不高、刚性好或毛坯精度高、加工余量小的工件，就可以少划分几个阶段或不划分加工阶段。又如对一些刚性好的重型零件，由于装夹吊运很费工时，往往不划分加工阶段而在一次安装中完成粗精加工。

2. 工序的集中与分散

将同一阶段中的加工组成若干工序。组合时可采用工序集中或工序分散两个不同的原则。

1）工序集中

工序集中是把零件上较多的加工内容集中在一道工序中进行，整个工艺过程由数量较少的工序组成。

工序集中可采用多刀多刃、多轴机床、自动机床、数控机床和加工中心等技术措施，也可采用普通机床进行顺序加工。

工序集中具有以下特点。

（1）在一次安装中可以完成零件多个表面的加工，可以较好地保证这些表面的相互位置精度，同时也减少了工件的装夹次数和辅助时间，并减少了工件在机床间的搬运工作量，有利于缩短生产周期。

（2）采用高效专用设备及工艺装备，生产率高。

（3）减少机床数量，并相应地减少操作工人，节省车间面积，简化生产计划和生产组织工作。

（4）因为采用专用设备和工艺装备，使投资增大，调整和维修复杂，生产准备工作量大，产品转换费时。

2）工序分散

工序分散是将零件各个表面加工分得很细，在每道工序中加工内容很少，最大限度的工序分散是每一工序只有简单的一个工步，而整个工艺过程工序数量很多。

工序分散具有以下特点。

（1）机床设备及工艺装备简单，调整和维修方便，工人掌握容易，生产准备工作量少，又易平衡工序时间，易于产品更换。

（2）可采用最合理的切削用量，减少基本时间。

（3）设备数量多，操作工人多，占用生产面积大。

工序集中与工序分散各有利弊，应根据生产类型、现有生产条件、企业能力、工件结构特点和技术要求等进行综合分析，择优选用。单件、小批生产采用万能机床顺序加工，使工序集中，可以简化生产计划和组织工作。大批、大量生产可采用较复杂的集中工序，如多刀、多轴机床、各种高效组合机床和自动机床加工；对一些结构较简单的产品，如轴承生产，也可采用分散的原则。成批生产应尽可能采用效率较高的机床，如六角车床、多刀半自动车床、数控机床、加工中心等，使工序适当集中。对于重型零件，为了减少工件装卸和运输的劳动量，工序应适当集中；对于刚性差且精度高的精密工件，工序应适当分散。

3. 加工顺序的安排

一个零件往往有多个表面需要加工，这些表面不仅本身有一定的尺寸精度要求，而且各表面之间还有一定的位置要求。为了达到这些精度要求，各表面加工顺序的安排要统筹考虑，总的原则是前面工序为后续工序创造条件，做好基准准备。具体原则有如下几个。

（1）基准先行。用作精基准的表面，要首先加工。所以，第一道工序一般是进行定位面的粗加工和半精加工（有时包括精加工），然后再以精基准定位加工其他表面。例如：加工轴类零件时，应先加工中心孔；加工齿轮应先加工端面和内孔；对于一般零件，因平面尺寸较大，定位稳定可靠，常用作精基准，先加工。

（2）先粗后精。零件的加工一般应划分加工阶段，即先进行粗加工，然后半精加工，最后是精加工和光整加工，还应将粗、精加工分开进行。

（3）先主后次。先安排主要表面的加工，后进行次要表面的加工。因为主要表面加工容易出废品，应放在前阶段进行，以减少工时浪费。次要表面的加工一般安排在主要表面的半精加工之后，精加工之前进行。

（4）先面后孔。先加工平面，后加工内孔。因为平面一般面积较大，轮廓平整，先加工好平面，便于加工孔时定位安装，利于保证孔与平面的位置精度，同时也给孔加工带来方便。

4. 热处理工序的安排

热处理工序主要包括预备热处理及最终热处理。要根据其作用，确定其在工艺路线中的大致位置。

（1）正火、退火：目的是消除内应力、改善加工性能及为最终热处理做准备。一般安排在粗加工之前。

（2）时效处理：以消除内应力、减少工件变形为目的。一般安排在粗加工之前后，对于精密零件，要进行多次时效处理。

（3）调质：零件淬火后再高温回火。能消除内应力、改善加工性能并能获得较好的综合力学性能，对一些性能要求不高的零件，调质也常作为最终热处理。一般安排在粗加工之后进行。

（4）最终热处理：常用的有淬火、渗碳淬火、渗氮等。它们的主要目的是提高零件的硬度和耐磨性。常安排在精加工（磨削）之前进行，其中渗氮由于热处理温度较低，零件变形很小，也可以安排在精加工之后进行。

5. 辅助工序的安排

检验工序是主要的辅助工序，除每道工序由操作者自行检验外，应安排在粗加工之后，精加工之前。零件转换车间时及重要工序之后和全部加工完毕进库之前，一般都要安排检验工序。除检验外，其他辅助工序有特种检验、表面强化和去毛刺、倒棱、清洗、防锈、去磁、平衡等，均不要遗漏，要同等重视。

1.6.3 设备与工艺装备的选择

1. 设备的选择

确定了工序集中或工序分散的原则后，基本上也就确定了设备的类型。例如：采用机械集中时，则选用高效自动加工的设备，多刀、多轴机床；若采用组织集中，则选用通用设备；若采用工序分散，则加工设备可较简单，选择专用设备。此外，选择设备时，还应考虑以下几个方面：

（1）机床精度与工件精度相适应；

（2）机床规格与工件的外形尺寸相适应；

（3）与现有加工条件相适应，如设备负荷的平衡状况等。如果没有设备可供选用，经过技术经济分析后，也可提出专用设备的设计任务书或改装旧设备。

2. 工艺装备的选择

工艺装备是产品制造过程中所用的各种工具的总称，包括夹具、刀具、量具和模具等。工艺装备的选择，主要是指选择夹具、刀具和量具。工艺装备选择的合理与否，将直接影响工序的加工精度、生产效率和经济性。应根据生产类型、具体加工条件、工件结构特点和技术要求等选择工艺装备。

（1）夹具的选择。单件、小批生产应首先采用各种通用夹具和机床附件，如卡盘、虎钳、分度头等。有组合夹具站的，可采用组合夹具。大批量生产为了提劳动生产率应采用专用高效夹具。多品种及中、小批量生产可采用可调夹具或成组夹具。

（2）刀具的选择。一般优先采用标准刀具。若采用机械集中时，应采用各种高效的专用刀具、复合刀具和多刃刀具等。刀具的类型、规格和精度等级应符合加工要求。

（3）量具的选择。单件、小批生产应广泛采用通用量具，如游标卡尺、百分尺和千分表等。大批量生产应采用极限量规和高效专用检验夹具和量仪等。量具的精度必须与加工精度相适应。

1.7　确定加工余量

零件的工艺路线确定后，在进行各个工序的具体内容时需对每道工序进行详细设计，其中包括正确地确定各工序的工序尺寸，而工序尺寸的确定首先应确定加工余量。

1.7.1　加工余量的概念

加工余量是指加工过程中所切除的金属层厚度。加工过程包括若干个工序。某一表面在一道工序中被切除的金属层厚度，即相邻两工序的工序尺寸之差称为该表面的工序余量。

对于外圆和孔等旋转表面，加工余量沿直径方向对称分布，称为双边余量，它的大小实际上等于工件表面切去金属层厚度的两倍。对于平面等非对称表面来说，加工余量等于切去的金属层厚度，称为单边余量。图 1-22 表示了它们和工序尺寸之间的关系。由图可知：

对于外表面　　　　　　　　　　$Z_i = L_{i-1} - L_i$　　　　　　　　　　　　　　（1-2）

对于内表面　　　　　　　　　　$Z_i = L_i - L_{i-1}$　　　　　　　　　　　　　　（1-3）

对于轴　　　　　　　　　　　　$2Z_i = d_{i-1} - d_i$　　　　　　　　　　　　　（1-4）

对于孔　　　　　　　　　　　　$2Z_i = D_i - D_{i-1}$　　　　　　　　　　　　　（1-5）

式中　Z_i——本道工序的单边工序余量；

　　　L_i——本道工序的工序尺寸；

　　　L_{i-1}——上道工序的工序尺寸；

　　　D_i——本道工序的孔直径；

D_{i-1}——上道工序的孔直径；

d_i——本道工序的外圆直径；

d_{i-1}——上道工序的外圆直径。

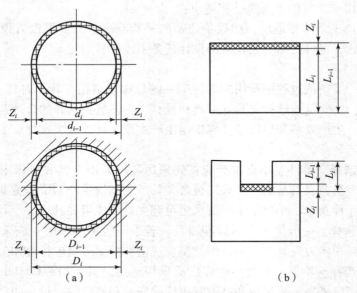

图 1-22　单边余量和双边余量

（a）双边余量；（b）单边余量

各道工序余量之和为加工总余量（即毛坯余量），它等于毛坯尺寸与零件图样上的设计尺寸之差。其变动范围（即余量的公差）等于本道工序尺寸公差 T_i 与上道工序尺寸公差 T_{i-1} 之和。

通常所指的工序余量是上道工序与本道工序基本尺寸之差，称为公称余量。对于被包容面来说，上道工序最大工序尺寸与本道工序最小工序尺寸为最大加工余量，上道工序最小工序尺寸与本道工序最大工序尺寸为最小加工余量。对于包容面则正相反。

由于毛坯制造和各工序加工中都不可避免地存在误差，这就使得实际上的加工余量成为一个变动值，出现了最小加工余量和最大加工余量，它们之间的关系如图 1-23 所示。为了便于加工，工序尺寸都按"入体原则"标注，即包容面的工序尺寸取下偏差为零，被包容面的工序尺寸取上偏差为零，毛坯尺寸偏差则双向布置。

1.7.2　影响加工余量的因素

正确规定加工余量的大小是十分重要的。如果加工余量太大，则浪费材料、工时，增加工具损耗；如果加工余量太小，则不能保证切去金属表面的缺陷，可能产生废品，有时还会使刀具切在很硬的夹砂表皮上，导致刀具迅速磨损。

影响加工余量的因素比较复杂，现将其主要因素分析如下。

1. 上道工序产生的表面粗糙度 Rz 和表面缺陷层深度 H_{i-1}（图 1-24）

为了保证加工质量，上道工序留下的表面轮廓最大高度和表面缺陷层深度必须在本道工序中予以切除。在某些光整加工方法中，该项因素甚至是决定加工余量的唯一因素。

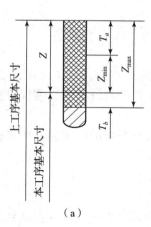
（a）

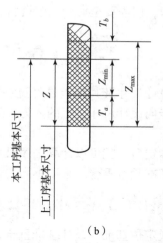
（b）

图 1－23　加工总余量和工序余量的关系

（a）被包容面；（b）包容面（孔）

T_a—前工序的工序尺寸公差；T_b—本工序的工序尺寸公差

2. 上道工序的尺寸公差 T_{i-1}

工序公称余量已经包括了上道工序的尺寸公差在内，上道工序留下的各种形状位置误差一般也包括在尺寸公差范围内，所以上道工序尺寸公差的大小对工序余量有着直接的影响。

3. 上道工序留下的空间位置误差 ρ_{i-1}

工件上有一些形状位置误差不能包括在尺寸公差范围内，但这些误差又必须在加工中予以纠正，所以必须单独考虑这些误差对加工余量的影响。例如，轴线的直线度、位置度、同轴度等都属于这一类型的误差。

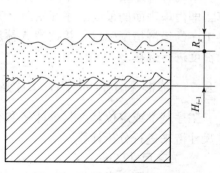

图 1－24　工件的加工表面层

4. 本工序的装夹误差 ε_i

在本道工序装夹工件时，由于定位误差、夹紧误差以及夹具本身误差的影响，工件待加工表面偏离了正确的位置，显然应当在本工序中加大余量把它纠正过来。

1.7.3　确定加工余量的方法

1. 经验估计法

经验估计法即根据工艺人员的经验来确定加工余量。为避免产生废品，所确定的加工余量一般偏大。常用于单件、小批生产。

2. 查表修正法

此法是根据有关手册，查得加工余量的数值，然后根据实际情况进行适当修正。这是一种广泛采用的方法。

3. 分析计算法

这是对影响加工余量的各种因素进行分析，然后再计算加工余量的方法。此方法确定的加工余量较合理，但需要全面的试验资料，计算也较复杂，故很少采用。

1.8 工序尺寸及其公差的确定

工件上的设计尺寸及其公差是经过各加工工序后得到的，每道工序的工序尺寸都不相同，它们是逐步向设计尺寸接近的。为了最终保证工件的设计要求，需规定各工序的工序尺寸及其公差。

工序余量确定后，就可以计算工序尺寸。工序尺寸公差的确定，则要依据工序基准或定位基准与设计基准是否重合，采取不同的计算方法。

1.8.1 基准重合时工序尺寸及其公差的计算

工序基准或定位基准与设计基准重合，同一表面需经多次加工才能达到图样要求。工件上外圆和孔的多工序加工都属于这种情况。

最终工序尺寸及其公差的确定：当基准重合时，最终工序的工序尺寸及其公差为该表面的设计尺寸及公差，即从图样上"照抄"。表面粗糙度亦然。

中间各工序尺寸及公差的计算：先确定各工序余量的基本尺寸，再由后往前逐个工序推算，即由该表面的最终工序开始向前工序推算，直到毛坯尺寸。中间工序尺寸的公差则都按各工序的经济精度确定，并按"入体原则"确定上、下偏差。表面粗糙度应按工序的经济粗糙度进行选择。

1.8.2 基准不重合时工序尺寸及其公差的计算

工序基准或定位基准与设计基准不重合时，工序尺寸及其公差的计算比较复杂，需用工艺尺寸链来进行分析计算。

1. 工艺尺寸链的定义

在机器装配或零件加工过程中，相互连接的尺寸形成封闭的尺寸组称为尺寸链。例如，图 1-25（a）所示的台阶零件，其图样上标注设计尺寸 A_1 和 A_0。当其他表面均已加工完成，用调整法最后加工表面 B 时，为了使工件定位可靠和夹具结构简单，常选 A 面为定位基准，按尺寸 A_2 对刀加工 B 面成形，间接保证尺寸 A_0。这样，尺寸 A_1、A_2 和 A_0 是在加工过程中，由相互连接的尺寸形成封闭的尺寸组，如图 1-25（b）所示，它就是一个尺寸链。

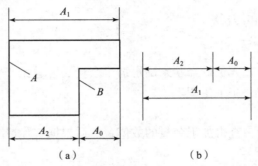

图 1-25　零件加工过程中的尺寸链

(a) 台阶零件；(b) 尺寸链

2. 尺寸链的组成

尺寸链是由一组相关尺寸所组成的，它们分别为：

（1）环。组成尺寸链的每一个尺寸称为尺寸链的环。图 1 – 25（b）中的 A_1、A_2 和 A_0 都称为尺寸链的环。

（2）封闭环。在加工过程中，间接获得、间接保证的尺寸称为封闭环。图 1 – 25 中的 A_0 是间接获得的，为封闭环。

（3）组成环。尺寸链中对封闭环有影响的全部环称为组成环。这些环中任一环的变动必然引起封闭环的变动。图 1 – 25（b）中 A_1 和 A_2 是组成环。

（4）增环。在其他组成环不变的情况下，该环的尺寸增大封闭环尺寸随之增大，该环尺寸减小封闭环尺寸也减小的组成环称为增环。图 1 – 25（b）中的 A_1 是增环。在计算公式中增环的符号上方冠以向右箭头，如 $\overrightarrow{A_1}$。

（5）减环。在其他组成环不变的情况下，该环尺寸增大时封闭环尺寸减小，该环尺寸减小时封闭环尺寸增大的组成环称为减环。图 1 – 25 中的 A_2 是减环。在计算公式中减环的符号上方冠以向左箭头，如 $\overleftarrow{A_2}$。

3. 工艺尺寸链的建立

利用工艺尺寸链进行工序尺寸及其公差的计算，关键在于正确建立尺寸链，正确区分增、减环和封闭环。其方法和步骤如下：

（1）封闭环的确定。要认准封闭环是"间接"获得或保证的尺寸这一关键点。在大多数情况下，封闭环可能是零件设计尺寸中的一个尺寸或者是加工余量值等。

（2）区分增减环。对于环数少的尺寸链，可以根据增、减环定义来判别。对于环数多的尺寸链，可以采用箭头法，即从 A_0 开始，尺寸的上方（或下边）画箭头，然后顺着各环依次画下去，凡箭头方向与封闭环 A_0 的箭头方向相同的环为减环，相反的为增环。

需要注意的是，所建立的尺寸链必须使组成环数最少。这样可以更容易满足封闭环的精度或者使各组成环的加工更容易、更经济。这一原则称为"尺寸链最短原则"。

4. 工艺尺寸链计算的基本公式

工艺尺寸链的计算方法有两种：极值法和概率法。生产中一般多采用极值法（或称极大极小法），其计算的基本公式如下：

（1）基本尺寸（A_0）。封闭环的基本尺寸等于所有增环基本尺寸 A_i 之和减去所有减环基本尺寸 A_j 之和，即

$$A_0 = \sum_{i=1}^{m} \overrightarrow{A_i} - \sum_{j=m+1}^{n-1} \overleftarrow{A_j} \tag{1-6}$$

式中　$\sum$——"总和""连续相加"的符号；

　　　m——增环的环数；

　　　n——包括封闭环在内的总环数。

（2）封闭环的最大极限尺寸（A_{0max}）。封闭环的最大极限尺寸等于所有增环的最大极限尺寸之和减去所有减环的最小极限尺寸之和，即

$$A_{0max} = \sum_{i=1}^{m} \overrightarrow{A_{i\,max}} - \sum_{j=m+1}^{n-1} \overleftarrow{A_{j\,min}} \tag{1-7}$$

封闭环的最小极限尺寸（A_{0min}）：等于所有增环的最小极限尺寸之和减去所有减环的最

大极限尺寸之和，即

$$A_{0min} = \sum_{i=1}^{m} \overrightarrow{A_{i\,min}} - \sum_{j=m+1}^{n-1} \overleftarrow{A_{j\,max}} \qquad (1-8)$$

（3）封闭环的上偏差 $B_s(A_0)$ 和下偏差 $B_x(A_0)$。封闭环的上偏差等于所有增环的上偏差之和减去所有减环的下偏差之和，即

$$B_s(A_0) = \sum_{i=1}^{m} B_s(\overrightarrow{A_i}) - \sum_{j=m+1}^{n-1} B_x(\overleftarrow{A_j}) \qquad (1-9)$$

封闭环的下偏差等于所有增环的下偏差之和减去所有减环的上偏差之和，即

$$B_x(A_0) = \sum_{i=1}^{m} B_x(\overrightarrow{A_i}) - \sum_{j=m+1}^{n-1} B_s(\overleftarrow{A_j}) \qquad (1-10)$$

（4）封闭环的公差 $\delta(A_0)$。封闭环的公差等于各组成环公差之和，即

$$\delta(A_0) = \sum_{i=1}^{m} \delta(\overrightarrow{A_i}) + \sum_{j=m+1}^{n-1} \delta(\overleftarrow{A_j}) = \sum_{i=1}^{n-1} \delta(A_i) \qquad (1-11)$$

5. 尺寸链的计算形式

尺寸链的计算，一般有以下三种形式。

（1）正计算形式：已知各组成环的基本尺寸、公差及极限偏差，求封闭环的基本尺寸、公差及极限偏差。它的计算结果是唯一的。产品设计的校验工作中常用到此形式。

（2）反计算形式：已知封闭环的基本尺寸、公差及极限偏差，求各组成环的基本尺寸、公差及极限偏差。由于组成环有若干个，所以反计算形式是将封闭环的公差值合理地分配给各组成环，以求得更佳分配方案。产品设计工作中常用到此形式。

（3）中间计算形式：已知封闭环和部分组成环的基本尺寸、公差及极限偏差，求其余组成环的基本尺寸、公差及极限偏差。工艺尺寸链多属此种计算形式。

6. 基准不重合时工序尺寸及其公差的计算实例

1）测量基准与设计基准不重合时的工序尺寸计算

在零件加工时，会遇到一些表面加工之后设计尺寸不便直接测量的情况。因此，需要在零件上另选一个易于测量的表面作为测量基准进行测量以间接检验尺寸。

例1　如图 1-26（a）所示套筒零件，两端面已加工完毕，加工孔底面 C 时，要保证尺寸 $16_{-0.35}^{0}$ mm，因该尺寸不便测量，试标出测量尺寸。

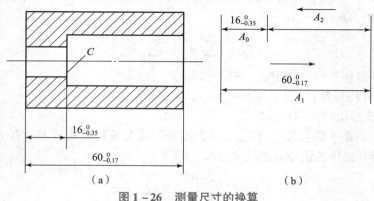

图 1-26　测量尺寸的换算

（a）套筒零件；（b）尺寸链

解：由于孔的深度 A_2 可以直接测量，而尺寸 $A_1 = 60 \, _{-0.17}^{0}$ mm 在前工序加工过程中获得，该道工序通过直接尺寸 A_1 和 A_2 间接保证尺寸 A_0，则 A_0 就是封闭环，列出尺寸链，见图 1-26（b）。孔深尺寸 A_2 可以计算出来：

由式（1-6）得　16 mm $= 60 - A_2$，则 $A_2 = 44$ mm。

由式（1-9）得　0 mm $= 0 - B_x(A_2)$，则 $B_x(A_2) = 0$ mm。

由式（1-10）得　-0.35 mm $= -0.17 - B_s(A_2)$，则 $B_s(A_2) = +0.18$ mm。

所以，测量尺寸 $A_2 = 44 \, _{0}^{+0.18}$ mm。

通过分析以上计算结果，可以发现，由于基准不重合而进行尺寸换算，将带来以下两个问题。

（1）压缩公差：换算的结果明显提高了对测量尺寸的精度要求。如果能按原设计尺寸进行测量，其公差值为 0.35 mm，换算后的测量尺寸公差为 0.18 mm，测量公差减少了 0.17 mm，此值恰是另一组成环的公差值。

（2）假废品问题：测量零件时，当 A_1 的尺寸在 $60 \, _{-0.17}^{0}$ mm 之间，零件为合格品。

假如 A_2 的实测尺寸超出 $44 \, _{0}^{+0.18}$ mm 的范围，如偏大或偏小 0.17 mm，即 A_2 尺寸为 44.35 mm 或 43.83 mm 时，只要 A_1 尺寸也相应为最大 60 mm 或最小 59.83 mm，则算得 A_0 的尺寸相应为 $60 - 44.35 = 15.65$（mm）和 $59.83 - 43.83 = 16$（mm），零件仍为合格品，这就是出现了假废品。

2）定位基准与设计基准不重合的工序尺寸计算

零件调整法加工时，如果加工表面的定位基准与设计基准不重合，就要进行尺寸换算，并重新标注工序尺寸。

例 2　如图 1-27（a）所示零件，尺寸 $60 \, _{-0.12}^{0}$ mm 已加工完成，现以 B 面定位精铣 D 面，试标出工序尺寸 A_2。

解：当以 B 面定位加工 D 面时，将按工序尺寸 A_2 进行加工，设计尺寸 $A_0 = 25 \, _{0}^{+0.22}$ mm 是本工序间接保证的尺寸，为封闭环，其尺寸链如图 1-27（b）所示，尺寸 A_2 的计算如下：

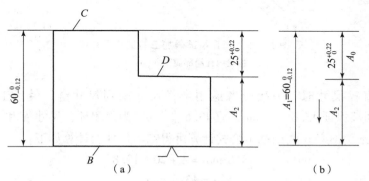

图 1-27　定位基准与设计基准不重合的工序尺寸计算

（a）加工零件；（b）尺寸链

按式（1-6）求基本尺寸：

25 mm $= 60 - A_2$　　　　　　　则 $A_2 = 35$ mm

按式（1-9）求下偏差：

$+0.22 \ \text{mm} = 0 - B_x(A_2)$ 　　　　则 $B_x(A_2) = -0.22 \ \text{mm}$

按式（1-10）求上偏差：

$0 \ \text{mm} = -0.12 - B_s(A_2)$ 　　　　则 $B_s(A_2) = -0.12 \ \text{mm}$

则工序尺寸 $A_2 = 35_{-0.22}^{-0.12} \ \text{mm}$。

和例1一样，当定位基准与设计基准不重合进行尺寸换算时，也需要提高本工序的加工精度，使加工更加困难。同时，也会出现假废品的问题。

3）中间工序尺寸的计算

当主设计基准最后加工时，会出现"多尺寸保证"问题，我们一般直接保证公差小的尺寸（组成环），而间接保证公差大的尺寸（封闭环）。

例3 　图1-28（a）所示为齿轮内孔的局部简图，设计要求为：孔径为 $\phi 40_{0}^{+0.05} \ \text{mm}$，键槽深度尺寸为 $43.6_{0}^{+0.34} \ \text{mm}$，其加工顺序如下：

（1）镗内孔至 $\phi 39.6_{0}^{+0.34} \ \text{mm}$。

（2）插键槽至尺寸 A。

（3）热处理，淬火。

（4）磨内孔至 $\phi 40_{0}^{+0.05} \ \text{mm}$。

试确定插键槽的工序尺寸 A_0。

解： 先列出尺寸链，如图1-28（b）所示。

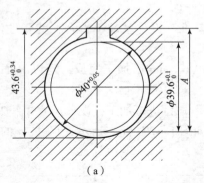 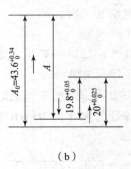

（a）　　　　　　　　　　　　（b）

图1-28　内孔及键槽加工的工艺尺寸链

（a）齿轮内孔局部简图；（b）尺寸链

注意当有直径尺寸时，一般应考虑用半径尺寸来列尺寸链。最后工序是直接保证 $\phi 40_{0}^{+0.05} \ \text{mm}$，间接保证 $43.6_{0}^{+0.34} \ \text{mm}$，故 $43.6_{0}^{+0.34} \ \text{mm}$ 为封闭环，尺寸 A 和 $20_{0}^{+0.025} \ \text{mm}$ 为增环，$19.8_{0}^{+0.05} \ \text{mm}$ 为减环。利用基本公式计算可得基本尺寸，计算如下：

$$43.6 \ \text{mm} = A + 20 - 19.8$$

则

$$A = 43.4 \ \text{mm}$$

上偏差计算：　　　　　$+0.34 \ \text{mm} = B_s(A) + 0.025 - 0$

则

$$B_s(A) = +0.215 \ \text{mm}$$

下偏差计算：　　　　　$0 \ \text{mm} = B_x(A) + 0 - 0.05$

则

$$B_x(A) = +0.05 \ \text{mm}$$

所以

$$A = 43.4_{+0.050}^{+0.215} \ \text{mm}$$

按入体原则标注为：$A = 43.45^{+0.265}_{0}$ mm。

4）保证渗氮、渗碳层深度的工艺计算

有些零件的表面需进行渗氮或渗碳处理，并且要求精加工后保持一定的渗层深度。为此，必须确定渗前加工的工序尺寸和热处理时的渗层深度。

1.9　工艺过程的技术经济性分析

制定某一零件的机械加工工艺规程时，一般可以拟定几种不同的方案，这些方案都能满足该零件规定的加工精度和表面结构的要求。但是通过经济分析，这些方案中必然有一个方案是在给定条件下最经济的方案。进行经济分析，就是比较不同方案的生产成本，选择最经济的方案。生产成本是制造一个零件或一台产品所必需的一切费用的总和，其中 70%～75% 的费用是与工艺过程有关的，所以在分析工艺过程的优劣时，只需分析与工艺过程直接有关的生产费用，即工艺成本。在进行经济分析的同时，还必须全面考虑改善劳动条件、提高劳动生产率、促进生产技术发展等问题。

工艺过程的技术经济性分析有两种方法：一是对不同的工艺过程进行工艺成本的分析和评比；二是按相对技术经济指标进行宏观比较。

1.9.1　工艺成本的分析和评比

工件的实际生产成本是制造工件所必需的一切费用的总和。工艺成本是指生产成本中与工艺过程有关的那一部分成本，如毛坯或原材料费用、生产工人的工资、机床电费（设备的使用费）、折旧费和维修费、工艺装备的折旧费和修理费以及车间和工厂的管理费用等。与工艺过程有关的另一部分成本，如行政总务人员的工资、厂房折旧和维修费、照明取暖费等在不同方案的分析和评比中均是相等的，因而可以略去。

1）工艺成本的组成

工艺成本按照与年产量的关系，分为可变费用 V 和不变费用 S 两部分。

（1）可变费用。可变费用是与年产量有关并与其成比例的费用。这类费用以 V 表示，包括材料或毛坯费用、操作工人的工资、机床电费、通用机床的折旧费和维修费、通用夹具费、刀具费等。

$$V = S_{材} + S_{操工} + S_{电} + S_{通机} + S_{机维} + S_{通夹} + S_{刀} \qquad (1-12)$$

式中　$S_{材}$——材料或毛坯费（元/件）；

　　　$S_{操工}$——操作工人的工资（元/件）；

　　　$S_{电}$——机床电费（元/件）；

　　　$S_{通机}$——通用机床折旧费（元/件）；

　　　$S_{机维}$——机床维修费（元/年）；

　　　$S_{通夹}$——通用夹具费（元/件）；

　　　$S_{刀}$——刀具费用（元/件）。

（2）不变费用。不变费用是与年产量的变化没有直接关系的费用，当年产量在一定的范围内变化时，全年的费用基本上保持不变，以 C 表示，包括调整工人的工资、专用机床的折旧费和维修费、专用夹具费等。

$$C = S_{调工} + S_{专机} + S_{机维} + S_{专夹}$$

式中　$S_{调工}$——调整工人的工资（元/年）；

　　　$S_{专机}$——专用机床折旧费（元/年）；

　　　$S_{机维}$——机床维修费（元/年）；

　　　$S_{专夹}$——专用夹具费（元/年）。

若工件的年产量为 N，则工件的全年工艺成本 E（元/年）为

$$E = VN + C \qquad\qquad (1-13)$$

单件工艺成本 E_d（元/件）为

$$E_d = V + C/N \qquad\qquad (1-14)$$

式（1-13）、式（1-14）也可用于计算单个工序的成本。

图 1-29（a）表示全年工艺成本 E 与年产量 N 的关系。由图可知，E 与 N 是线性关系，即全年工艺成本与年产量成正比。直线的斜率为工件的可变费用，直线的起点为工件的不变费用。

图 1-29（b）表示单件工艺成本 E_d 与年产量 N 的关系。由图可知，E_d 与 N 呈双曲线关系，当 N 增大时，E_d 逐渐减小，极限值接近可变费用。

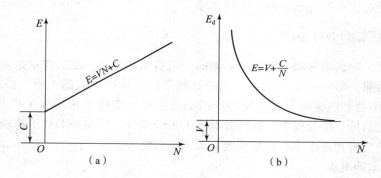

图 1-29　工艺成本与年产量的关系

（a）全年工艺成本与年产量的关系；（b）单件工艺成本与年产量的关系

2）工艺成本的评比

工艺过程的不同方案进行评比时，常用工件的全年工艺成本进行比较，这是因为全年工艺成本与年产量的线性关系容易比较。

设两种不同方案分别为 1 和 2，它们的全年工艺成本分别为

$$E_1 = V_1 N + C_1 \qquad\qquad (1-15)$$
$$E_2 = V_2 N + C_2 \qquad\qquad (1-16)$$

现在同一坐标图上，分别画出方案 1 和方案 2 的全年工艺成本与年产量的关系，如图 1-30 所示。由图可知，两条直线相交于点 K，N_K 称为临界年产量，此年产量时，两种工艺路线的全年工艺成本相等。由式（1-15）和式（1-16）可得

$$N_K = \frac{C_1 - C_2}{V_2 - V_1} \qquad\qquad (1-17)$$

当年产量 $N < N_K$ 时，宜采用方案Ⅱ，即年产量小时，宜采用不变费用较少的方案；当年产量 $N > N_K$ 时，宜采用方案Ⅰ，即年产量大时，宜采用可变费用较少的方案。

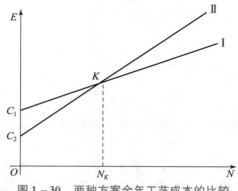

图 1 - 30　两种方案全年工艺成本的比较

进行不同方案的评比时，其目的并不在于精确计算工件的工艺成本，故在评比时相同的工艺费用均可忽略不计。

用工艺成本评比的方法比较科学，因而对一些关键工件或关键工序的评比常用工艺成本进行评比。

1.9.2　相对技术经济指标的评比

当对工艺路线的不同方案进行宏观比较时，常用相对技术经济指标进行评比。

技术经济指标反映工艺过程中劳动的耗费、设备的特征和利用程度、工艺装备需要量及各种材料和电力的消耗等情况。常用的技术经济指标有：每个生产工人的平均年产量（件/人）、每台机床的平均年产量（件/台或 t/台）、每平方米生产面积的平均年产量（件/m^2 或 t/m^2），以及设备利用率、材料利用率和工艺装备系数等。利用这些指标能概略和方便地进行技术经济评比。

上述两种评比方法都着重于经济评比。一般而言，技术上先进才能取得较好的经济效果。但是，有时技术上的先进在短期内不一定显出效果，所以在进行方案评比时还应综合考虑技术先进性和其他因素。

 先导案例解决

加工如图 1 - 1 所示的一批零件，试确定其加工工艺路线。

当小批量生产时，遵循工序集中原则，在同一台车床上完成，其加工工艺路线为：

（1）车端面及外圆 ϕ40k6；

（2）车 2 个沟槽；

（3）车端面取总长及车外圆 ϕ52；

（4）钻孔及镗孔。

当大批量生产时，遵循工序分散原则，在多台车床上同时进行加工，其加工工艺路线为：

（1）车端面；

（2）车外圆 ϕ40k6；

（3）车 2 个沟槽；

（4）车端面取总长；

（5）车外圆 φ52；

（6）钻孔；

（7）镗孔。

 生产学习经验

1. 生产类型的选择有重大影响，通常单件、小批量生产采用工序集中原则，成批、大量生产采用工序分散原则。

2. 普通车床加工采用试切法保证尺寸精度；铣削平面、台阶等，通常在夹具上设计对刀块，采用调整法保证尺寸精度；钻、扩、铰则由刀具尺寸来保证尺寸精度；数控机床采用自动控制法保证尺寸精度。

3. 拟定工艺路线是制定工艺规程的核心内容，需要综合考虑生产类型、加工表面、加工尺寸、加工精度、生产条件等。

4. 定位基准选择遵循先精后粗的原则，精基准是保证加工精度的关键。

5. 加工顺序安排要考虑先粗后精原则，有利于保证精度；先主后次，使主要表面具有足够的加工余量；先面后孔主要是为了便于定位；基准先行，主要保证不同加工表面间的相互位置精度。

6. 调质处理变形大，通过切削加工可消除，如果背吃刀量过大，会使热处理层被切除，所以热处理安排在粗加工之后；淬火处理作为最终热处理，存在变形，由于硬度高，通常淬火后采用磨削方法加工。

本章小结

本章主要介绍了生产过程的基本概念、工艺规程及其制定原则和制定工艺规程时要解决的主要问题。

生产的类型有单件生产、大量生产和批量生产。

生产过程包括原材料的运输和保管；生产的准备工作；毛坯的制造；零件的机械加工；零件的热处理；部件和产品的装配；检验、油漆和包装等。

工艺过程是由一个或若干个顺序排列的工序组成的。

工艺规程是指导工人操作和用于生产、工艺管理工作及保证产品质量可靠性的技术性文件；制定工艺规程的基本原则是：所制定的工艺规程，要求以最快的速度、最少的劳动量和最低的费用，可靠地加工出符合要求的零件。

制定工艺规程时要解决的主要问题是零件的工艺分析和技术要求分析、毛坯的选择、定位基准的选择、工艺路线的拟定、加工余量的确定、工序尺寸及其公差的确定等。

思考题与习题

1. 试拟定图 1-31 所示零件的机械加工工艺路线（包括工序名称、工序简图、加工方法、定位基准）。生产类型为成批生产。

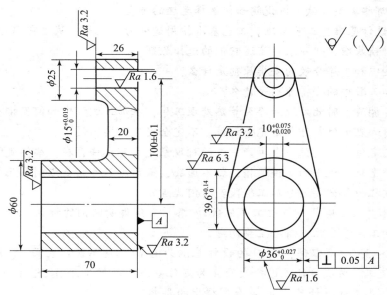

图 1-31 思考题与习题 1 图

2. 图 1-32 所示零件由 05、10 两道工序完成。试求工序尺寸 A 和 B。

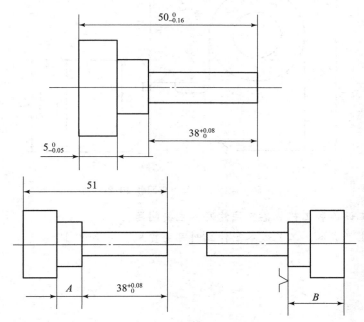

图 1-32 思考题与习题 2 图

3. 什么叫生产纲领?

4. 什么叫生产过程? 什么叫工艺过程? 零件加工工艺包括哪些内容?

5. 什么叫工序? 工件的装夹方式有哪几种? 试述它们的特点和应用场合。

6. 制定工艺规程的原则是什么?

7. 制定工艺规程的步骤是什么?

8. 毛坯有哪些类型？试举例说明如何选择毛坯的类型。

9. 什么叫设计基准、工艺基准？工艺基准按用途分为哪几类？试述它们的概念。

10. 什么叫精基准、粗基准？试述它们的选择原则。

11. 工序集中和工序分散的安排原则是什么？

12. 切削加工顺序的安排原则是什么？

13. 退火、调质、时效处理和淬火等热处理工序，在加工过程中如何安排？

14. 什么叫六点定位？什么是完全定位、不完全定位？举例说明。

15. 何为欠定位、过定位？在生产中这两种现象是否都允许存在？举例说明。

16. 车、磨光轴，铣平面，铣通槽，钻不通孔，滚齿加工各需要限制哪几个自由度？

17. 工艺过程为什么要划分加工阶段？有何优点？

18. 什么叫"工序集中"与"工序分散"？各举一例说明它们的特点。

19. 确定加工余量应注意哪些主要问题。

20. 如图1-33所示零件，孔D的设计基准为C面。镗孔前，表面A、B、C已加工。镗孔时，为了使工件装夹方便，选择表面A为定位基准，并按工序A_3进行加工。怎样才能保证镗孔后自然形成的设计尺寸A_0符合图样上的要求？

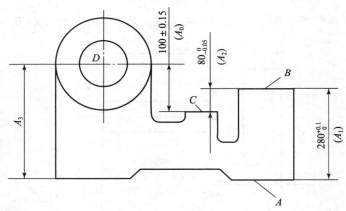

图1-33 思考题与习题20图

21. 选择加工设备和工艺装备应注意哪些主要问题？

22. 什么是生产成本、工艺成本？什么叫可变费用、不变费用？

第 2 章

机 床 夹 具

本章知识点

1. 机床夹具概述；
2. 夹具分类与作用；
3. 工件在夹具中的定位和夹紧；
4. 各类机床夹具；
5. 现代机床夹具。

先导案例

图 2-1 所示为十字槽轮零件精车圆弧 $\phi 23_{0}^{+0.023}$ mm 的工序简图。本工序要求保证 4 处 $\phi 23_{0}^{+0.023}$ mm 圆弧，对角圆弧位置尺寸（18 ± 0.02）mm 及对称度公差 0.02 mm，$\phi 23_{0}^{+0.023}$ mm轴线与 $\phi 5.5h6$ 轴线的平行度允差 $\phi 0.01$ mm。如何确定加工该工序的车床夹具？

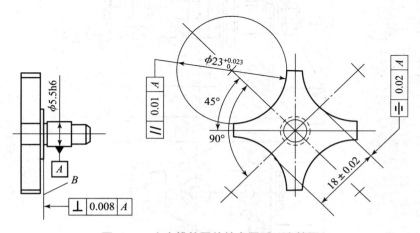

图 2-1　十字槽轮零件精车圆弧工序简图

2.1 概　述

2.1.1 机床夹具概念

夹具是一种装夹工件的工艺装备，广泛地应用在机械加工、装配、检验、热处理、焊接等工艺过程中。

在机械加工过程中，为了使加工的工件符合图样要求，就必须使工件相对机床和刀具的位置正确，并保持其位置不变。当零件为单件、小批量生产时，常采用直接找正安装或划线找正安装，由于这两种方法的生产率低，不适合成批、大量生产。对于成批、大量生产的零件，通常是把工件安装在机床夹具中进行加工。

机床夹具对工件进行装夹包含两层含义：一是使同一工序中一批工件都能在夹具中占据正确的位置，称为定位；二是使工件在加工过程中保持已经占据的正确位置不变，称为夹紧。

图 2 – 2 所示为在轴套工件上钻 $\phi5H9$ 径向孔的专用钻床夹具。工件以内孔和端面为定位基准，分别与夹具的定位销 5 相配合并与其端面保持接触，从而确定了工件在夹具中的正

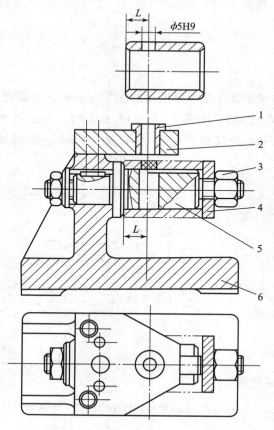

图 2 – 2　钻轴套工件径向孔的专用钻床夹具

1—钻套；2—钻模板；3—螺母；4—开口垫圈；5—定位销；6—夹具体

确位置。然后拧紧螺母 3，通过开口垫圈 4 即可将工件夹紧在确定的位置上。因为装在钻模板 2 上的钻套 1 到定位端面的位置是根据工件钻孔中心到其端面的距离 L 来确定的，所以保证了钻套所引导的钻头具有正确的钻孔位置。

夹具的所有元件和装置是由夹具体 6 连成一个整体，而夹具在机床上的相对位置在工件安装前已预先调整好，这就使夹具与机床、刀具间有一个正确的相对位置，保证了工件的加工技术要求。

2.1.2　机床夹具的作用

机床夹具的作用主要有以下几个方面。

1. 保证工件加工精度，稳定产品质量

采用夹具后，工件上各表面的相互位置精度由夹具来保证，比划线找正达到的精度高得多，且稳定可靠，还可降低对操作者的技能要求。

2. 扩大机床使用范围，充分发挥机床潜力

使用专用夹具可以扩大机床的工艺范围，实现一机多用，如在车床的床鞍上或在摇臂钻床工作台上装上镗模就可以进行箱体的镗孔加工，以代替镗床工作。图 2-3 所示为车床镗孔夹具，可用于工件镗孔的高度位置较大的情况。镗杆 4 经过一对齿轮 2 用浮动接头进行传动，并用镗模 5 上的前后导向孔引导。

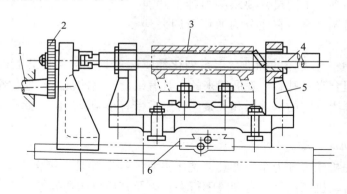

图 2-3　车床镗孔夹具

1—主轴；2—齿轮；3—工件；4—镗杆；5—镗模；6—床鞍

3. 缩短装夹时间，提高劳动生产率

采用专用夹具装夹工件，可以大大缩短与装夹工件有关的辅助时间。在某些情况下，由于使用了夹具，工件装夹得比较牢固、可靠，有可能加大切削用量或增多同时加工的刀具数目和工件数目，以减少加工时间，提高劳动生产率，降低成本。图 2-4 所示为车削薄壁衬套内孔的夹具，由于准确的定位和可靠的轴向夹紧，增加了工件的刚度，因而可以提高切削用量，并可防止变形。

4. 降低工人的劳动强度

使用夹具装夹工件，显然要比不用夹具方便、省力、安全。在大批、大量生产中，夹具的夹紧装置多用气动、液动或其他机械动力装置，这就大大降低了工人的劳动强度。

2.1.3 机床夹具的分类

机床夹具的种类繁多，可以从不同的角度对机床夹具进行分类。常用的分类方法有以下几种。

1. 按夹具的使用特点分类

（1）通用夹具。已经标准化的，可加工一定范围内不同工件的夹具，称为通用夹具，如车床用三爪自定心卡盘，铣、镗、钻床用平口虎钳，铣床用万能分度头，磨床用磁力工作台等。

（2）专用夹具。专为某一工件的某道工序设计制造的夹具，称为专用夹具。专用夹具一般在批量生产中使用。本章着重讨论专用夹具。

（3）组合夹具。采用标准的组合元件、部件，可为不同工件的不同工序组装成不同类型的夹具，称为组合夹具。组合夹具多用在单件、小批量生产，如模具制造中运用较多。

（4）可调夹具。夹具的某些元件可调整或可更换，以适应同一系列、不同尺寸要求的多种工件加工的夹具，称为可调夹具。它还分为通用可调夹具和成组夹具两类。

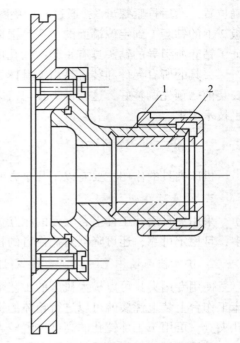

图 2-4 车削薄壁衬套内孔夹具
1—夹具；2—工件

（5）拼装夹具。用专门的标准化、系列化的拼装夹具零部件拼装而成的夹具，称为拼装夹具。它是在组合夹具基础上发展起来的，具有组合夹具的优点，但比组合夹具精度、效能更高，结构更紧凑。它的基础板和夹紧部件中常带有小型液压缸。此类夹具更适合在数控机床上使用。

2. 按使用的机床分类

夹具按使用的机床可分为车床夹具、铣床夹具、钻床夹具、镗床夹具、齿轮机床夹具、数控机床夹具、自动机床夹具、自动线随行夹具以及其他机床夹具等。

3. 按夹紧力的动力源分类

夹具按夹紧力的动力源可分为手动夹具、气动夹具、液压夹具、气液增力夹具、电磁夹具以及真空夹具等。

2.1.4 机床夹具的组成

如将夹具中作用相同的元件或机构归纳在一起，一般夹具由下列几个部分组成。

1. 定位元件

用来确定工件在夹具中正确加工位置的元件称为定位元件（如图 2-2 中的定位销 5），它是与工件定位基准（轴套的内孔和端面）直接相配合和接触的夹具元件。

2. 夹紧装置

工件定位后将其固定，使其在加工过程中保持定位位置不变的装置称为夹紧装置（见图 2-2 中的螺母 3 和开口垫圈 4 组成的夹紧机构）。

3. 夹具体

它是夹具的基础元件，把组成夹具的所有元件和装置连接成一个有机的整体（见图 2 - 2 中的夹具体 6）。

4. 对刀、导向元件

用来确定刀具在加工前处于正确位置的元件，称为对刀元件，如铣床夹具中的对刀块。用来确定刀具位置并引导刀具进行加工的元件，称为导向元件（如图 2 - 2 中的钻套 1）。

5. 其他装置或元件

根据需要，夹具上还可以设置一些其他装置（如分度装置），为了便于卸下工件而设置的顶出器，以及夹具在机床上定位的连接件等。

上述各组成部分，不是每一个夹具都必须具备的。一般来说，定位装置、夹紧装置和夹具体是夹具的基本组成部分。

2.2　工件在夹具中的定位

2.2.1　定位与定位基准

在机床上加工工件，要使工件在加工后的各个表面的尺寸及位置精度符合图样或工艺文件所规定的要求，必须在进行切削前就使工件在机床上或夹具中占有一个确定的位置，使其相对刀具或机床的切削运动具有正确的位置。人们把工件在机床上或夹具中占有正确位置的过程，称为定位。

工件上用于定位的表面即确定工件位置的依据，称为定位基准。以轴心线（中心要素）为定位基准时，一般以轴的中心孔为基准定位，也可以用内、外圆柱（或圆锥）面作为间接定位基准。以平面定位时，与定位元件相接触的平面就是定位基准。

2.2.2　定位基准的选择

工件定位基面的几何形状、尺寸及表面状况在很大程度上决定着定位方法及所用定位元件的选择，所以在选择定位基准时应遵循以下原则：

（1）尽量使工件的定位基准与工序基准（标定加工面位置的面、线、点）重合，以避免产生基准不重合误差；

（2）尽量用精基准作为定位基准，以保证有足够的定位精度。若不得不采用毛面作定位基准（如第一道工序），应尽量只用一次。而且选用误差较小、较光洁、余量小的表面或与加工面有直接关系的表面，以利于保证加工要求；

（3）应使工件安装稳定，使在加工过程中因切削力或夹紧力引起的变形最小；

（4）遵守基准统一原则，以减少设计和制造夹具的时间和费用。但若因此而造成夹具的结构复杂时，则不必要求定位基准统一；

（5）应使工件定位方便，夹紧可靠便于操作，夹具结构简单。

2.2.3　夹具的夹紧装置和定位元件

定位元件是指直接与工件定位基准面接触，并使工件相对机床、刀具有正确位置的夹具元件。定位元件的结构形状必须与工件定位基准面形状相适应，定位基准面的形状通常有平面、外圆柱面、内孔、锥孔和成型表面（如齿轮的渐开线齿面）等。因此常用的定位元件按定位基准面的不同，有以下几种。

1. 以平面定位的元件

工件以平面为定位基准时，常常是把工件支承在定位元件上，所以这类定位元件称为支承。按其结构和用途不同，可分为以下几种。

（1）支承钉。图2-5所示为支承钉的标准结构。其中A型为平头支承钉，用在已加工表面作定位基准时；B型（圆头）和C型（齿纹）支承钉用在未加工表面作定位基准时；C型支承钉的工作表面有齿纹，可以增加摩擦力，但落入切屑时不易清除，因此一般用于侧面定位。1个支承钉限制工件的1个自由度。

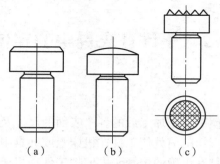

（a）　　　（b）　　　（c）

图2-5　支承钉的标准结构

(a) A型；(b) B型；(c) C型

（2）支承板。图2-6所示为支承板的标准结构。其中A型支承板结构简单，制造容易，但清除落入螺钉孔里的切屑不方便，所以常用于垂直面或顶面的定位。B型支承板中螺钉孔处开有斜槽，避免了A型的缺点，所以常用。1个支承板限制2个自由度，其中1个位置自由度，1个角度自由度。

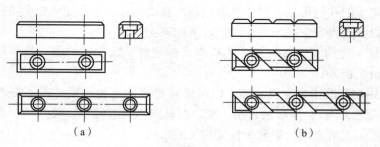

（a）　　　　　　　　　（b）

图2-6　支承板的标准结构

(a) A型；(b) B型

（3）可调支承。图2-7所示为可调支承结构简图。这种支承的定位高度可以调节，主要用粗基准定位，当每批毛坯的基准面余量不相同时，常用图2-7（a）所示的可调支承。图2-7（b）中工件以两个不同平面定位，右边是支承钉，左边是可调支承。可调支承限制工件的1个角度自由度。

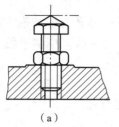
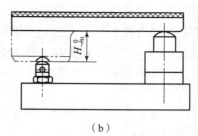

$$(a) \qquad\qquad\qquad (b)$$

图 2 - 7　可调支承结构简图

(a) 可调支承；(b) 支承钉与可调支承

（4）自位支承。自位支承也称为自动定位支承或多点浮动支承。当工件以粗基准定位而只需要限制 1 个自由度时，为了增加支承点，减少工件变形和减少接触应力，可采用自位支承。图 2 - 8 所示为常见的几种结构。图 2 - 8 (a)、图 2 - 8 (b) 所示为两点自位支承，图 2 - 8 (c) 所示为三点自位支承。不论是几点自位支承，它们的共同特点是定位元件浮动，只有当两点或三点全部与工件接触后，才对工件起定位作用，它只限制工件的 1 个自由度。

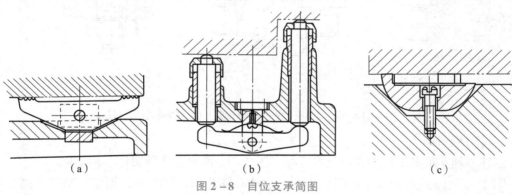

$$(a) \qquad\qquad\qquad (b) \qquad\qquad\qquad (c)$$

图 2 - 8　自位支承简图

(a)、(b) 两点自位支承；(c) 三点自位支承

（5）辅助支承。辅助支承是用来提高工件的装夹刚度和稳定性的。一般在工件定位后与工件接触，然后锁紧，不起定位作用。图 2 - 9 所示为常见的几种结构，其中图 2 - 9 (a) 所示为螺旋式辅助支承，其结构与可调支承相近，但操作过程不同，前者工件定位后再接触

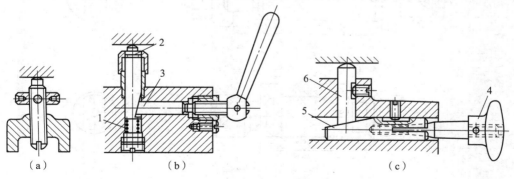

$$(a) \qquad\qquad\qquad (b) \qquad\qquad\qquad (c)$$

图 2 - 9　辅助支承

(a) 螺旋式；(b) 自位式；(c) 推引式

1—弹簧；2—滑柱；3—顶柱；4—手轮；5—斜楔；6—滑销

工件，不起定位作用，后者调整后与固定支承一样起定位作用。图2-9（b）所示为自位式辅助支承，弹簧1推动滑柱2与工件接触，用顶柱3锁紧，弹簧力应能推动滑柱上升，但不可顶起工件。图2-9（c）所示为推引式辅助支承，工件定位后，推动手轮4使斜楔5开槽部分涨开而锁紧，该支承主要用于大型工件。

2. 工件以孔定位的元件

工件以圆孔内表面作为定位基面时，常用以下几种定位元件。

1）圆柱销（定位销）

图2-10所示为常用定位销结构。当定位销直径 D 为3~10 mm时，为增加刚性避免使用中折断或热处理时淬裂，通常把根部倒成圆角 R。夹具体上应设有沉孔，使定位销为图2-10（d）所示带衬套的结构形式。为便于工件装入，定位销的头部有15°倒角。

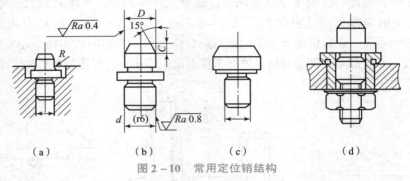

图2-10　常用定位销结构

（a） $D=3~10$ mm；（b） $D=10~18$ mm；（c） $D>18$ mm；（d）可换式

2）圆柱心轴

圆柱心轴在很多工厂中有自己的厂标，图2-11所示为常用圆柱心轴结构。

图2-11（a）所示为间隙配合心轴。这种心轴装卸工件方便，但定心精度不高。加工中为能带动工件旋转，工件常以孔和端面联合定位，因而要求工件定位孔与定位端面之间、心轴限位圆柱面与限位端面之间都有较高的垂直度，最好能在一次装夹中加工出来。

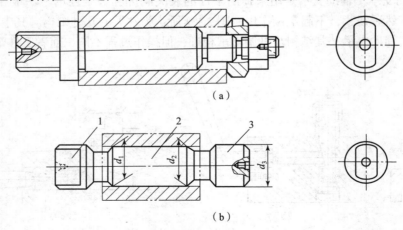

图2-11　常用圆柱心轴结构

（a）间隙配合心轴；（b）过盈配合心轴

1—引导部分；2—工作部分；3—传动部分

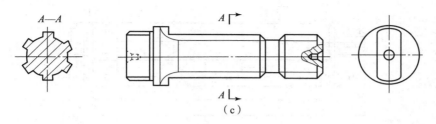

图 2 – 11　常用圆柱心轴结构（续）

（c）花键心轴

图 2 – 11（b）所示为过盈配合心轴，由引导部分、工作部分和传动部分组成。引导部分的作用是使工件迅速而准确地套入心轴。这种心轴制造简单、定心准确、不用另设夹紧装置，但装卸工件不便，因此，多用于定心精度要求高的精加工。

图 2 – 11（c）所示为花键心轴，用于加工以花键孔定位的工件。

3）圆锥销

图 2 – 12 所示为工件以圆锥销定位的示意图，它限制了工件的 $\vec{x}$、$\vec{y}$、$\vec{z}$ 三个自由度。图 2 – 12（a）用于粗定位基面，图 2 – 12（b）用于精定位基面。工件在单个圆锥上定位容易倾斜，为此，圆锥销一般与其他定位元件组合使用，如图 2 – 13 所示。

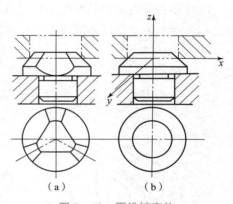

图 2 – 12　圆锥销定位

（a）用于粗定位基面；（b）用于精定位基面

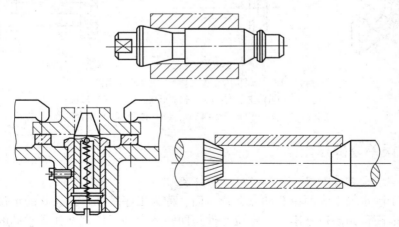

图 2 – 13　圆锥销组合定位

4）锥度心轴（小锥度心轴）

如图 2 – 14 所示，工件在小锥度心轴上定位，并靠工件定位圆孔与心轴限位圆锥面的弹性变形夹紧工件。这种定位方式的定心精度较高，但工件的轴向位移较大，适用于工件定位孔精度不低于 IT7 的精车和磨削加工，但加工端面较困难。

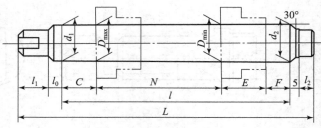

图 2 – 14 小锥度心轴

3. 工件以外圆表面定位的元件

以外圆表面为定位基准的定位元件有 V 形块、半圆形定位块、定位套筒和圆锥套筒等。图 2 – 15 所示为工件以外圆表面定位的定位简图。

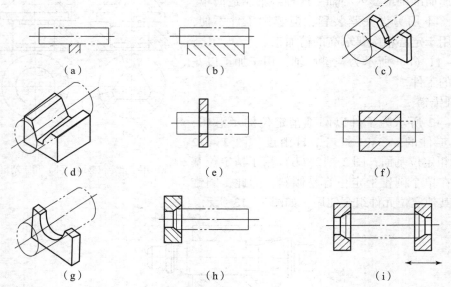

图 2 – 15 工件以外圆表面定位的定位简图
(a) 支承钉；(b) 支承板；(c) 窄 V 形块；(d) 宽 V 形块；
(e) 短套；(f) 长套；(g) 短半圆套；(h) 锥套；(i) 组合锥套

2.2.4 定位误差分析与计算

1. 定位误差与基准的概念

工件上用于确定加工表面位置的点、线、面，称为工序基准。在夹具的定位元件上，与工件相接触的表面称为限位基准。若定位元件是回转体，则限位基准就是它们的中心线。限位基准在空间的位置固定不变，是调整刀具位置的依据。

一批工件放在夹具中进行加工，获得的尺寸精度和位置精度取决于工序基准与加工表面之间的尺寸和位置，加工表面在空间的位置又取决于刀具，刀具的位置在加工前根据夹具上的定位元件来调整，刀具的运动轨迹由机床或导向装置来保证，在假定机床有足够刚度和忽略刀具磨损的情况下，可认为加工表面在空间的位置相对限位基准是不变的，但由于工件及定位元件存在误差，使得工序基准在空间的位置发生了变化，所以造成加工后这批工件的尺寸和位置不一致，产生加工误差。这种只与工件定位有关的加工误差称为定位误差，用 Δ_D 表示。定位误差的大小等于工序基准相对限位基准的位移量。

2. 造成定位误差的原因

工序基准相对限位基准的位移量可以分解成两个部分，即工序基准相对定位基准的位移量和定位基准相对限位基准的位移量。相应地，造成定位误差的原因可以归结为两个：一是定位基准与工序基准不重合，由此产生基准不重合误差 Δ_B，这是由于工件存在误差造成的；二是定位基准与限位基准不重合，由此产生基准位移误差 Δ_Y，这是由于工件和定位元件存在误差造成的。

3. 定位误差的计算

1）工件以平面定位时的定位误差计算

工件以平面定位产生定位误差，主要是由工件定位基准与工序基准不重合和定位基准面间的位置误差而引起的。因为这时定位基准相对限位基准的位移量为定位基准的平面度误差，特别是用于定位的平面已加工过，其平面度误差很小，可以忽略不计。

（1）基准不重合引起的定位误差。

加工图 2 – 16 所示的工件 M 面时，若表面 N、Q 在前道工序已加工，并保证尺寸（50 ± 0.2）mm，在加工 M 面时，分别保证尺寸 A 和 B，试分别计算两种情况下的定位误差。

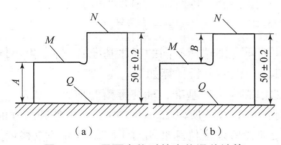

图 2 – 16　平面定位时的定位误差计算
（a）工序基准和定位基准都是 Q 面；（b）定位基准为 Q 面，工序基准为 N 面

①保证尺寸 A 时的定位误差计算。如图 2 – 16（a）所示，工序基准和定位基准都是 Q 面，所以定位误差 $\Delta_D = \Delta_B = 0$。

②保证尺寸 B 时的定位误差计算。如图 2 – 16（b）所示，定位基准是 Q 面，工序基准是 N 面，N 面相对 Q 面的位移量等于尺寸 50 ± 0.2 mm（联系尺寸，即联系工序基准和定位基准的尺寸）的公差 0.4 mm，则 $\Delta_D = \Delta_B = 0.4$ mm。

（2）定位基准间位置误差引起的定位误差。

若加工图 2 – 17 所示的工件，工序尺寸为 $a \pm \delta$，取底面 M 面与侧面 K 面为定位基准，则上道工序加工的表面 M 与 K 要互相垂直，但实际加工中总会有垂直度误差。

当 M 与 K 面的交角为 $90° + \alpha$ 时［图 2 – 17（b）］，这时加工后实际尺寸 $a_{实} = a + h\tan\alpha$。当 M 与 K 面的交角为 $90° - \alpha$ 时［图 2 – 17（c）］，这时加工后的实际尺寸 $a_{实} = a - h\tan\alpha$。

2）工件以外圆定位时的定位误差计算

图 2 –18 所示为工件以外圆表面为定位基准，在 V 形块上定位铣键槽。在加工同一键

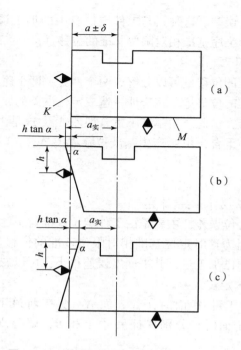

图 2-17　基准间位置误差引起的定位误差

（a）M 与 K 面互相垂直；（b）M 与 K 面的交角为 $90° + \alpha$；（c）M 与 K 面的交角为 $90° - \alpha$

槽时，由于标注工序尺寸不同（即选择不同的工序基准），将产生不同的定位误差。现分三种方法标注工序尺寸，其定位误差分析计算如下。

（1）以工件外圆面的中心为工序基准，标注键槽的加工尺寸 h_1［图 2-18（a）］。因为工件的定位基准也是外圆的中心线，所以 $\Delta_B = 0$。由于工件外圆尺寸的公差为 δ_d，则外圆面中心线在 O_1 和 O_2 之间变动，所以定位基准相对于限位基准的位移量为 $O_1 O_2$，即

$$\Delta_Y = O_1 O_2 = O_1 C - O_2 C = \frac{O_1 C_1}{\sin\frac{\alpha}{2}} - \frac{O_2 C_2}{\sin\frac{\alpha}{2}} = \frac{d}{2\sin\frac{\alpha}{2}} - \frac{d - \delta_d}{2\sin\frac{\alpha}{2}} = \frac{\delta_d}{2\sin\frac{\alpha}{2}}$$

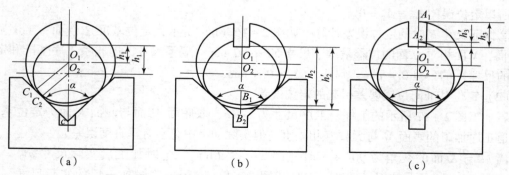

图 2-18　工件以外圆表面在 V 形块上定位时的定位误差

（a）以外圆的中心为工序基准；（b）以外圆的底素线为工序基准；（c）以外圆的顶素线为工序基准

这种情况下的定位误差为

$$\Delta_{\mathrm{D}} = \Delta_{\mathrm{Y}} = \frac{\delta_d}{2\sin\dfrac{\alpha}{2}}$$

（2）以工件外圆的底素线为工序基准，标注键槽加工尺寸 h_2 ［图 2 – 18（b）］。此时的基准位移误差仍为 $\Delta_{\mathrm{Y}} = O_1 O_2$。由于工序基准和定位基准不重合，工序基准相对定位基准的位移量等于外圆公差之半，即 $\Delta_{\mathrm{B}} = \delta_d / 2$。由图可知，定位误差为两项误差之代数差，即

$$\Delta_{\mathrm{D}} = \Delta_{\mathrm{Y}} - \Delta_{\mathrm{B}} = \frac{\delta_d}{2\sin\dfrac{\alpha}{2}} - \frac{\delta_d}{2} = \frac{\delta_d}{2}\left(\frac{1}{\sin\dfrac{\alpha}{2}} - 1\right)$$

（3）以工件外圆的顶素线为工序基准，标注键槽加工尺寸 h_3 ［图 2 – 18（c）］。定位误差为两项误差之代数和，即

$$\Delta_{\mathrm{D}} = \Delta_{\mathrm{Y}} + \Delta_{\mathrm{B}} = \frac{\delta_d}{2\sin\dfrac{\alpha}{2}} + \frac{\delta_d}{2} = \frac{\delta_d}{2}\left(\frac{1}{\sin\dfrac{\alpha}{2}} + 1\right)$$

V 形块的夹角 α 有 60°、90°、120°三种。从定位误差大小来看，$\alpha = 120°$ 时其值最小，但定位稳定性差，所以多用于工件直径大、外圆尺寸精度低时。一般多用 $\alpha = 90°$。

3）用孔定位时的定位误差计算

盘类工件常装在心轴上加工，安装简图如图 2 – 19 所示。其中小圆表示心轴直径，大圆表示工件定位孔直径。

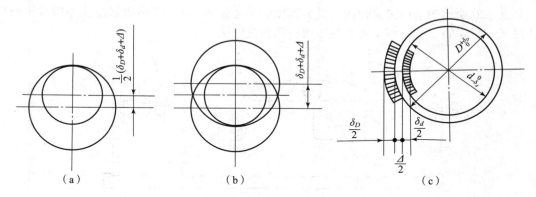

图 2 – 19　盘类工件安装简图

（a）孔与心轴偏向一边接触；（b）某些孔和心轴在一边接触；（c）工件

由于工件定位孔和心轴直径均有制造误差，当工件装在心轴上加工时，孔与心轴的轴心线不重合。这是由工件的定位孔和心轴的制造误差及其配合间隙共同引起的，工件工序基准（孔的中心）相对限位基准（心轴的轴心线）的最大位移量就是定位误差。

设工件定位孔的直径为 $D + \delta_D$，心轴直径为 $d - \delta_d$，配合间隙为 Δ，如图 2 – 19（c）所示。当孔与心轴偏向一边接触，如图 2 – 19（a）所示，其定位误差为

$$\delta_1 = \frac{1}{2}(\delta_D + \delta_d + \Delta)$$

在心轴垂直安装时，可能出现某些工件的孔与心轴在一边接触，而另一些则在另一边接

触，如图 2-19（b）所示。这时的定位误差为

$$\delta = 2\delta_1 = \delta_D + \delta_d + \Delta$$

2.3　工件的夹紧

2.3.1　夹紧装置的组成及基本要求

1. 夹紧装置的组成

夹紧装置的种类很多，但其结构均由动力装置和夹紧机构两部分组成。

1）动力装置——产生夹紧力

机械加工过程中，要保证工件不离开定位时占据的正确位置，就必须有足够的夹紧力来平衡切削力、惯性力、离心力及重力对工件的影响。夹紧力有两个来源：一是人力；二是某种动力装置。常用的动力装置有：液压装置、气压装置、电磁装置、电动装置、气—液联动装置和真空装置等。

2）夹紧机构——传递夹紧力

要使动力装置所产生的力或人力正确地作用到工件上，需用适当的传递机构。在工件夹紧过程中起力的传递作用的机构，称为夹紧机构。

夹紧机构在传递力的过程中，能根据需要改变力的大小、方向和作用点。手动夹具的夹紧机构还应具有良好的自锁性能，以保证人力作用停止后仍能可靠地夹紧工件。

图 2-20 所示为液压夹紧铣床夹具。其中，液压缸 4、活塞 5、活塞杆 3 等组成了液压动力装置，铰链臂 2 和压板 1 等组成了铰链压板夹紧机构。

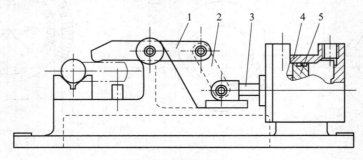

图 2-20　液压夹紧铣床夹具

1—压板；2—铰链臂；3—活塞杆；4—液压缸；5—活塞

2. 夹紧装置的基本要求

（1）夹紧过程中，不改变工件定位后占据的正确位置。

（2）夹紧系统有足够的刚性，能确保加工时工件定位稳定可靠，不发生振动。

（3）夹紧时不损伤工件表面，不使工件产生不许可的变形。

（4）能用较小的夹紧力来获得需要的夹紧效果。

（5）夹紧装置结构的复杂程度、使用效率应与生产规模和工序节拍相适应，并有良好的结构工艺性。

（6）操作安全、方便。

2.3.2　夹紧装置的选用原则

1. 夹紧力方向的确定

1）夹紧力应朝向主要限位面

对工件只施加一个夹紧力或施加几个方向不同的夹紧力时，夹紧力的方向应尽可能朝向主要限位面。

如图 2-21（a）所示，工件被镗的孔与左端面有一定的垂直度要求。当工件以孔的左端面与定位元件的 A 面接触时，限制 3 个自由度；当工件以底面与 B 面接触时，限制 2 个自由度；夹紧力朝向主要限位面 A，这样做有利于保证孔与左端面的垂直度要求。如果夹紧力朝向 B 面，由于工件左端面与底面存在夹角误差，夹紧时将破坏工件的定位，影响孔与端面的垂直度要求。

如图 2-21（b）所示，夹紧力朝向主要限位面——V 形块的 V 形面，工件的装夹稳定可靠。如果夹紧力朝向 B 面，由于工件圆柱面与端面的垂直度误差，夹紧时，工件的圆柱面可能离开 V 形块的 V 形面，这不仅破坏了定位，影响加工精度，而且加工时工件容易振动。

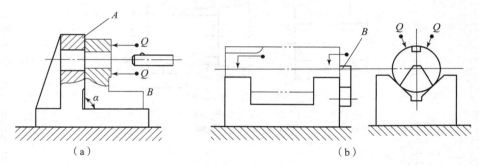

图 2-21　夹紧力朝向主要限位面

对工件施加几个方向不同的夹紧力时，朝向主要限位面的夹紧力应是主要夹紧力。

2）夹紧力方向应尽可能使所需夹紧力减小

减小夹紧力就可降低工人的劳动强度，同时可使夹紧装置轻便、紧凑，工件变形小。夹紧 Q 的方向最好与切削力 F 的方向一致，这时所需的夹紧力最小。如图 2-22（a）所示，在钻床上钻孔时工件的夹紧就属于这种情况，较为理想。图 2-22（b）所示夹紧力 Q 的方向与切削力 F 的方向相反，这时夹紧力比图 2-22（a）中要大得多，而且加工时会由于夹紧机构松动而产生振动，降低加工精度和增大表面粗糙度值。图 2-22（c）所示为夹紧力方向与切削力 F 垂直，为避免工件在加工时移动，必须使夹紧时产生的摩擦力大于切削力，所以第三种情况所需要的夹紧力最大。

3）夹紧力方向的选择应尽可能使工件变形减小

由于工件的刚度在不同的方向一般是不相同的，安装时应引起重视。图 2-23 所示为薄壁零件加工内孔时的两种安装方法。图 2-23（a）所示为采用三爪卡盘夹紧的薄壁工件，由于径向刚性较差，夹紧时较易变形，但工件的轴向刚性较好，如果夹紧在肩胛平面上 [图 2-23（b）]，则工件不易变形，加工出的内孔形状精度较高。

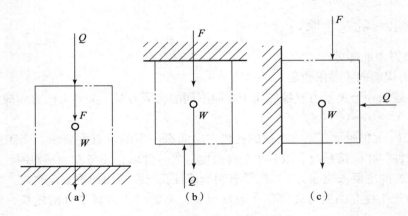

图 2 − 22　夹紧力与切削力的关系

（a）方向一致；（b）方向相反；（c）方向垂直

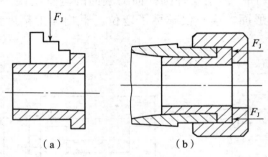

图 2 − 23　薄壁零件的夹紧

（a）错误；（b）合理

2. 夹紧力作用点的选择

1）夹紧力的作用点应落在定位元件的支承范围内

如图 2 − 24 所示，夹紧力的作用点落到了定位元件的支承范围之外，夹紧时将破坏工件的定位，因而是错误的。

2）夹紧力的作用点应落在工件刚性较好的方向和部位

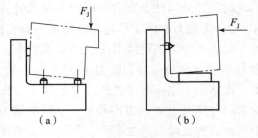

图 2 − 24　夹紧力作用点的位置不正确

这一原则对刚性差的工件特别重要。夹紧如图 2 − 25（a）所示的薄壁箱体时，夹紧力不应作用在箱体的顶面而应作用在刚性好的凸边上。若箱体没有凸边，可如图 2 − 25（b）所示，将单点夹紧改为三点夹紧，使着力点落在刚性好的箱壁上，并降低了着力点的压应力，减小了工件的夹紧变形。

3）夹紧力的作用点应靠近工件的加工表面

如图 2 − 26 所示，在拨叉上铣槽。由于主要夹紧力的作用点距离加工面较远，故在靠近加工面的地方设置了辅助支承，这样提高了工件的装夹刚性，还可减小加工时工件的振动。

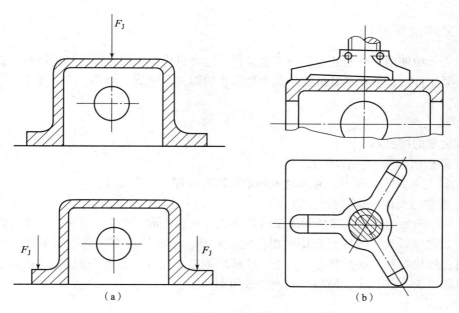

图 2-25　夹紧力作用点与夹紧变形的关系

（a）薄壁箱体；（b）箱体无凸边时

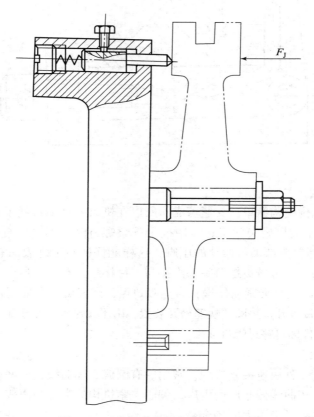

图 2-26　夹紧力作用点靠近加工表面

2.3.3　基本夹紧机构

机床夹具中使用最普遍的是机械夹紧机构，这类机构绝大部分都是利用机械摩擦的自锁原理来夹紧工件的。斜楔夹紧机构是其中最基本的形式，螺旋、偏心、凸轮等机构是斜楔夹紧的变化应用。

1. 斜楔夹紧机构

斜楔夹紧的特点如下。

（1）斜楔结构简单，有增力作用。

（2）斜楔夹紧的行程小。通过增大斜角可增大行程，但自锁性差。

（3）通常与其他机构联合使用。

图 2 – 27 所示为螺旋与简单斜楔相结合的联合夹紧机构。由于不必考虑斜楔自锁，所以楔角 α 可以做得较大。当拧紧螺旋时楔块向左移动，使杠杆压板转动压紧工件。当反向转动螺旋时，楔块右移，在弹簧力作用下，杠杆压板松开工件。斜楔一般用 20 钢制造，其表面渗碳淬硬至 55～60HRC，使斜楔表面比较耐磨。

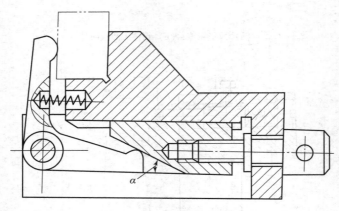

图 2 – 27　联合夹紧机构

2. 螺旋夹紧机构

由于螺旋夹紧机构结构简单、夹紧可靠，所以在机床夹具中得到了广泛的应用。图 2 – 28（a）所示为最简单的螺旋夹紧机构，用扳手拧紧螺钉时，螺钉头直接作用于工件表面。图 2 – 28（b）是在螺钉头部加可摆动的压脚，这样能保证与工件表面有良好的接触，防止夹紧时带动工件转动，并可避免螺钉头部直接与工件接触而造成压痕。

螺旋夹紧机构的缺点是夹紧动作慢，为克服缺点，许多机构上采用各种快速螺旋夹紧装置。图 2 – 29 所示为带有开口垫圈的快速松开装置，由于螺母外径小于工件孔径，只要稍松开螺母，取下垫圈，工件即可穿过螺母取出。

3. 偏心夹紧机构

偏心夹紧机构是一种快速夹紧机构，常用的有圆偏心和曲线偏心两种形式。因圆偏心结构简单、制造方便，较曲线偏心应用更广。偏心夹紧机构的夹紧距离较小，通常用于没有振动或振动很小，需要夹紧力不大的场合。

图 2 – 30 所示为一个典型的偏心夹紧机构。原始力 P 作用于手柄 3，使偏心轮绕小轴 2

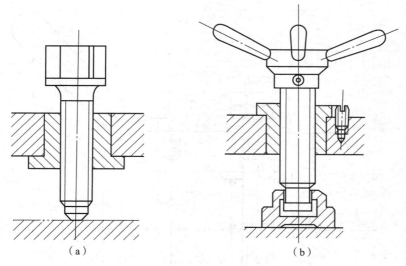

图 2 – 28　螺旋夹紧机构

（a）最简单的螺旋夹紧机构；（b）在螺钉头部加可摆动的压脚

转动，偏心轮的圆柱面压在垫板 4 上，在垫板的反作用力作用下小轴被向上推动，使压板 1 左端向下压紧工件。

2.3.4　复合夹紧机构

1. 斜楔钩形压板

图 2 – 31 所示为斜楔与杠杆夹紧机构组成的斜楔钩形压板，其夹紧动力源是气压，活塞杆 4 推动斜楔 2 向左，通过滚子 3 把钩形压板 1 拉下，直接压紧工件。

2. 圆偏心压板

如图 2 – 32 所示，为了弥补圆偏心夹紧行程较小的缺点而增加了行程调节装置的圆偏心压板机构。用螺钉 1 移动斜面垫板 2，以适应压面位置的变动，扩大了压板的夹紧行程范围。

3. 螺钉—压板型夹紧机构

螺钉—压板型夹紧机构是应用很广的一种夹紧机构。根据杠杆原理，由于杠杆的支点和力点的位置不同，而有图 2 – 33 所示的三种形式。图 2 – 33（a）主要起增大夹紧力作用；图 2 – 33（b）主要起改变夹紧力作用方向的作用，在适当调节杠杆力臂时可以实现增力或增大夹紧行程；图 2 – 33（c）主要起增大夹紧行程的作用。

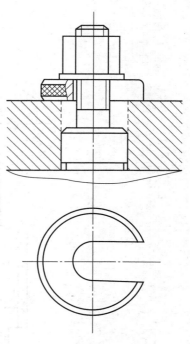

图 2 – 29　快速螺旋夹紧机构

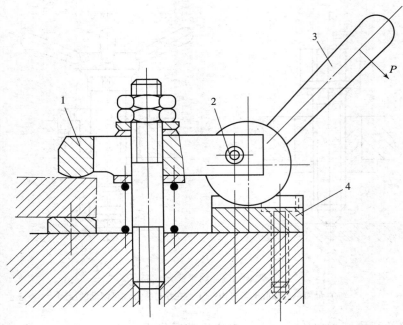

图 2-30　偏心夹紧机构

1—压板；2—小轴；3—手柄；4—垫板

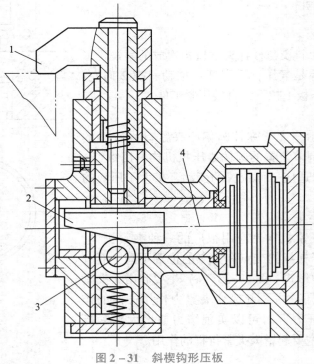

图 2-31　斜楔钩形压板

1—钩形压板；2—斜楔；3—滚子；4—活塞杆

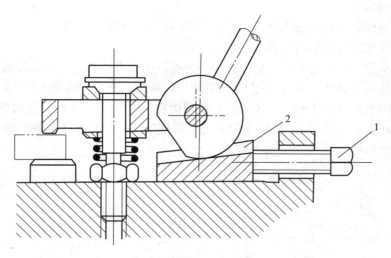

图 2-32　有调节夹紧行程装置的圆偏心压板
1—螺钉；2—斜面垫板

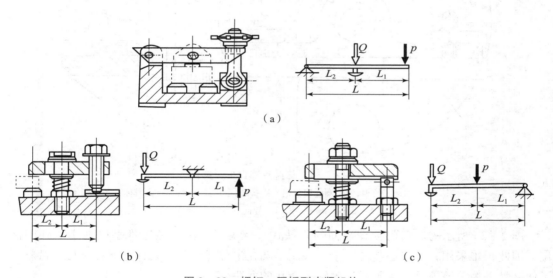

图 2-33　螺钉—压板型夹紧机构
（a）起增大夹紧力作用；（b）起改变夹紧力作用方向的作用；（c）用作增加夹紧行程

2.4　典型机床专用夹具

2.4.1　车床夹具

在车床上用来加工工件的内、外回转面及端面的夹具称为车床夹具。车床夹具多数安装在车床主轴上，少数安装在车床的床鞍或床身上。

除了顶尖、拨盘、三爪自定心卡盘等通用夹具外，安装在车床主轴上的专用夹具通常分为心轴式、夹头式、卡盘式、角铁式和花盘式等。

1. 角铁式车床夹具

夹具体呈角铁状的车床夹具称为角铁式车床夹具，其结构不对称，用于加工壳体、支座、杠杆、接头等零件上的回转面和端面。

图 2 – 34 所示为花盘角铁式车床夹具。工件 6 以两孔在圆柱定位销 2 和削边定位销 1 上定位；端面直接在夹具体 4 的角铁平面上定位。两螺钉压板分别在两定位销孔旁把工件夹紧。导向套 7 用来前导加工轴孔的刀具。8 是平衡块，以消除夹具在旋转时的不平衡现象。另外在夹具上还设置了轴向定程的基面 3，它与圆柱定位销保持确定的轴向距离，可以利用它来控制刀具的轴向行程。

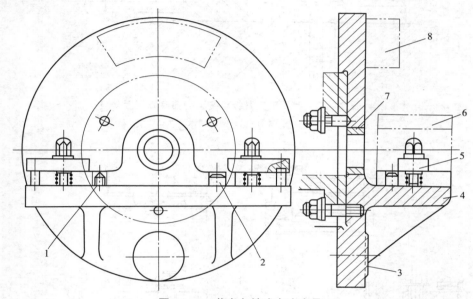

图 2 – 34　花盘角铁式车床夹具

1—削边定位销；2—圆柱定位销；3—轴向定程的基面；4—夹具体；
5—压板；6—工件；7—导向套；8—平衡块

图 2 – 35 所示为车气门顶杆端面的角铁式车床夹具。由于该工件是以细小的外圆面定位，因此很难采用自动定心装置，于是采用半圆孔定位元件，夹具体必然设计成角铁状。为了使夹具平衡，该夹具采用了在一侧钻平衡孔的办法。

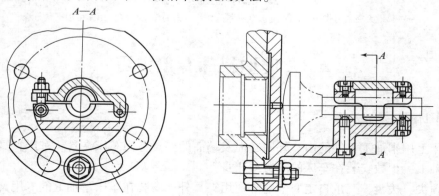

图 2 – 35　车气门顶杆端面的角铁式车床夹具

2. 卡盘式车床夹具

卡盘式车床夹具一般用一个以上的卡爪来夹紧工件，多采用定心夹紧机构，常用于以外圆（或内圆）及端面定位的回转体的加工。具有定心夹紧机构的卡盘，结构是对称的。

图 2-36 所示为斜楔—滑块定心夹紧三爪卡盘，用于加工带轮 ϕ20H9 小孔，要求同轴度为 0.05 mm。装夹工件时，将 ϕ105 mm 孔套在三个滑块卡爪 3 上，并以端面紧靠定位套 1。当拉杆向左移动时，斜楔 2 上的斜槽使三个滑块卡爪 3 同时等速径向移动，从而使工件定心并夹紧。与此同时，压块 4 压缩弹簧销 5。当拉杆反向运动时，在弹簧销 5 作用下，三个滑块卡爪同时收缩，从而松开工件。

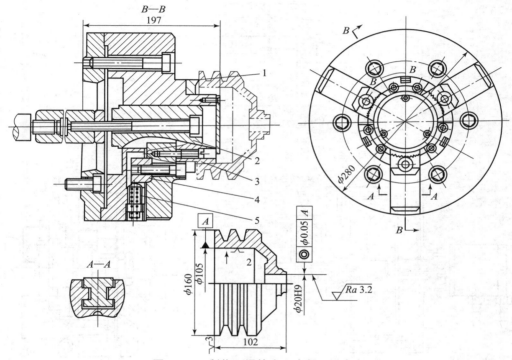

图 2-36　斜楔—滑块定心夹紧三爪卡盘

1—定位套；2—斜楔；3—滑块卡爪；4—压块；5—弹簧销

图 2-37 所示为衬套镗孔工序图。图 2-38 所示为镗削图 2-37 所示衬套上阶梯孔的气动卡盘，工件以 $\phi100\,^{0}_{-0.035}$ mm 外圆及端面在夹具定位套的内孔和端面上定位。夹具由卡盘 1、回转气缸 6 和导气接头 8 三个部分组成。卡盘以其过渡盘 2 安装在主轴 3 前端的轴颈上，回转气缸则通过连接盘 5 安装在主轴末端，活塞 7 和卡盘 1 通过拉杆 4 相连，拉杆 4 通过浮动盘 9 带动三个卡爪 10 夹紧工件，加工时，卡盘和回转气缸随主轴一起旋转，导气接头不转动。

3. 心轴式及夹头式车床夹具

心轴式车床夹具的主要限位元件为轴，常用于以孔作定位基准的回转体零件的加工，如套类、盘类零件。常用的有圆柱心轴和弹性心轴。

夹头式车床夹具的主要限位元件为孔，常用于以外圆作主要定位基准的小型回转体零件的加工，如小轴零件。常用的有弹性夹头。

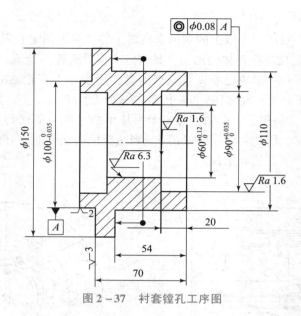

图 2-37　衬套镗孔工序图

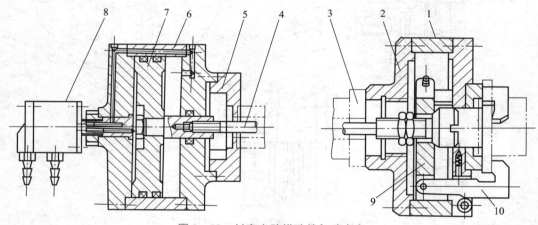

图 2-38　衬套上阶梯孔的气动卡盘

1—卡盘；2—过渡盘；3—主轴；4—拉杆；5—连接盘；
6—回转气缸；7—活塞；8—导气接头；9—浮动盘；10—卡爪

图 2-39 所示为手动弹簧心轴，工件以精加工过的内孔在弹性筒夹 5 和心轴端面上定位。旋紧螺母 4，通过锥体 1 和锥套 3 使弹性筒夹 5 向外变形，将工件胀紧。

图 2-40 所示为弹簧夹头，用于加工阶梯轴上 $\phi 30_{-0.033}^{0}$ mm 外圆柱面及端面。如果采用三爪自定心卡盘装夹工件，则很难保证两端面圆柱面的同轴度要求。工件以 $\phi 20_{-0.021}^{0}$ mm 圆柱面及端面 C 在弹性筒夹 2 内定位，夹具体以锥柄插入车床主轴的锥孔中。当拧紧螺母 3 时，其内锥面迫使筒夹的薄壁部分均匀变形收缩，将工件夹紧。反转螺母时，筒夹弹性恢复张开，松开工件。

4. 车床夹具设计要点

1) 车床夹具总体结构

车床夹具大都安装在机床主轴上，并与主轴一起作回转运动。为保证夹具工作平稳，夹

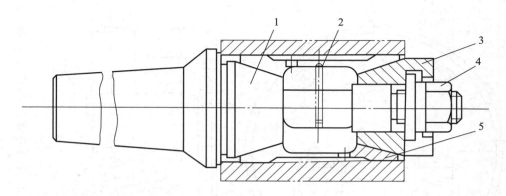

图 2 - 39　手动弹簧心轴

1—锥体；2—防转销；3—锥套；4—螺母；5—弹性筒夹

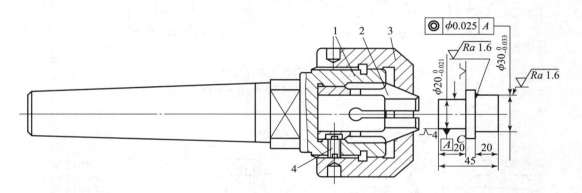

图 2 - 40　弹簧夹头

1—夹具体；2—弹性筒夹；3—螺母；4—螺钉

具的结构应尽量紧凑，重心应尽量靠近主轴端，一般要求夹具悬伸长度不大于夹具轮廓外径。对于弯板式车床夹具（图 2 - 41）和偏重的车床夹具，应很好地进行平衡。为保证工作安全，夹具上所有元件或机构不应超出夹具体的外轮廓，必要时应加防护罩（图 2 - 41 中的件 2）。此外要求车床夹具的夹紧机构能提供足够的夹紧力，且有较好的自锁性，以确保工件在切削过程中不会松动。

　　2）夹具与机床主轴的连接

　　车床夹具与机床主轴的连接方式取决于主轴轴端的结构以及夹具的体积和精度要求。图 2 - 42 所示为几种常见的连接方式。在图 2 - 42（a）中，夹具以长锥柄安装在主轴锥孔内定位，这种方式定位精度高，但刚性较差，多用于小型车床夹具与主轴的连接。图 2 - 42（b）所示夹具以端面 A 和圆孔 D 在主轴上定位，孔与主轴轴颈的配合一般取 $\dfrac{\mathrm{H7}}{\mathrm{h6}}$，这种连接方法制造容易，但定位精度不是很高。图 2 - 42（c）所示夹具以端面 T 和短锥面 K 定位，这种连接方式不但定位精度高，而且刚性也好。需要注意的是，这种定位方法是过定位，一般要对夹具上的端面 T 锥孔进行配磨加工。

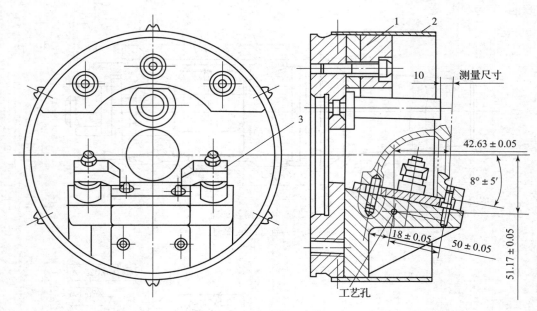

图 2－41　弯板式车床夹具
1—平衡块；2—防护罩；3—钩形压板

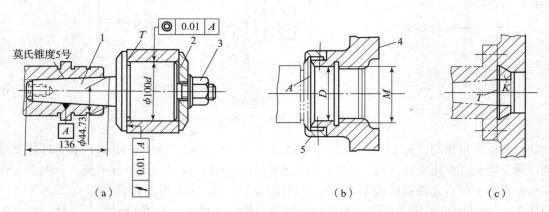

图 2－42　夹具与机床主轴的连接
（a）夹具以长锥柄安装在主轴锥孔内定位；（b）夹具以端面和圆孔在主轴上定位；（c）夹具以端面和短锥面定位
1—长锥柄；2—压板；3—螺母；4—夹具体；5—压块

　　车床夹具还经常使用过渡盘与机床主轴相连接。图 2－43 中的件 8 为一种常用的过渡盘。过渡盘与夹具的连接跟上面介绍的夹具与主轴的连接方法相同。过渡盘与夹具的连接大都采用止口（一大平面加一短圆柱面）连接方式（图 2－43）。当车床上所用夹具需要经常更换时，或同一类夹具需要在不同机床上使用时，采用过渡盘连接是很方便的。为减小由于增加过渡盘而造成的夹具安装误差，可在安装夹具时对夹具的定位面（或在夹具上专门做的找正环面）进行找正。车床夹具的设计要点同样适合内圆磨床和外圆磨床所用的夹具。

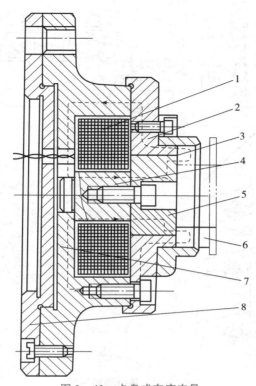

图 2–43 卡盘式车床夹具

1—线圈；2—吸盘；3—隔磁体；4—铁芯；5—导磁体；6—工件；7—夹具体；8—过渡盘

2.4.2 铣床夹具

铣床夹具主要用于加工零件上的平面、凹槽、花键及各种成型面。铣削加工时切削用量较大，且是多刀齿断续切削，所以切削力大，冲击和振动也较严重，因此要求铣床夹具的夹紧力较大，夹具各组成部分要有较好的强度和刚度。

铣床夹具一般必须有确定夹具方向和刀具位置的定向键和对刀块，以保证夹具与刀具和机床的相对位置。这是铣床夹具结构的主要特点。

按铣削时的进给方式不同，铣床夹具主要分为直线进给式和圆周进给式两种。

1. 直线进给式铣床夹具

这类夹具安装在铣床工作台上，加工中随工作台按直线进给方式运动。例如，图 2–44 是图 2–45 所示连杆上直角凹槽的直线进给式夹具。工件以一面两孔在支承板 8、菱形销 7 和圆柱销 9 上定位。拧紧螺母 6，通过活节螺栓 5 带动浮动杠杆 3，使两副压板 10 均匀地同时夹紧两个工件。该夹具同时可加工 6 个工件，属于多件加工铣床夹具，生产效率高。

2. 圆周进给式铣床夹具

圆周进给式铣床夹具多用在有回转工作台或回转鼓轮的铣床上，依靠回转台或鼓轮的旋转将工件顺序送入铣床的加工区域，以实现连续切削。在切削的同时，可在装卸区域装卸工件，使辅助时间与机动时间重合，因此它是一种高效率的铣床夹具。

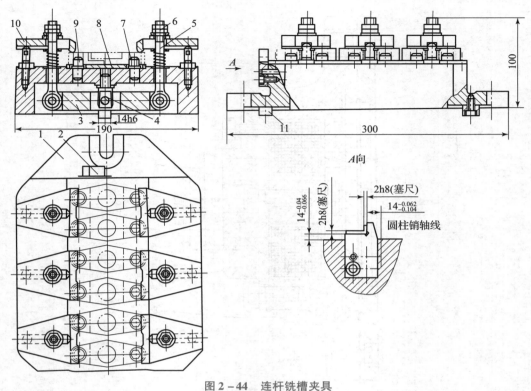

图 2 – 44　连杆铣槽夹具

1—夹具体；2—对刀块；3—浮动杠杆；4—铰链螺钉；5—活节螺栓；6—螺母；
7—菱形销；8—支承板；9—圆柱销；10—压板；11—定位键

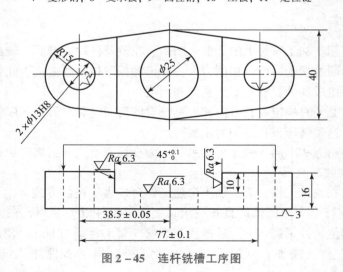

图 2 – 45　连杆铣槽工序图

　　图 2 – 46 所示为在立式铣床上连续铣削拨叉两端面的夹具。工件以圆孔、孔的端面及侧面在定位销 2 和挡销 4 上定位，由液压缸 6 驱动拉杆 1，通过开口垫圈 3 将工件夹紧。夹具上同时装夹 12 个工件。电动机通过蜗杆蜗轮机构带动工作台回转，AB 扇形区是切削区域，CD 扇形区是装卸工件区域，可在不停车的情况下装卸工件。

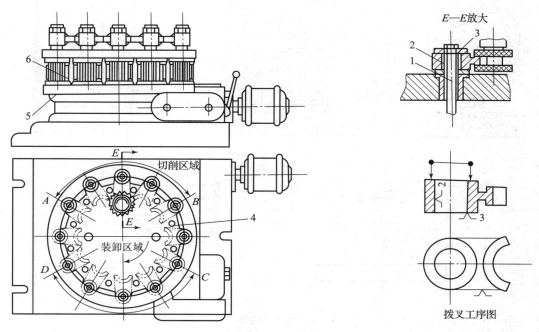

图 2 - 46　圆周进给式铣床夹具

1—拉杆；2—定位销；3—开口垫圈；4—挡销；5—转台；6—液压缸

3. 铣床夹具设计要点

1）夹具总体结构

铣削加工的切削力较大，又是断续切削，加工中易引起振动，因此铣床夹具的受力元件要有足够的强度和刚度。夹紧机构所提供的夹紧力应足够大，且要求有较好的自锁性能。为了提高夹具的工作效率，应尽可能采用机动夹紧机构和联动夹紧机构，并在可能的情况下采用多件夹紧和多件加工。

2）对刀装置

对刀装置用于确定工件相对刀具的位置。铣床夹具的对刀装置主要由对刀块和塞尺构成。图 2 - 47 所示为几种常用的铣刀对刀装置。其中图 2 - 47（a）为高度对刀装置，用于加工平面时对刀；图 2 - 47（b）为直角对刀装置，用于加工键槽或台阶面时对刀；图 2 - 47（c）和 2 - 47（d）为成形对刀装置，用于加工成形表面时对刀；图 2 - 41（e）为组合式铣刀对刀装置。塞尺用于检查刀具与对刀块之间的间隙，以避免刀具与对刀块直接接触。

3）夹具体

铣床夹具的夹具体要承受较大的切削力，因此要有足够的强度、刚度和稳定性。通常在夹具体上要适当地布置筋板，夹具体的安装面应足够大，且尽可能做成周边接触的形式。铣床夹具通常通过定位键与铣床工作台 T 形槽的配合来确定夹具在机床上的位置。图 2 - 48 所示为定位键结构示意。定位键与夹具体配合多采用 $\dfrac{\text{H7}}{\text{h6}}$。

为了提高夹具的安装精度，定位键的下部（与工作台 T 形槽配合部分）可留有余量以便进行修配，或在安装夹具时使定位键一侧与工作台 T 形槽靠紧，以消除间隙的影响。

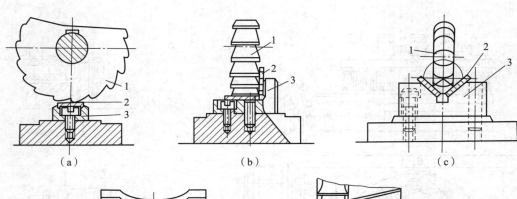

图 2-47 几种常用的铣刀对刀装置

（a）高度对刀装置；（b）直角对刀装置；（c）、（d）成形对刀装置；（e）组合式铣刀对刀装置

1—刀具；2—塞尺；3—对刀块

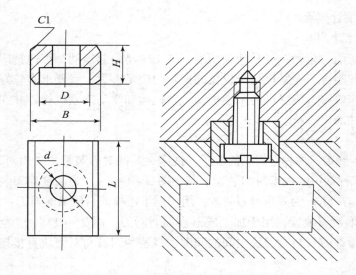

图 2-48 夹具定位键结构示意

　　铣床夹具大都在夹具体上设计有耳座，并通过螺栓将夹具紧固在机床工作台的 T 形槽中。铣床夹具的设计要点同样适用于刨床夹具，其中主要方面也适用于平面磨床夹具。

2.4.3 钻床夹具

　　在钻床上进行孔的钻、扩、铰、锪及攻螺纹时用的夹具，称为钻床夹具，又称钻模。钻模上均设置钻套和钻模板，用以引导刀具。钻模主要用于加工中等精度、尺寸较小的孔或孔系。被加工孔的尺寸精度主要是由刀具本身的精度来保证，而被加工孔的形状、位置精度则由钻套内孔尺寸和公差及钻套在夹具体上的位置精度等因素来确定。使用钻模可提高孔及孔系的位置精度和生产效率，其结构简单、制造方便。

钻模的结构类型很多，按钻模的结构特点不同，可将钻模分为固定式、分度式、移动式、翻转式、盖板式等。

1. 固定式钻模

固定式钻模在加工零件时被固定在工作台上。这种钻模用于立式钻床上，适用于进行等直径的一个孔或阶梯孔的加工；在摇臂钻床上可用来加工多孔。使用这种钻模加工的孔精度较高，但效率较低。图 2-49 所示为一个固定式钻模，用来加工两端有凸缘的套筒工件。圆柱销 2 限制 2 个自由度，菱形销 1 限制 1 个自由度，夹具体的平面限制 3 个自由度，工件被完全定位。由于工件径向刚性差，轴向刚性较好，采用轴向压紧合理。使用开口垫圈 3 可以节省装夹、卸下工件的时间。

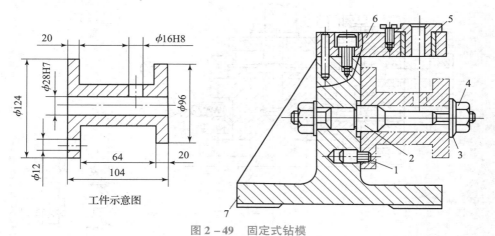

图 2-49　固定式钻模
1—菱形销；2—圆柱销；3—开口垫圈；4—螺母；5—钻套；6—钻模板；7—夹具体

2. 分度式钻模

图 2-50 所示为法兰盘钻四孔工序图，本工序加工 4 个均布的 $\phi10$ mm 孔。图 2-51 所示为用于该工序的分度式钻模。工件以端面、$\phi82$ mm 止口和 4 个 $R10$ mm 的圆弧面之一在回转台 7 和活动 V 形块 10 上定位。逆时针转动手柄 11，使活动 V 形块 10 转到水平位置，在弹簧力作用下，卡在 $R10$ mm 的圆弧面上，限制工件绕轴线的自由度；通过螺母 2 和开口垫圈 3 压紧工件。采用铰链式钻模板 1，便于装卸工件。钻完一个孔后，拧松锁紧螺钉 14，使滑柱 13、锁紧块 12 与回转台 7 松开，拉出手柄 11 并旋转 90°，使活动 V 形块 10 脱离工件，向上推动手柄 5，使对定爪 6 脱开分度盘 8，转动回转台 7，对定爪 6 在弹簧销 4 的作用下自动插入分度盘 8 的下一个槽中，实现分度对定；然后拧紧锁紧螺钉 14，通过滑柱 13、锁紧块 12 锁紧回转台 7，便可钻削第二个孔。依同样的方法加工其他孔。

3. 翻转式钻模

翻转式钻模主要用于加工小型工件（一般质量为 8~10 kg）不同表面上的孔。这种钻加工的各孔位置精度较高，生产效率也较高，适合于中、小批量工件的加工。由于加工时钻模

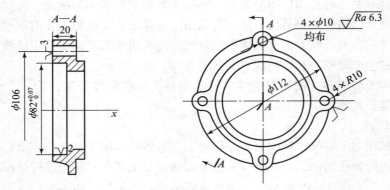

图 2 - 50　法兰盘钻四孔工序图

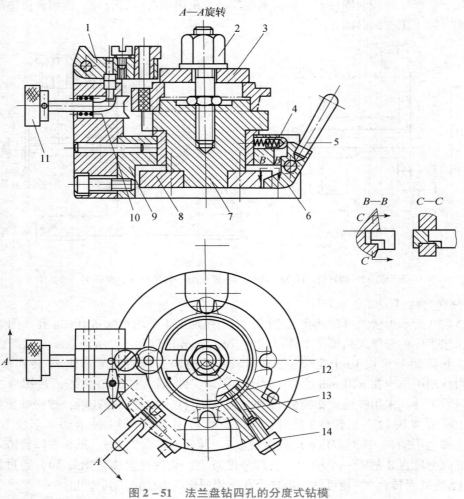

图 2 - 51　法兰盘钻四孔的分度式钻模

1—铰链式钻模板；2—螺母；3—开口垫圈；4—弹簧销；5，11—手柄；6—对定爪；7—回转台；
8—分度盘；9—夹具体；10—活动 V 形块；12—锁紧块；13—滑柱；14—锁紧螺钉

需在工作台上翻转，因此夹具的质量不宜过大，一般应小于 10 kg。图 2-52 所示为一种翻转式钻模，这种钻模可以实现一次装夹中加工出工件上的全部 8 个孔。

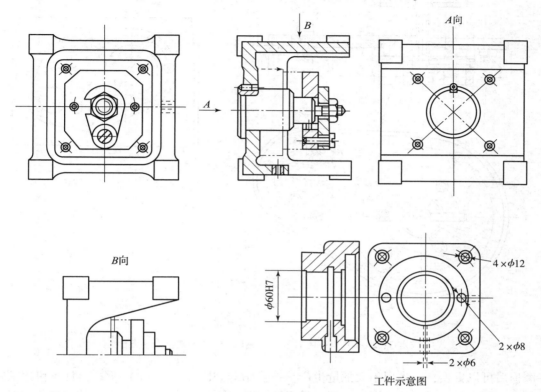

图 2-52　翻转式钻模

4. 盖板式钻模

盖板式钻模的特点是定位元件、夹紧装置及钻套均设在钻模板上。钻模板在工件上装夹，它常用于床身、箱体等大型工件上的小孔加工，也可用于在中、小工件上钻孔。加工小孔的盖板式钻模，因钻削力矩小，可不设置夹紧装置。

图 2-53 所示为主轴箱钻七孔盖板式钻模，右边为工序简图，需加工两个大孔周围的 7 个螺纹底孔，工件其他表面均已加工完毕。以工件上两个大孔及其端面作为定位基面，在钻模板的圆柱销 2、菱形销 6 及 4 个定位支承钉 1 组成的平面上定位。钻模板在工件上定位后，旋转螺杆 5，推动钢球 4 向下，钢球同时使三个柱塞 3 外移，将钻模板夹紧在工件上。

5. 钻模设计要点

1）钻套

钻套是引导刀具的元件，用以保证孔的加工位置，并防止加工过程中刀具的偏斜。按结构特点钻套可分为 4 种类型，即固定钻套、可换钻套、快换钻套和特殊钻套。固定钻套如图 2-54（a）所示，直接压入钻模板或夹具体的孔中，位置精度较高，但磨损后不易拆卸，故多用于中、小批量生产。可换钻套如图 2-54（b）所示，以间隙配合安装在衬套中，而衬套则压入钻模板或夹具体的孔中。为防止钻套在衬套中转动而加一个固定螺钉。可换钻套

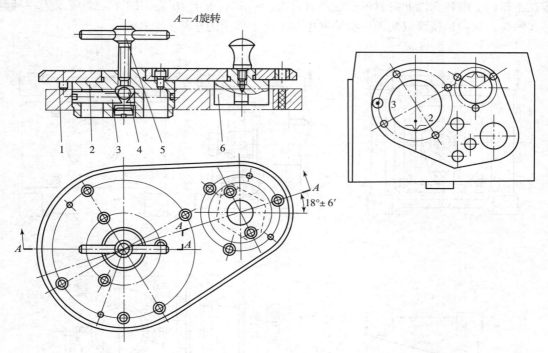

图 2-53　主轴箱钻七孔盖板式钻模

1—支承钉；2—圆柱销；3—柱塞；4—钢球；5—旋转螺杆；6—菱形销

在磨损后可以更换，故多用于大批量生产。快换钻套如图 2-54（c）所示，具有快速更换的特点，更换时不需要拧动螺钉，而只要将钻套逆时针方向转动一个角度，使螺钉头部对准钻套缺口，即可取下钻套。快换钻套多用于同一个孔需经多个工步（钻、扩、铰等）加工的情况。上述三种钻套均已标准化，其规格可查阅有关手册。特殊钻套如图 2-55 所示，用于特殊加工的场合，如在斜面上钻孔、在工件凹陷处钻孔、钻多个小间距孔，等等。此时不宜使用标准钻套，可根据特殊要求设计专用钻套。

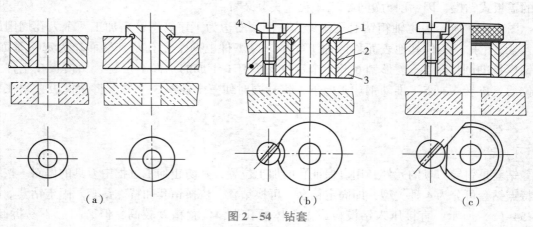

图 2-54　钻套

（a）固定钻套；（b）可换钻套；（c）快换钻套

1—钻套；2—衬套；3—钻模板；4—螺钉

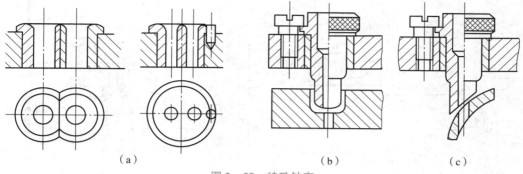

图 2 - 55　特殊钻套

钻套中引导孔的尺寸及其偏差应根据所引导的刀具尺寸来确定。通常取刀具的最大极限尺寸为引导孔的基本尺寸，孔径公差依加工精度要求来确定。钻孔和扩孔时可取 F7，粗铰时取 G7，精铰时取 G6。若钻套引导的不是刀具的切削部分，而是刀具的导向部分，常取配合为 H7/f7，H7/g6，H6/g5。钻套的高度 H 如图 2 - 56 所示，直接影响钻套的导向性能，同时影响刀具与钻套之间的摩擦情况，通常取 $H = (1 \sim 2.5)d$。对于精度要求较高的孔、直径较小的孔和刀具刚性较差时应取较大值。

钻套与工件之间应留有排屑间隙，此间隙不宜过大，以免影响导向作用，一般可取 $h = (0.3 \sim 1.2)d$。加工铸铁和黄铜等脆性材料时，可取较小值；加工钢等韧性材料时，可取较大值。当孔的位置精度要求很高时，也可以取 $h = 0$。

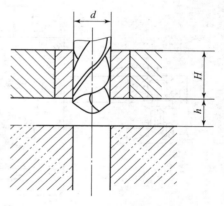

图 2 - 56　钻套高度与容屑间隙

2）钻模板

钻模板用于安装钻套。钻模板与夹具体的连接方式有固定式、铰链式和分离式等几种。

如图 2 - 57 所示钻模使用的固定式钻模板，直接固定在夹具体上，结构简单，精度较高。当使用固定钻模板装卸工件有困难时，可采用铰链式钻模板。铰链式钻模板可使钻模板转动，以使工件可以方便地装卸。这种钻模板通过铰链与夹具体相连接，由于铰链处存在间隙，因而精度不高。分离式钻模板是可拆卸的，工件每装卸一次，钻模板也要拆卸一次。与铰链式钻模板一样，它也是为了装卸工件方便而设计的，但在某些情况下精度比铰链式钻模板要高。

3）夹具体

钻模的夹具体一般不设定位或导向装置，夹具通过夹具体底面安放在钻床工作台上，可直接用钻套找正并用压板压紧，或在夹具体上设置耳座用螺栓压紧。

2.4.4　镗床夹具

镗床夹具又称镗模，主要用于加工箱体、支架类零件上的孔或孔系，它不仅在各类镗床上使用，也可在组合机床、车床及摇臂钻床上使用。镗模与钻模相比结构要复杂得多，制造精度也要高得多；采用镗模后，镗孔的精度便可不受机床精度的影响。镗模一般用镗套作为

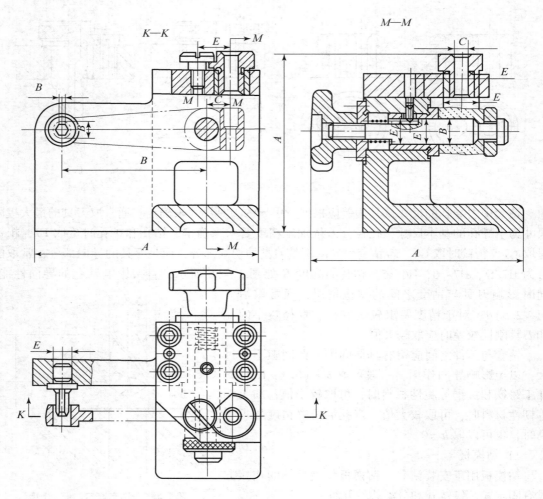

图 2-57　固定式钻模板

导向元件引导刀具或镗杆进行镗孔。镗套按照被加工孔或孔系的坐标位置布置在镗模支架上。按镗模支架在镗模上的布置形式不同，可分为双支承镗模、单支承镗模及无支承镗床夹具三类。

1. 双支承镗模

双支承镗模上有两个引导镗刀杆的支承，镗杆与机床主轴采用浮动连接，镗孔的位置精度由镗模保证，消除了机床主轴回转误差对镗孔精度的影响。

1）前后双支承镗模

图 2-58 所示为镗削车床尾座孔镗模，镗模的两个支承分别设置在刀具的前方和后方，镗刀杆 9 和主轴之间通过浮动接头 10 连接。工件以底面、槽及侧面在定位板 3、4 及可调支承钉 7 上定位，限制 6 个自由度。采用联动夹紧机构，拧紧夹紧螺钉 6，压板 5、8 同时将工件夹紧。镗模支架 1 上装有滚动回转镗套 2，用以支承和引导镗刀杆。镗模以底面 A 作为安装基面安装在机床工作台上，其侧面设置找正基面 B，因此可不设定位键。

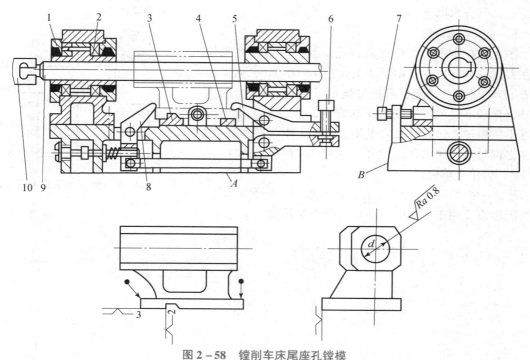

图 2 - 58　镗削车床尾座孔镗模

1—镗模支架；2—回转镗套；3，4—定位板；5，8—压板；6—夹紧螺钉；7—可调支承钉；9—镗刀杆；10—浮动接头

　　前后双支承镗模应用最普遍，一般用于镗削孔径较大，孔的长径比 $L/D > 1.5$ 的通孔或孔系，其加工精度较高，但更换刀具不方便。当工件同一轴线上孔数较多，且两支承间距离 $L > 10d$ 时，在镗模上应增加中间支承，以提高镗杆刚度（d 为镗杆直径）。

　　2）后双支承镗模

　　图 2 - 59 所示为后双支承镗孔示意图，两个支承设置在刀具的后方，镗杆与主轴浮动连接。为保证镗杆的刚性，镗杆的悬伸量 $L_1 < 5d$；为保证镗孔精度，两个支承的导向长度 $L > (1.25 \sim 1.5) L_1$。后双支承镗模可以在箱体的一个壁上镗孔。后双支承镗模便于装卸工件和刀具，也便于观察和测量。

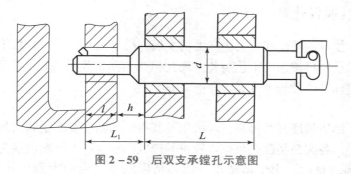

图 2 - 59　后双支承镗孔示意图

2. 单支承镗模

　　这类镗模只有一个导向支承，镗杆与主轴采用固定连接。安装镗模时，应使镗套轴线与机床主轴轴线重合。主轴的回转精度将影响镗孔精度。根据支承相对刀具的位置不同，单支

承镗模又可分为以下两种：

1）前单支承镗模

图 2–60 所示为前单支承镗孔示意图，镗模支承设置在刀具的前方，主要用于加工孔径 $D > 60$ mm、加工长度 $L < D$ 的通孔。一般镗杆的导向部分直径 $d < D$。因导向部分直径不受加工孔径大小的影响，故在多工步加工时可不更换镗套。这种布置也便于在加工中观察和测量。但在立镗时，切屑会落入镗套，应设置防屑罩。

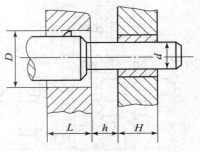

图 2–60　前单支承镗孔示意图

2）后单支承镗模

图 2–61 所示为后单支承镗孔示意图，镗套设置在刀具的后方。用于立镗时，切屑不会影响镗套。

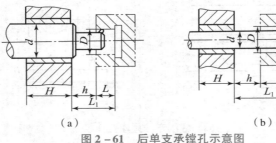

（a）　　　　　　　　　　　（b）

图 2–61　后单支承镗孔示意图

（a）$L < D$；（b）$L \geq D$

3. 无支承镗床夹具

工件在刚性好、精度高的金刚镗床、坐标镗床或数控机床、加工中心上镗孔时，夹具上不设置镗模支承，加工孔的尺寸和位置精度均由镗床保证。这类夹具只需设计定位装置、夹紧装置和夹具体即可。

2.5　现代机床夹具简介

2.5.1　机床夹具现代化发展方向

随着现代科学技术的进步和社会生产力的发展，机床夹具已由一种简单的辅助工具发展成为门类较齐全的重要机械加工工艺装备。现代机床夹具的发展方向，主要表现为高精度、高效率、柔性化和标准化等几个方面。

1. 高精度

随着各类产品制造精度日益提高，对机床及其夹具的精度要求也越来越高，为适应高精度产品的加工需要，各类高精度夹具也以较快的速度向前发展，高精度成为现代机床夹具发展的一个重要方向。目前，用于精密车削的高精度三爪自定心卡盘，其定心精度已可达 5 μm；而高精度心轴的同轴度误差可控制在 1 μm 以内；用于轴承座圈磨削的电磁无心夹具，可使工件的圆度误差控制在 0.2～0.5 μm；用于精密分度的端齿盘分度回转工作台，其直接分度值可达 15′，其重复定位精度和分度对定误差可控制在 1′ 以内。

2. 高效率

高效率切削加工主要体现在高切速、大用量、重负荷三个方面，而高效夹具除应适应高效加工的夹紧要求外，还应有较好的工件安装自动化程度及准确性和灵活性，以尽量减少装夹辅助时间，降低工人的劳动强度。在大规模的专业化生产中，常专门设置工件的安装工位，以使工件装夹辅助时间与机械加工的走刀时间相重合，实现不停机的连续加工。现代机床夹具，尤其是应用于各类自动作业线上的夹具，基本都采用气动、液动、电动和机动等动力夹具，使工件的装夹快速、准确，并可实现远程控制。另外，多件装夹夹具和复合工位夹具也都有相当大的发展，在高效生产中发挥了很大作用。

3. 柔性化

夹具的柔性化是指夹具依靠其自身的结构灵活性进行简单的组装、调整，即可适应生产加工不同情况的需要，是夹具对生产条件的一种自适应能力。

随着各类数控机床、数控加工中心（MC）及柔性制造系统（FMS）等高精度、高机动性自动化机床以及以它们为核心的作业线、自动线的不断发展，对机床配套夹具的要求也越来越高，因此夹具与机床间的关系越来越密切。现代夹具将逐渐与机床融为一体，夹具与机床间的适应性发展，极大地提高了机床的加工能力、机动性能，使原来功能较为单一的高效、精密专用机床的功能大为改善。具有自动回转、翻转功能的高效能夹具的普及应用，已使一些中、小批量产品的生产效率逐渐接近专业化的大批量生产的水平。

随着现代化生产形势的发展，旧产品不断被改型或淘汰，新产品不断涌现，夹具如何进一步提高其自身的机动性和适应能力，已成为在相当时期内现代夹具一个重要的研究方向。

4. 标准化

机床夹具的标准化是夹具标准化、系列化、通用化的体现，是促使现代夹具发展的一项十分重要的技术措施。

随着科学技术的飞速发展和我国改革开放步伐的加快，部分旧国标和个别行业标准与国际标准的不统一，一度影响了我国的产品及技术与国际社会的顺利接轨，因此，国家质量技术监督等有关部门在三化方面做了大量工作，并先后对夹具零件、部件有关技术标准进行修订和完善，产生了新的夹具零件、部件推荐标准，为机床夹具的设计、制造及应用提供了法规性文件，使之成为夹具生产的统一依据，对指导夹具结构、尺寸的标准，推动夹具的专业化生产起到极大的促进作用。

2.5.2 组合夹具

自 20 世纪 40 年代以来，组合夹具在世界上一些国家中应用后并得到迅速发展。我国从 20 世纪 50 年代开始使用，目前已形成一套完整的组合夹具体系。它对保证产品质量，提高劳动生产率，降低成本，缩短生产周期等都起着重要的作用。

1. 组合夹具的工作原理及特点

组合夹具是在机床夹具零部件标准化基础上发展起来的一种新型工艺装备，其工作原理类似"搭积木"。如图 2-62 所示，它是由一套结构、尺寸已规格化、系列化和标准化的通用元件和合件，在较短的时间内组装成的一套满足工件加工要求的专用夹具。使用完毕后，又可拆卸成单个元件（合件不拆开），经洗净后入库存放，待再次组装新的夹具。由此可见，组合夹具就是一种零部件可以多次重复使用的专用夹具。由于它是以组装代替设计和制造，因此具有以下特点：

（1）灵活多变，适应范围广，可大大缩短生产准备周期。

（2）可节省大量人力、物力，减少金属材料的消耗。

（3）可大大减少存放专用夹具的库房面积，简化了管理工作。

其不足之处是外形尺寸较大、笨重，且刚性较差。此外，由于所需元件的储备量大，故一次性投资费用高。

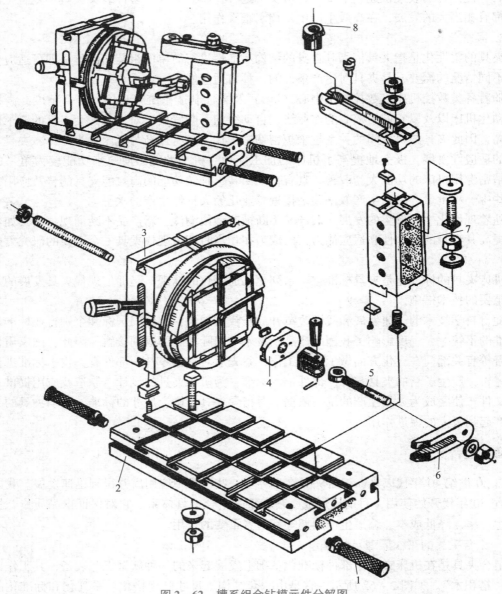

图 2–62　槽系组合钻模元件分解图

1—其他件；2—基础件；3—合件；4—定位件；5—紧固件；6—压紧件；7—支承件；8—导向件

2. 组合夹具的应用场合

组合夹具使用上的临时性、组合性和多变适应性，使组合夹具特别适用于生产准备周期很短的临时突击的生产任务，以及新产品的试制、产品的品种多变或单件、小批量生产的情况。但由于组合夹具应用的初始投资较大，其正常循环应用需要与一定的生产规模相配合，所以在小企业中往往难以推广，一般多在固定行业的大、中型企业得到较快的推广，并取得较好的长期经济效益。对于具有一定生产规模的小城市，可以建立专门的组合夹具站，统一进行组合夹具的拼装、租赁业务，才能尽快、有效地发挥组合夹具的优越性。

3. 组合夹具的基本元件

组合夹具的灵活组合性决定其基本元件应具有较高的互换性及装配精度要求。组合夹具的各元件按其用途不同，分为基础件、支承件、定位件、导向件、压紧件、紧固件、组合件和其他件 8 个大类。

（1）基础件。基础件分为圆形、正方形、长方形基础板和基础角铁等几种外形，它是整个组合夹具的夹具体，是其他元件的安装基础。它需要具备一定的刚度，并设置供元件安装的 T 形槽系统。

（2）支承件。各种支承件主要用作不同高度的垫块及支承用，种类较多，包括各种方形支承、长方形支承、角度支承、角铁等。

（3）定位件。各种定位件，主要用来确定各元件间准确的相互位置关系及为工件和机床提供定位。它包括各种定位销、定位盘、定位座、定位键、V 形座、T 形键、直键等结构。另外还有各种心轴、顶尖、对定销、定位板及三棱、六棱、四方形支座、定位支承及调整块等。

（4）导向件。导向件主要用来引导刀具如钻头、镗杆等，它包括各种钻套、钻模板、镗孔支承、导向支承等。

（5）压紧件。压紧件用来压紧工件及组合元件，主要有各种压板、压脚，包括平压板、开口压板、伸长压板、回转压板等。由于压板表面都经磨光，也常用作限位挡板、连接板和垫铁。

（6）紧固件。各种紧固件用于紧固夹具上的各种散件及组件，主要包括各种 T 形螺栓、关节螺栓、钩头螺栓、双头螺柱及其他特殊结构的螺母、垫圈等。

（7）组合件。组合件又称合件，是由数个元件组成的独立部件，按其用途不同可分为定位合件、分度合件、支承合件、导向合件、夹紧合件等。从结构上看有顶尖座、回转顶尖、可调 V 形座、折合板、分度盘、可调支座、可调角度转盘等。

合件是组合夹具的重要部件，具有结构合理、使用方便、用途广泛的优点，可以通过一定的组合而形成可调合件、多功能合件和高效装夹合件。另外，结构合理的合件可以形成独立的常用部件和多功能的专用合件，提高组装时的组合速度，所以合件被看作组合夹具中最具灵活性的重要部件。

（8）其他件。组合夹具中的其他件是指一些辅助元件，如连接件、滚花手柄、各种支承钉和支承帽、平衡弹簧、平衡块、接头、摇板、摇块等。

4. 组合夹具的应用实例

图 2-63 所示为车削管状工件的组合夹具。这个夹具由圆形基础板 1，直角方支承 2，长支承 4、6，圆支承 10，方支承板 5，V 形支承 8 等元件组成夹具体的基础及定位主体。工

件在定位支承 8 的 V 形槽、平面支承 9 及圆支承的定位表面上进行定位，并由夹紧螺钉 3 和 11 将工件夹紧，以满足较复杂外形工件的安装要求。

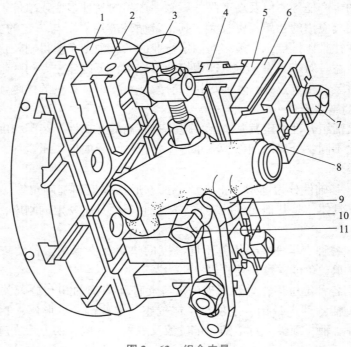

图 2-63　组合夹具

1—圆形基础板；2—直角方支承；3，11—夹紧螺钉；4，6—长支承；5—方支承板；
7—螺母；8—V 形支承；9—平面支承；10—圆支承

2.5.3　数控机床夹具

1. 对数控机床夹具的基本要求

数控机床加工本身具有高精度、高效率、产品转换容易、生产准备周期短、机床自适应性强、自动化程度高等优点，比较适合外形轮廓较复杂、不易装夹的工件及多品种、多工序小批量工件的加工。

由于数控机床的初始投资较大，使用成本相应较高，所以数控机床不太普及时，企业主要用它加工高精度、复杂形面等工艺难度较大的工件和生产中的关键件、应急件及技术革新的试制件等。随着市场竞争的日趋激烈，产品更新换代速度的加快，数控机床开始在各类专业化生产中逐渐发挥出它的自动化、高效作用。因此对数控机床夹具一般有以下几个基本要求。

1）高精度

数控机床精度很高，一般用于高精度加工。这对数控机床夹具也提出较高的定位安装精度要求和转位、定位精度要求。

2）快速装夹工件

为适应高效、自动化加工的需要，夹具结构应适应快速装夹的需要，以尽量减少工件装夹辅助时间，提高机床切削运转利用率。

为适应快速装夹的需要，夹具常采用液动、气动等快速反应夹紧动力。对切削时间较长的重要夹紧，在夹具液压夹紧系统中附加储能器，以补偿内泄漏，防止可能造成的松夹现象。若对自锁性要求较严格，则多采用快速螺旋夹紧机构，并利用高速风动扳手辅助安装。

为减少停机装夹时间，夹具可设置预装工位，也可利用机床的自动换位托盘装置，专门装卸工件。对于柔性制造单元和自动线中的数控机床及加工中心，应注意其夹具结构为安装自动送料装置提供方便。

3）具有良好的敞开性

数控机床加工为刀具自动走刀加工。夹具及工件应为刀具的移动和换刀等快速动作提供较宽敞的运行空间。尤其对需要多次进出工件的多刀、多工序加工，夹具的结构更应尽量简单、开放，使刀具容易进入，以防刀具运动中与夹具工件系统相碰撞。

4）本身的机动性要好

数控机床加工追求一次装夹条件下，尽量干完所有机加工内容。对于机动性能稍差些的二轴联动数控机床，可以借助夹具的转位、翻转等功能弥补机床性能的不足，保证在一次装夹条件下完成多面加工。

5）在机床坐标系中坐标关系明确，数据简单，便于坐标的转换计算

数控机床均具有自己固定的机床坐标系，而装夹在夹具上的工件在加工时应明确其在机床坐标系中的确切位置，以便刀具按照程序的指定路线运动，切出预期的尺寸和形状。为简化编程计算，一般多采取建立工件坐标系的方法，即根据工件在夹具中的装夹位置，明确编程的工件坐标系相对机床坐标系的准确位置，以便把刀具由机床坐标系转换到此程序的工件坐标系。所以，要求数控机床上的夹具定位系统应指定一个很明确的零点，表明装夹工件的位置，并据此选择工件坐标系的原点。为使坐标转换计算方便，夹具零点相对机床工作台原点的坐标尺寸关系应简单明了，便于测量、记忆、调整与计算。有时也直接把工件坐标系原点选在夹具零点上。

6）部分数控机床夹具应为刀具的对刀提供明确的对刀点

数控机床加工中，每把刀具进入程序均应有一个明确的起点，称为这一刀具的起刀点（刀具进入程序的起点）。若一个程序中要调用多把刀具对工件进行加工，需要使每把刀具都由同一个起点进入程序。因此，各刀具在装刀时，应把各刀的刀位点都安装或校正到同一个空间点上，这个点称为对刀点。

对于镗、铣、钻类数控机床，多在夹具上或夹具中的工件上专门指定一个特殊点作为对刀点，为各刀具的安装和校正提供统一的依据。这个点一般应与工件的定位基准，即夹具定位系统保持很明确的关系，便于刀具与工件坐标系关系的确立和测量，以使不同刀具都能精确地由同一点进入同一个程序。

当刀具经磨损、重装而偏离这一依据点，多通过改变刀具相对这个点的坐标偏移补偿值自动校正各走刀的走刀路线参数值，而不需要改动已经编制好的程序。

7）高适应性

数控机床加工具有机动性和多变化性，故要求机床夹具应具有对不同工件、不同装夹要求的较高适应性。一般情况下，数控机床夹具多采用各种组合夹具。在专业化大规模生产中多采用拼装类夹具，以适应生产多变化、生产准备周期短的需要。在批量生产中，也常采用结构较简单的专用夹具，以提高定位精度。在品种多变的行业性生产中多使用可调夹具和成组夹具，以适应加工的多变化性。

总之，数控机床夹具可根据生产的具体情况灵活选用合适的夹具。批量较大的自动化生产中，夹具的自动化程度可以较高，但结构相应也较复杂。而单件、小批量生产，也可以直接采用通用夹具，生产准备周期很短，不必再单独制造夹具。

2. 数控机床夹具实例

图 2 - 64 所示为一数控机床夹具。用来镗削工件上的 A、B、C 三个孔。整个夹具为孔系拼装类夹具，基础件为孔系液压基础平台 5；三个定位销 3 安装在平台上平面的孔系中，与平台上平面一起形成夹具定位系统；夹紧机构由装在基础平台内的两个液压缸 8，通过拉杆 12、压板 13 组成，可在压力油控制下对工件实现快速或自动夹紧。

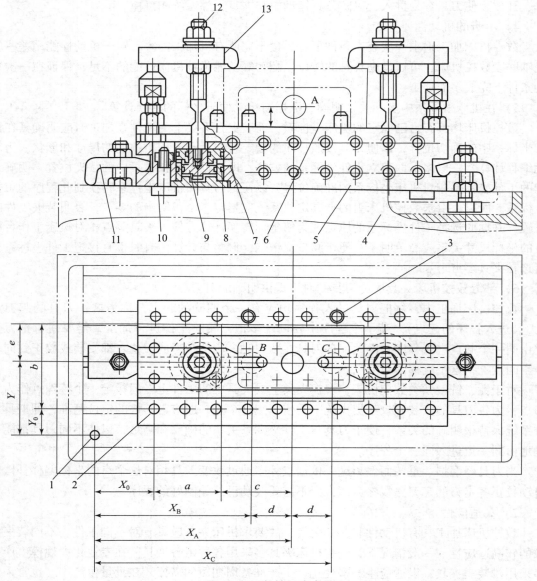

图 2 - 64　数控机床夹具

1，2—定位孔；3—定位销；4—数控机床工作台；5—液压基础平台；6—工件；
7—通油孔；8—液压缸；9—活塞；10—定位键；11，13—压板；12—拉杆夹具零点设在液压基础平台 5 左下角的定位孔 2 的轴线处，而机床工作台的坐标原点取在定位孔 1 的轴线处，二者间的坐标尺寸关系为 X_0 和 Y_0。夹具定位销相对夹具零点的位置尺寸为 a、b，它反映工件的定位区域，可使工件的几何中心孔 A 处于机床坐标系中的 (X_A, Y) 点，而孔 B、孔 C 的机床坐标分别为 (X_B, Y)、(X_C, Y) 点。

编制数控加工程序，把尺寸 X_A 和 Y 值编入工件坐标系设定程序段，这样就把工件坐标系的原点（工件中心点 A）设在机床坐标系的 (X_A, Y) 点上，从而明确工件坐标系在机床坐标系中的坐标位置。使刀具对工件的加工有新的坐标依据，便可直接按程序的规定在工件坐标系中运行，对工件 A 孔、B 孔、C 孔及其他内容进行自动加工。

当然也可以反过来，把工件上的各坐标点都换算成机床坐标系中的坐标点，令机床控制系统来执行。但这样做会增加很多计算工作量，不如上述办法，直接设定一个工件坐标系简便。以后数控加工程序中的刀位移动参数就可直接按图样的标注尺寸编写，省掉换算的麻烦。由此可以看出，夹具上的零点与机床工作台坐标原点间的坐标关系是相当重要的。

2.5.4　自动线夹具

在自动线上所用的夹具可分为固定夹具和随行夹具两种。

1. 固定夹具

固定夹具是指固定在机床的相应位置上不随工件的输送而移动的夹具。这类夹具又可分为两种类型：一种是直接用于装夹工件的固定夹具，它适用于装夹如箱体等形状比较规则且具有良好的定位基面和输送基面的工件；另一种是用于装夹随行夹具的固定夹具，即将工件和随行夹具作为一个整体在其上定位和夹紧。二者虽然直接装夹的对象不同，但具有相同的结构特点。

图 2-65 所示为自动线上用的机床固定夹具及随行夹具结构示意图。随行夹具 3 由步伐式输送带依次运送到各机床的固定夹具上，通过一面两销实现完全定位。图中件 5 为定位支承板，件 1 为液压操纵的活动定位销。由液压缸 8 通过杠杆 7 带动 4 个钩形压板 2 进行夹紧。图中件 4 为输送支承、件 6 为气动（可手动）润滑液压泵。

这类夹具在结构设计上应注意：在沿工件输送的方向上，其结构应是敞开的，以保证工件（或随行夹具）能顺利通过。其定位夹紧机构的动作应全部自动化并与自动线的其他动作连锁，以保证各动作过程的可靠性及安全性，同时应采取必要的防屑、排屑措施和提供良好的润滑条件，保证各运动部件动作灵敏，准确可靠。

2. 随行夹具

随行夹具是用于自动线上的一种移动式夹具，主要用于装夹和运送形状复杂且无良好输送基面的工件或虽有良好输送基面，但材质较软的工件。工件随夹具一起由输送带依次送到各工位。而随行夹具还需在每台机床的固定夹具上定位和夹紧，因此设计随行夹具时应注意以下几方面的问题。

1）工件在随行夹具中的装夹

工件在随行夹具中的定位与在一般夹具中定位相同，但对工件的夹紧则要求具有更高的可靠性。故一般多采用夹紧力大、自锁性能好的螺旋夹紧机构进行夹紧，以防止工件在输送过程中因振动等引起松动。其夹紧机构均采用机动扳手操作，而没有手柄、杠杆等伸出的手动操作元件。

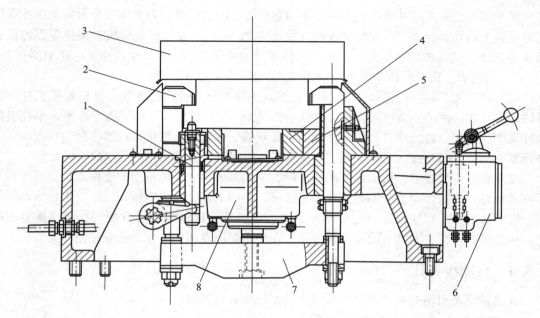

图 2-65　自动线上用的机床固定夹具及随行夹具结构示意图
1—活动定位销；2—钩形压板；3—随行夹具；4—输送支承；5—定位支承板；
6—润滑液压泵；7—杠杆；8—液压缸

当工件尺寸小、质量小时，也可使工件在随行夹具中只定位不夹紧，待输送到加工工位后再将工件连同随行夹具一起夹紧在机床固定夹具上。

2）随行夹具的输送问题

一是选择输送基面。输送基面可与定位基面合一以简化结构，也可将定位基面与输送基面分开，各自使用一个表面，这样可减少输送基面磨损对定位精度的影响。二是随行夹具在输送过程中的导向，特别是当其进入机床的固定夹具中时，应保证能准确地与定位机构对准。

3）随行夹具在机床固定夹具上的定位和夹紧

随行夹具在固定夹具上的定位一般采用一面两孔定位，在其底板上设计有一个定位平面和两个定位销孔。固定夹具上的两定位销应采用伸缩式，如图 2-65 所示。

4）随行夹具的精度

与一般固定夹具相比，由于增加了随行夹具在机床固定夹具上的定位误差，相应加工精度降低。为此，对加工精度要求较高而又必须采用随行夹具加工时，应仔细分析能否保证加工精度要求并采取相应措施，如提高工件定位基面以及随行夹具的制造精度，将输送基面与定位基面分开，粗、精定位销孔分开等。

先导案例解决

加工该工序的车床夹具，如图 2-66 所示，工件以 $\phi5.5h6$ 外圆柱面与端面 B、半精车的 $\phi22.5h8$ 圆弧面（精车第二个圆弧面时则用已经车好的 $\phi23_{0}^{+0.023}$ mm 圆弧面）为定位基面，在夹具上定位套 1 的内孔表面与端面、定位销 2（安装在套 3 中，其限位表面尺寸为

$\phi 22.5_{-0.01}^{\ 0}$ mm，安装在套 4 中，其限位表面尺寸为 $\phi 23_{\ 0}^{+0.023}$ mm，图中未画出，精车第二个圆弧面时使用）的外圆表面为相应的限位基面，限制工件 6 个自由度，符合基准重合原则。同时加工三件，利于对尺寸的测量。

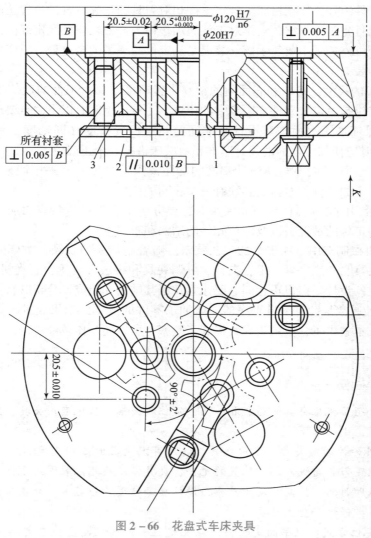

图 2-66　花盘式车床夹具
1，3，4—定位套；2—定位销

该夹具保证工件加工精度的措施有以下三种。

（1）$\phi 23_{\ 0}^{+0.023}$ mm 圆弧尺寸由刀具调整来保证。

（2）尺寸 18 mm ±0.02 mm 及对称度公差 0.02 mm，由定位套孔与工件采用 $\phi 5.5G5/h6$ 配合精度，限位基准与安装基面 B 的垂直度公差 0.005 mm，与安装基准 A（$\phi 120H7$ 孔轴线）的距离 20.5$_{+0.002}^{+0.010}$ mm 来保证。且在工艺规程中要求同一工件的四个圆弧必须在同一定位套中定位，使用同一定位销进行加工。

（3）夹具体上 $\phi 120$ mm 止口与过渡盘上 $\phi 120$ mm 凸台采用过盈配合，设计要求就地加工过渡盘端面及凸台以减小夹具的对定误差。

生产学习经验

1. 要准确理解机床夹具的概念。它包含定位和夹紧两层含义，要注意这两层含义的区别：定位是将工件装好，使在机床上确定工件相对刀具的正确位置，位置正确与否看工件的跳动情况；夹紧且将工件夹牢，就是对工件施加作用力，使之在已经定好的位置上将工件可靠地固定，是否可靠夹紧主要靠手感。装夹是从定位到夹紧的全过程。机床夹具的主要功能就是完成工件的装夹工作。

2. 工件加工的尺寸、形状和表面间的相互位置精度主要由工件的定位来保证。在实际生产中工件的定位是由定位元件来限定它的位置，工件定位时有以下两点要求：

（1）为了保证加工表面与其设计基准间的相对位置精度（同轴度、平行度、垂直度等），工件定位时应使加工表面的设计基准相对机床占据一个正确位置。

（2）为了保证加工表面与其设计基准间的距离尺寸精度，当采用调整法进行加工时，位于机床或夹具上的工件相对刀具必须有一个正确的位置。

3. 确定夹紧力的方向、作用点和大小时，要分析工件的结构特点、加工要求、切削力和其他外力作用工件的情况，以及定位元件的结构和布置方式。

4. 夹具是机械制造中一项重要的工艺装备。随着制造业的发展，机床夹具的种类日趋繁多，有通用夹具、专用夹具、组合夹具、可调夹具和拼装夹具等，各类机床夹具的特点、主要类型以及它的设计要点也不相同。要注意观察其结构和组成，分析其特点和作用。

5. 夹具设计通常是针对某道工序的，增加了零件的成本，如果成批、大量生产，分摊到每个零件的成本就少了，但由于大大提高了效率，所以还是比较经济的。

本章小结

本章主要介绍了机床夹具的组成和作用、定位和夹紧、机床专用夹具、组合夹具、数控机床夹具等内容，小结如下。

1. 机床夹具分为通用夹具、专用夹具、通用可调夹具和成组夹具，它由定位元件、夹紧装置、用来确定刀具与夹具相对位置的元件、夹具体以及其他装置或元件组成。机床夹具的作用是缩短辅助时间，提高劳动生产率，保证加工精度的稳定，扩大机床的工艺范围，改善工人劳动条件，保证安全生产。

2. 常见的定位方式：以平面定位、圆柱孔定位、外圆柱面定位及其特殊表面定位。定位元件是支承、定位销、定位轴、V形块、圆孔、半圆孔、圆锥心轴等。定位误差包括基准不重合误差（基准不符误差）和基准位移误差两种；定位误差的分析和计算公式为 $\Delta_{定} = \Delta_{不} + \Delta_{基}$。

3. 夹紧装置由动力装置和夹紧机构等组成。夹紧装置设计应遵循夹紧要可靠、夹紧力适当、操作性良好、经济实用等基本要求。机床夹具中使用最普遍的是机械夹紧机构，斜楔夹紧机构是其中最基本的形式，螺旋、偏心、凸轮等机构是斜楔夹紧的变化应用。

4. 机床专用夹具主要有车床夹具、铣床夹具、钻床夹具和镗床夹具等。

（1）车床夹具多数安装在车床主轴上，少数安装在车床的床鞍或床身上。除了顶尖、拨盘、三爪自定心卡盘等通用夹具外，安装在车床主轴上的专用夹具通常分为心轴式、夹头式、卡盘式、角铁式和花盘式等。

（2）铣床夹具主要用于加工零件上的平面、凹槽、花键及各种成形面。铣床夹具一般必须有确定夹具方向和刀具位置的定向键和对刀块，以保证夹具与刀具和机床的相对位置。这是铣床夹具结构的主要特点。

（3）钻床夹具，俗称钻模。钻模上均设置钻套和钻模板，用以引导刀具。主要用于加工中等精度、尺寸较小的孔或孔系。按钻模的结构特点不同，可将钻模分为固定式、分度式、移动式、翻转式、盖板式等。

（4）镗床夹具又称镗模，主要应用于加工箱体、支架类零件上的孔或孔系，它不仅在各类镗床上使用，也可在组合机床、车床及摇臂钻床上使用。镗模一般用镗套作为导向元件引导刀具或镗杆进行镗孔。按镗模支架在镗模上的布置形式不同，可分为双支承镗模、单支承镗模及无支承镗床夹具三类。

5. 组合夹具是一种标准化、系列化程度很高的柔性化夹具。它由一套预先制造好的具有不同几何形状、不同尺寸的高精度元件与合件组成，使用时按照工件的加工要求，采用组合的方式组装成所需的夹具。组合夹具的各元件按其用途的不同，分为基础件、支承件、定位件、导向件、紧固件、压紧件、组合件和其他件八个大类。

6. 数控机床夹具有高效化、柔性化和高精度等特点，设计时，除了应遵循一般夹具设计的原则外，还应具有以下特点。

（1）应有较高的精度。

（2）应有利于实现加工工序的集中。

（3）夹紧应牢固可靠、操作方便。

（4）设计数控机床夹具时，应按坐标图上规定的定位和夹紧表面以及机床坐标的起始点，确定夹具坐标原点的位置。

思考题与习题

1. 如图 2 – 67 所示，一批工件以孔 $\phi 20^{+0.021}_{0}$ mm 在心轴 $\phi 20^{-0.007}_{-0.020}$ mm 上定位，在立式铣床上用顶尖顶住心轴铣键槽。其中 $\phi 40h6^{\ 0}_{-0.016}$ 外圆、$\phi 20H7^{+0.021}_{0}$ 内孔及两端面均已加工合

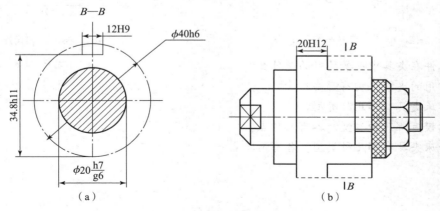

图 2 – 67　思考题与习题 1 图

格。而且 ϕ40h6 外圆对 ϕ20H7 内孔的径向跳动在 0.02 mm 以内。今要保证铣槽的主要技术要求为：

（1）槽宽 $b = 12h_{-0.048}^{0}$；

（2）槽距一端面尺寸为 $20h_{-0.21}^{0}$；

（3）槽底位置尺寸为 $34.8h\,12_{-0.16}^{0}$；

（4）槽两侧面对外圆轴线的对称度不大于 0.10 mm。

试分析其定位误差对保证各项技术要求的影响。

2. 试述机床夹具的各组成部分及其作用。

3. 机床夹具的作用有哪些？

4. 试述造成定位误差的原因。

5. 夹紧装置的基本要求有哪些？

6. 夹紧力的方向如何确定？

7. 夹紧力的作用点如何选择？

8. 调节支承用于什么场合？使用可调节支承时应注意什么问题？

9. 工件以平面为定位基准时，常用哪些定位元件？

10. 除平面定位外，工件常用的定位表面有哪些？相应的定位元件有哪些类型？

11. 如图 2 - 68 所示，工件均以平面定位铣削 A、B 表面，要求保证尺寸 60 ± 0.06 和 30 ± 0.1，分别计算定位误差（忽略 D 面对 C 面的垂直度误差）。

12. 如图 2 - 69 所示，工件以孔 $\phi 60_{0}^{+0.15}$ 定位加工孔 $\phi 10_{0}^{+0.1}$，定位销直径为 $\phi 60_{-0.06}^{-0.03}$，要求保证尺寸 60 ± 0.1，计算定位误差。

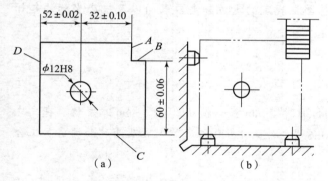

图 2 - 68　思考题与习题 11 图

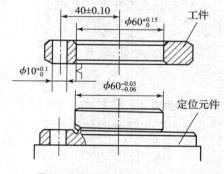

图 2 - 69　思考题与习题 12 图

13. 工件在夹具中夹紧的目的是什么？

14. 常用的夹紧机构有哪些？

15. 车床夹具有哪几种类型？

16. 钻模有哪几种类型？各有何特点？

17. 铣床夹具有哪几种类型？各有何特点？

第3章

机械加工精度

本章知识点

1. 机械加工精度概述；
2. 工艺系统的几何精度和受力变形对加工精度的影响；
3. 工艺系统的热变形对加工精度的影响；
4. 加工误差的统计分析；
5. 保证和提高加工精度的途径。

先导案例

某厂加工车床尾座体（图 3–1）的工艺路线是：先粗、精加工底面；再粗镗、半精镗、精镗 $\phi70H7$ 孔；然后加工横孔；最后珩磨 $\phi70H7$ 孔。加工时半精镗和精镗是在同一工序中用双工位夹具在专用镗床上进行的，精镗时采用双刃镗刀，主轴用万向接头带动镗杆旋转，工作台连同镗模夹具作进给运动，镗刀的进给方向是由工件尾部到头部。

质量问题发生在精镗工序——精镗后孔有较大圆柱度误差：工件全部都是头部孔径大于尾部（称为正锥度），半精镗后工件孔也带有 0.13～0.16 mm 的正锥度，以致不得不加大珩磨的余量，这不仅降低了生产率，而且有部分工件珩磨后因锥度超差而报废。试分析出现质量问题的原因。

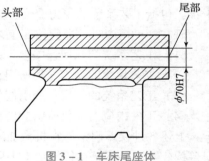

图 3–1 车床尾座体

3.1 概　述

加工精度是加工质量的重要组成部分和重要指标，它直接影响机器的工作性能和使用寿命，故采取相应的工艺措施，确保零件的加工精度，是机械制造工艺学的重要内容。

3.1.1 机械加工精度的概念

机械加工精度（简称加工精度）是指零件加工后的实际几何参数（尺寸、形状和相互位置）与理想几何参数的符合程度。实际几何参数与理想几何参数的偏离程度称为加工误差，它是表示加工精度高低的一个数量指标。一个零件的加工误差越小，加工精度越高。

在机械加工过程中，由于各种因素的影响，加工出来的零件不可能与理想的要求完全符合，总会产生一些偏差。从保证机器的使用性能出发，机械零件应具有足够的加工精度，但没有必要把每个零件都做得绝对准确。设计时根据零件在机器上的功能，将加工精度规定在一定的范围内是完全允许的，即加工精度的规定均以相应的标准公差值标注在零件图上，加工时只要零件的加工误差未超过其公差范围，就能保证零件的加工精度要求和工作要求。

零件的加工精度包含尺寸精度、形状精度和位置精度。零件的尺寸精度主要通过试切法、调整法、定尺寸刀具法和自动控制法来获得；形状精度则由机床精度或刀具精度来保证；位置精度主要取决于机床精度、夹具精度和工件的安装精度。这三方面的精度既有区别又有联系，一般来说，形状精度应高于尺寸精度，而位置精度在大多数情况下也应高于相应的尺寸精度。

研究加工精度的目的，就是要分析影响加工精度的各种因素及其存在的规律，从而找出减少加工误差、提高加工精度的合理途径。

3.1.2　加工误差的来源和原始误差

在机械加工中，机床、夹具、刀具和工件组成了一个完整的系统，称为工艺系统，故加工精度问题也就涉及整个工艺系统的精度问题。由于工艺系统本身的结构和状态及加工过程中的物理现象产生的误差称为原始误差。

原始误差主要源于两个方面：一方面是工艺系统本身的误差，包括加工原理误差，机床、夹具、刀具的制造误差，工件的装夹误差等；另一方面是加工过程中出现的载荷和各种干扰，包括工艺系统的受力变形、热变形、振动、磨损等引起的误差。

研究加工精度时，通常按照工艺系统误差的性质将其归纳为以下四个方面。

（1）工艺系统的几何误差。

（2）工艺系统的受力变形所引起的误差。

（3）工艺系统的热变形所引起的误差。

（4）工件内应力变化所引起的误差。

上述各种误差因素，在机械加工过程中将对加工精度产生综合性作用。加工条件不同，误差构成不同，不是在任何加工中所有误差因素都会同时出现。因此，在分析生产中的加工精度问题时，必须根据具体情况进行具体分析，找出产生加工误差的主要因素，采取有效的补救或预防措施来提高零件的加工精度。

3.2　工艺系统的几何误差

工艺系统的几何误差包括加工原理误差、机床几何误差、刀具误差、夹具误差、工件装夹误差、调整误差以及工艺系统磨损所引起的误差。

3.2.1　加工原理误差

加工原理误差是指采用了近似的成形运动或近似的刀刃轮廓进行加工而产生的误差。

例如，滚齿加工用的齿轮滚刀，就有两种误差存在：一是刀刃轮廓近似造形误差，由于制造上的困难，采用了阿基米德基本蜗杆或法向直廓基本蜗杆代替渐开线基本蜗杆；二是由于滚刀刀齿数有限，实际上加工出的齿形是一条折线，和理论的光滑渐开线有差异，这些都会产生原理误差。又如车削模数蜗杆时，由于蜗杆的螺距等于蜗轮的周节（即 πm），其中 m 是模数，而 π 是一个无理数，但是车床的配换齿轮齿数是有限的，选择配换齿轮时只能将 π 化为近似的分数值计算，这将使刀具相对工件的成形运动（螺旋运动）不准确，造成螺距误差。

采用近似的成形运动或近似的刀刃轮廓，虽然会带来加工原理误差，但往往可以简化机床或刀具的结构，有时反而可以得到高的加工精度，并且能提高生产率和经济性。因此，只要其误差不超过规定的精度要求，在生产中仍得到广泛的应用。

3.2.2　机床几何误差

机床的制造误差、安装误差、使用中的磨损等都会在加工中直接影响刀具与工件的相互位置精度，造成加工误差。机床的几何误差主要包括：主轴回转误差、机床导轨误差和机床传动链误差。

1. 主轴回转误差

机床的主轴是安装工件或刀具的基准，并把动力和运动传给工件或刀具。因此，主轴的回转精度是机床的重要精度指标之一，它是决定加工表面几何形状精度、表面波度和表面粗糙度的主要因素。

1）主轴回转误差的基本形式

主轴回转时，由于主轴及其轴承在制造及安装中存在误差，主轴的回转轴线在空间的位置不是稳定不变的。主轴回转误差是指主轴实际回转轴线相对理论回转轴线的"漂移"。主轴回转误差可分为三种基本形式：轴向窜动、径向跳动和角度摆动［图 3 - 2（a）、图 3 - 2（b）、图 3 - 2（c）］。

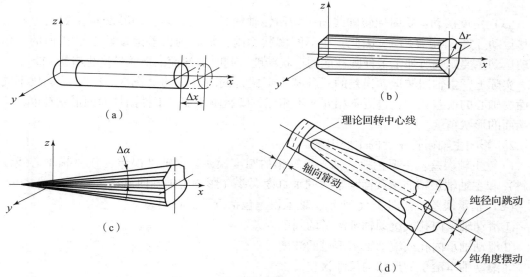

图 3 - 2　主轴回转误差的基本形式
（a）轴向窜动；（b）径向跳动；（c）角度摆动；（d）三种情况同时存在

（1）轴向窜动：瞬时回转轴线沿平均回转轴线方向的漂移运动［图3-2（a）］。它主要影响所加工工件的端面形状精度而不影响圆柱面的形状精度，如图3-3所示。在加工螺纹时则影响螺距精度。

（2）径向跳动：瞬时回转轴线始终平行于平均回转轴线，但沿y轴和z轴方向有漂移运动［图3-2（b）］，因此在不同横截面内轴心的误差运动轨迹都是相同的。径向漂移运动对加工精度的影响要看加工的具体情况而定，如图3-4所示。在车削加工中对工件圆柱面的形状精度无影响，而在镗床上镗孔时则对孔的形状精度有影响，如图3-5所示。

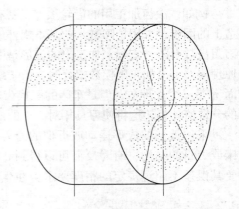

图3-3 主轴轴向漂移对
端面加工的影响

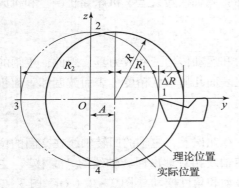

图3-4 车削时几何偏心引起的
径向圆跳动对圆度的影响

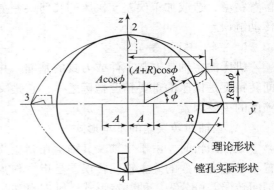

图3-5 镗孔时主轴几何偏心引起的
径向圆跳动对孔的圆度的影响

（3）角度摆动：瞬时回转轴线与平均回转轴线成一倾斜角，但其交点位置固定不变的漂移运动［图3-2（c）］。因此，在不同横截面内，轴心的误差运动轨迹是相似的。角度摆动运动主要影响所加工工件圆柱面的形状精度，同时对端面的形状精度也有影响。

实际上，主轴回转运动误差的三种基本形式是同时存在的［图3-2（d）］。故不同横截面内轴心的误差运动轨迹既不相同又不相似，既影响所加工工件圆柱面的形状精度，又影响端面的形状精度。

2）影响主轴回转精度的主要因素

（1）主轴误差：主要包括主轴支承轴颈的圆度误差、同轴度误差（使主轴轴心线发生偏斜）和主轴轴颈轴向承载面与轴线的垂直度误差（影响主轴轴向窜动量）。

（2）轴承误差：如图3-6所示，轴承误差包括以下五种类型。

①滑动轴承内孔或滚动轴承滚道的圆度误差。

②滑动轴承内孔或滚动轴承滚道的波度。

③滚动轴承滚子的形状与尺寸误差。

④轴承定位端面与轴心线垂直度误差、轴承端面之间的平行度误差。

⑤轴承间隙以及切削中的受力变形。

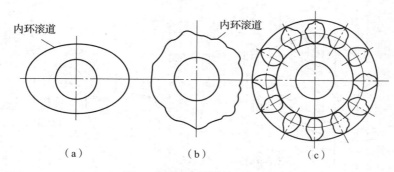

图 3 - 6 滚动轴承的几何误差

（a）内环滚道的形状误差；（b）内环滚道的波度；（c）滚动体的圆度和尺寸

（3）主轴系统的径向不等刚度及热变形。

3）提高主轴回转精度的途径

通过上面的分析可知，主轴回转误差对加工精度有显著影响。为了提高主轴回转精度，不但要根据机床精度要求选择相应精度等级的轴承，还要恰当确定支承轴颈、支承座孔等有关零件的精度及其与轴承的配合精度，并严格保证装配质量要求。只有这样，才能获得高的回转精度。

2. 机床导轨误差

机床导轨副是实现直线运动的主要导向部件，其制造、装配精度和使用中的磨损程度是影响直线运动精度的主要因素。

1）导轨在水平面内直线度误差的影响

如图 3 - 7 所示，磨床导轨在 x 方向存在误差 Δ ［图 3 - 7 （a）］，引起工件在半径方向上的误差 ［图 3 - 7 （b）］。当磨削长外圆柱表面时，将造成工件的圆柱度误差。

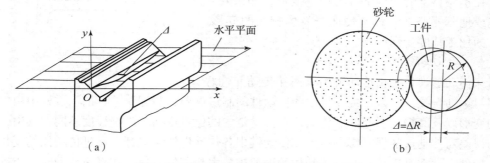

图 3 - 7 磨床导轨在水平面内的直线度误差

（a）x 方向上存在的误差；（b）半径方向上的误差

2）导轨在垂直面内直线度误差的影响

如图 3 - 8 所示，磨床导轨在 y 方向内存在误差 Δ ［图 3 - 8 （a）］，磨削外圆时，工件沿砂轮切线方向产生位移，此时，工件半径方向上产生误差 $\Delta R \approx \Delta^2 / (2R)$，对零件的形状精度影响甚小（误差非敏感方向）。但导轨在垂直方向上的误差对平面磨床、龙门刨床、铣床等将引起法向位移，其误差直接反映到工件的加工表面（误差敏感方向），造成水平面上的形状误差。

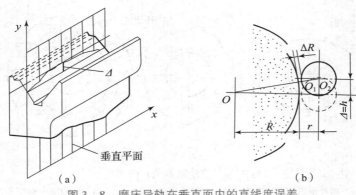

图3-8　磨床导轨在垂直面内的直线度误差

（a）y方向上存在的误差；（b）半径方向上的误差

3）导轨面间平行度误差的影响

如图3-9所示，车床两导轨的平行度产生误差（扭曲），使大溜板产生横向倾斜，刀具产生位移，因而引起工件形状误差。由图3-9可知，其误差值 $\Delta y \approx H\Delta^2/B$。

4）导轨对主轴轴心线平行度误差的影响

当在车床类或磨床类机床上加工工件时，如果导轨与主轴轴心线不平行，则会引起工件的几何形状误差。例如，车床导轨与主轴轴心线在水平面内不平行，会使工件的外圆柱表面产生锥度；在垂直面内不平行时，会使工件呈马鞍形。

机床的安装对导轨的原有精度影响也很大，尤其是床身较长的龙门刨床、导轨磨床等。因床身长，刚度差，在本身自重的作用下容易产生变形，如果安装不正确或地基不坚实，都会使床身发生较大的变形，使工件的加工精度受到影响。

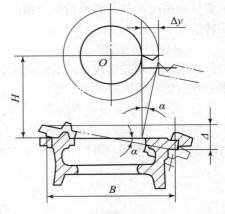

图3-9　车床导轨面间
的平行度误差

3. 机床传动链误差

机床传动链误差是指传动链始末两端传动元件之间的相对运动误差。它是由传动链中各传动件的制造误差、装配误差、加工过程中由力和热产生的变形以及磨损等引起的。传动件在传动链中的位置不同，影响程度不同，其中，末端元件的误差对传动链的误差影响最大。传动链中各传动件的误差都将通过传动比的变化传递到执行元件上。在升速传动时，传动件的误差被放大相同的倍数；在降速传动时，传动件的误差被缩小相同的倍数。

为减少传动链误差对加工精度的影响，可以采取以下几种措施。

（1）尽量缩短传动链，减少传动元件数量，可减少误差的来源。

（2）采用降速比传动，特别是传动链末端传动副的传动比越小，则传动链中其余各传动元件误差对传动精度的影响就越小。

（3）提高传动元件，尤其是末端传动元件的制造精度和装配精度。

（4）采用校正装置，其实质是人为加入一个大小与传动链原有的传动误差大小相等、方向相反的误差，以抵消原有的传动链误差。图 3 - 10 所示为丝杠误差的校正装置。

3.2.3　刀具误差

刀具误差包括刀具制造误差、安装误差和磨损。机械加工中常用的刀具分为一般刀具、定尺寸刀具和成形刀具。不同的刀具对加工精度的影响不同。

定尺寸刀具（如钻头、铰刀、槽铣刀、拉刀等）加工时，刀具的制造误差和磨损直接影响被加工工件的尺寸精度。

成形刀具（如成形车刀、成形铣刀等）的制造误差和磨损主要影响被加工工件的形状精度。

一般刀具（如车刀、铣刀、镗刀等）制造误差对加工精度无直接影响，但刀具在切削过程中产生的磨

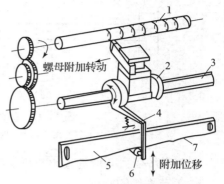

图 3 - 10　丝杠误差的校正装置
1—工件；2—螺母；3—丝杠；4—杠杆；
5—校正尺；6—触头；7—校正曲线

损将会影响加工精度。例如，车削长轴时，车刀磨损将使工件出现锥度，产生圆柱度误差。

为减少刀具制造误差和磨损对加工精度的影响，应合理规定定尺寸刀具和成形刀具的制造误差，正确选择刀具材料、切削用量和冷却润滑液，提高刀具的刃磨质量，以减少初期磨损。

3.2.4　夹具误差和装夹误差

夹具误差主要是指夹具的定位元件、导向元件及夹具体等的加工与装配误差，它对被加工工件的位置误差有较大影响。夹具的磨损是逐渐而缓慢的过程，它对加工误差的影响不是很明显，对它们进行定期的检测和维修，便可提高其几何精度。

3.2.5　调整误差

在零件加工时，为了保证加工精度必须对机床、夹具和刀具进行调整，由于调整不可能绝对准确，因而产生调整误差。例如：用试切法调整时的测量误差、进给机构的位移误差及最小极限切削厚度的影响；用调整法调整时定程机构的误差；用样板或样件调整时样板或样件的误差。

3.2.6　测量误差

在工序调整及加工过程中测量工件时，由于测量方法、量具精度等因素对测量结果准确性的影响而产生的误差，称为测量误差。

3.3　工艺系统的受力变形

在机械加工过程中，工艺系统在切削力、传动力、惯性力、夹紧力以及重力的作用下产生变形，破坏了已经调整好的刀具和工件之间的相互位置，造成加工误差。例如，车削细长轴时，工件在切削力作用下发生变形，使加工后的工件产生中间粗两端细的腰鼓形，如图 3 - 11（a）所示。在内圆磨床上以横向切入法磨孔时，由于系统受力变形，磨出的孔会出现圆柱度误差，如图 3 - 11（b）所示。

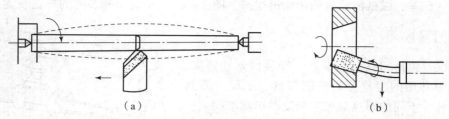

图3-11 工艺系统受力变形对加工精度的影响

（a）细长轴加工时的受力变形；（b）磨内孔时的受力变形

工艺系统受力变形的大小与所受载荷的大小、载荷性质和系统的刚度有关。

1. 工艺系统的刚度

工艺系统的刚度表明工艺系统在各种外力作用下抵抗变形的能力。在同样载荷作用下，系统刚度大，变形小，反之变形大。

工艺系统是由机床、夹具、刀具和工件组成的。因此，工艺系统刚度的大小是由组成工艺系统的各部分的刚度所决定的。工艺系统的各部分又是由部件或零件组成，故关键零部件也影响着系统的刚度。

影响机床部件刚度的因素有如下几个方面。

（1）连接表面的接触变形。机械加工后零件的表面并非理想的平整和光滑，而是有一定的形状误差和表面粗糙度。因此，零部件间的实际接触面积远小于理想接触面积，在外力作用下，这些接触处将产生较大的接触应力引起接触变形，而这种变形中既有表面层的弹性变形，又有局部的塑性变形，使得部件的刚度远比同尺寸实体的零件本身的刚度要低得多。

（2）部件中薄弱零件的变形。机床部件中薄弱零件的受力变形对部件刚度影响很大，如图3-12所示，刀架部件中的楔铁刚度很差，很容易发生变形，会使整个部件的刚度变差。

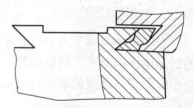

图3-12 刀架中的薄弱零件

（3）间隙的影响。部件中各零件间有间隙，只要受到较小的力就会产生位移，故表现为刚度较低。当间隙消除后，相应表面接触才开始有弹性变形，这时表现为刚度较大。因间隙引起的位移在去除载荷后不会恢复，所以在加工过程中，如果单向受力，加载后间隙消除，间隙对位移没有影响，但像镗床、铣床等受力方向经常改变，间隙将影响刀具相对零件表面的准确位置，产生较大的加工误差。

（4）摩擦的影响。在加载时零件接触面间的摩擦力阻止变形的增大，卸载时摩擦力阻止变形的回复，使加载和卸载曲线不重合。

2. 工艺系统受力变形对加工精度的影响

1）由于切削力作用点位置变化而产生的变形

图3-13（a）所示为在车床上用两顶尖装夹加工短而粗的轴。由于工件刚度较大，在切削力作用下工件的变形相对机床、夹具和刀具变形要小得多，故工艺系统的变形完全取决于机床主轴箱、尾架、顶尖和刀架（包括刀具）的变形。

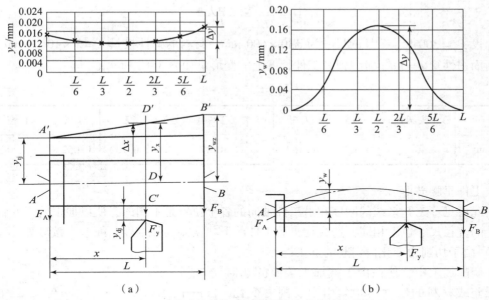

图 3-13　工艺系统的位移随作用力点位置变化的情况

（a）车削短而粗的轴；（b）车削细长轴

当加工中车刀位于图示位置时，在切削分力 F_y 的作用下，头架由 A 点位移到 A' 点，尾座由 B 点移到 B' 点，刀架由 C 点位移到 C' 点，它们的位移量分别用 y_{tj}、y_{wz} 和 y_{dj} 表示。而工件轴线 AB 位移到 $A'B'$，刀具切削点处，工件轴线位移量为 y_x。

工艺系统的总位移量为

$$y_{xt} = y_x + y_{dj} = F_y \left[\frac{1}{k_{dj}} + \frac{1}{k_{tj}} \left(\frac{L-x}{L} \right)^2 + \frac{1}{k_{wz}} \left(\frac{x}{L} \right)^2 \right] \tag{3-1}$$

从式（3-1）可以看出，工艺系统的变形是随着力点位置变化而变化的，x 值的变化引起 y_{xt} 的变化，进而引起切削深度的变化，结果使工件产生圆柱度误差。当按上述条件车削时，工艺系统的刚度实为机床的刚度。

如设 $k_{tj} = 6 \times 10^4$ N/mm，$k_{wz} = 5 \times 10^4$ N/mm，$k_{dj} = 4 \times 10^4$ N/mm，$F_y = 300$ N，工件长度 $L = 600$ mm，则沿工件长度上系统的位移如表 3-1 所示。

表 3-1　沿工件长度上系统的位移

x	0 （头架处）	L/6	L/3	L/2 （工件中点处）	2L/3	5L/6	L （尾座处）
y_{xt}/mm	0.012 5	0.011 1	0.010 4	0.010 3	0.010 7	0.011 8	0.013 5

故工件呈马鞍形。

图 3-13（b）所示为在车床上用两顶尖装夹加工细长轴。由于工件刚度很低，机床、夹具、刀具的受力变形可忽略不计，则工艺系统的位移完全取决于工件的变形。

加工中，当车刀处于图示位置时，工件的轴心线产生变形。根据材料力学的计算公式，其切削点的变形量为

$$y_w = \frac{F_y}{3EI} \frac{(L-x)^2 x^2}{L} \qquad (3-2)$$

如设 $F_y = 300$ N，工件的尺寸为 $\phi 30 \times 600$ mm，材料的弹性模量 $E = 2 \times 10^5$ N/mm²，工件的断面惯性矩 $I = \pi d^4/64$，则沿工件长度上的变形量如表 3-2 所示。

表 3-2 沿工件长度上的变形量

x	0（头架处）	$L/5$	$L/3$	$L/2$（工件中点处）	$2L/3$	$5L/6$	L（尾座处）
y_w/mm	0	0.052	0.132	0.17	0.132	0.052	0

故工件呈腰鼓形。

由此可见，工艺系统的刚度在沿工件轴向的各个位置是不同的，所以加工后工件各个横截面上的直径尺寸也不相同，造成加工后工件的形状误差，如锥度、鼓形、鞍形等。

2）由于切削力变化而引起的加工误差

在切削加工中，往往由于被加工表面的几何形状误差或材料的硬度不均匀引起切削力变化，从而造成工件的加工误差。如图 3-14 所示，工件由于毛坯的圆度误差，使车削时刀具的背吃刀量在 a_{p1} 与 a_{p2} 之间变化。因此，切削分力 F_y 也随背吃刀量 a_p 变化，由最大 F_{ymax} 变到最小 F_{ymin}。根据前面的分析，工艺系统将产生相应的变形，即由 y_1 变到 y_2（刀具相对被加工面产生 y_1 到 y_2 的位移）。这样就在已加工表面上形成了与原来的误差形式相同，大小比原来的误差小的圆度误差。

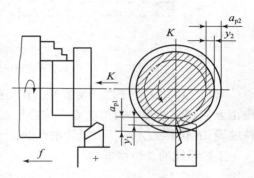

图 3-14 零件形状误差复映

这种现象称为毛坯"圆度误差复映"或称"误差复映规律"。误差复映的大小可用刚度计算公式求得：

毛坯圆度的最大误差为

$$\Delta_m = a_{p1} - a_{p2} \qquad (3-3)$$

车削后工件的圆度误差为

$$\Delta_w = y_1 - y_2 \qquad (3-4)$$

而

$$y_1 = \frac{F_{ymax}}{k_{xt}}, \quad y_2 = \frac{F_{ymin}}{k_{xt}}$$

又

$$F_y = \lambda C_{F_y} a_p f^{0.75}$$

式中，$\lambda = \dfrac{F_y}{F_z}$，一般为 0.4。

C_{F_y} 是与工件材料和刀具几何角度有关的系数，可在有关手册中查得。

$$y_1 = \frac{\lambda C_{F_y} a_{p1} f^{0.75}}{k_{xt}}, \quad y_2 = \frac{\lambda C_{F_y} a_{p2} f^{0.75}}{k_{xt}} \qquad (3-5)$$

将式（3-5）代入式（3-4）得

$$\Delta_{\mathrm{w}} = y_1 - y_2 = \frac{\lambda C_{F_{\mathrm{y}}} f^{0.75}}{k_{\mathrm{xt}}} (a_{\mathrm{p1}} - a_{\mathrm{p2}}) = \frac{\lambda C_{F_{\mathrm{y}}} f^{0.75}}{k_{\mathrm{xt}}} \Delta_{\mathrm{m}}$$

令
$$\varepsilon = \frac{\Delta_{\mathrm{w}}}{\Delta_{\mathrm{m}}} = \frac{\lambda C_{F_{\mathrm{y}}} f^{0.75}}{k_{\mathrm{xt}}} \tag{3-6}$$

ε 表示加工误差与毛坯之间的比例关系，说明了"误差复映"的规律，故称为"误差复映系数"。它定量地反映了工件经加工后毛坯误差减小的程度。从式（3-6）看出，工艺系统刚度越高，ε 复映到工件上的误差也越小。

当一次走刀不能满足加工精度要求时，可进行第二次或多次走刀，进一步消除由 Δ_{m} 复映的误差。多次走刀总的计算如下：

$$\varepsilon_{\Sigma} = \varepsilon_1 \times \varepsilon_2 \times \cdots \times \varepsilon_n = \left(\frac{\lambda C_{F_{\mathrm{y}}}}{k_{\mathrm{xt}}} \right) (f_1 \times f_2 \times \cdots \times f_n)^{0.75} \tag{3-7}$$

由于工艺系统总具有一定的刚度，因此零件加工误差总是小于毛坯误差 Δ_{m}，复映系数总是小于 1，经过几次走刀后，ε 已降到很小，加工误差也逐渐达到所允许的范围。

3）惯性力、传动力、重力和夹紧力所引起的误差

（1）惯性力及传动力所引起的加工误差。

切削加工中，高速旋转的部件（包括夹具、工件和刀具等）的不平衡将产生离心力 F_{Q}。F_{Q} 在每一转中不断地改变着方向，因此，它在 y 方向分力大小的变化就会使工艺系统的受力变形也随之变化而产生加工误差。如图 3-15 所示，车削一个不平衡的工件，当离心力 F_{Q} 与切削力 F_{y} 方向相反时，将工件推向刀具，使切削深度增加 ［图 3-15（a）］；当 F_{Q} 与切削力 F_{y} 方向相同时，工件被拉离刀具，使切削深度减小 ［图 3-15（b）］，其结果就造成了工件的圆度误差。

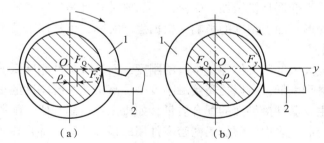

图 3-15　惯性力所引起的加工误差
（a）切削深度增加；（b）切前深度减小
1—工件；2—刀具

例如，当工件重力 W 为 100 N，主轴转速为 1 000 r/min，不平衡质量 m 到旋转中心的距离 S 为 5 mm 时，则：

设工艺系统刚度是 $k_{\mathrm{xt}} = 3 \times 10^4$ N/mm 时，则半径方向的加工误差为

$$\Delta_{\mathrm{r}} = y_{\max} - y_{\min} = \frac{F_{\mathrm{y}} + F_{\mathrm{Q}}}{k_{\mathrm{xt}}} - \frac{F_{\mathrm{y}} - F_{\mathrm{Q}}}{k_{\mathrm{xt}}} = \frac{2F_{\mathrm{Q}}}{k_{\mathrm{xt}}} = \frac{2 \times 558.9}{3 \times 10^4} \text{ mm} = 0.037 \text{ mm}$$

在车床或磨床类机床上加工轴类零件时，常用单爪拨盘带动工件旋转。如图 3-16 所示，传动力在拨盘的每一转中，经常改变方向，其在 y 方向上的分力有时与切削力 F_{y} 相同，有时相反。因此，它也会造成工件的圆度误差。为此，在加工精密零件时，改用双爪拨盘或

柔性连接装置带动工件旋转。

（2）夹紧力和重力引起的加工误差。

被加工工件在装夹过程中，由于刚度较低或着力点不当，都会引起工件的变形，造成加工误差。如图 3 - 17 所示，加工发动机连杆大头孔时，由于夹紧力着力点不当，工件产生夹紧变形，造成加工后两孔中心线不平行及所加工大孔的轴线与定位端面产生垂直度误差。

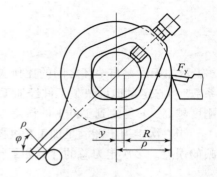

图 3 - 16　单爪拨盘传动力的影响

在工艺系统中，由于零部件的自重也会引起变形，如龙门铣床、龙门刨床刀架横梁的变形，镗床镗杆下垂变形等，都会造成加工误差。图 3 - 18 所示为摇臂钻床的摇臂在主轴箱自重的影响下所产生的变形，因此造成主轴轴线与工作台不垂直，从而使被加工的孔与定位面也产生垂直度误差。

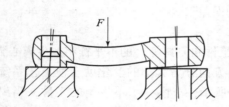

图 3 - 17　着力点不当引起的加工误差

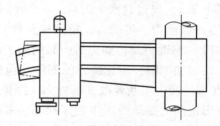

图 3 - 18　自重引起的加工误差

3. 减少工艺系统受力变形的主要措施

减少工艺系统受力变形是机械加工中保证产品质量和提高生产率的主要途径之一。为了减少工艺系统受力变形对加工精度的影响，根据生产实际，可从以下几个方面采取措施。

1）提高接触刚度

一般部件的刚度大大低于实体零件本身的刚度，而造成部件刚度低的主要原因又是部件中零件接触面的接触刚度低，所以提高接触刚度是提高工艺系统刚度的重要手段。常用的方法是改善工艺系统主要零件接触面的配合质量，如机床导轨副刮研、配研顶尖锥体同主轴和尾座套筒锥孔的配合面，多次研磨加工精密零件用的顶尖孔等，都是在实际生产中行之有效的工艺措施。通过对零件进行刮研，改善了配合面的表面粗糙度和形状精度，使实际接触面积增加，微观表面和局部区域的弹性、塑性变形减少，从而有效地提高了接触刚度。

提高接触刚度的另一措施是预加载荷，这样可消除配合面间的间隙，而且还能使零部件之间有较大的实际接触面积，减少受力后的变形量。预加载荷法常用在各类轴承的调整中。

2）提高工件刚度减少受力变形

切削力引起的加工误差，往往是因为工件本身刚度不足或各个部位刚度不均匀而产生的。如前述车削细长轴时，随着走刀长度的变化，工件相应的变形 y_w 也不一致，其最大变形量为

$$y_{wmax} = \frac{F_y L^3}{48EI} \tag{3-8}$$

由式（3-8）可以看出，当工件材料和直径一定时，工件的长度 L 和径向力 F_y 是影响

y_{wmax} 的决定性因素。为了减少工件的受力变形 y，首先应减少支承长度（即增加支承），如安装跟刀架或中心架；箱体孔系加工中，为了增加镗杆的刚度，也使用各种支承镗套。减少径向力 F_y 的有效措施是改变刀具的几何角度，如把车刀的主偏角磨成 90°，可大大降低 F_y。

图 3 - 19（a）表示采用中心架后工件刚度提高 8 倍；图 3 - 19（b）中表示切削力作用点与跟刀架支承点间的距离减少到 5 ~ 10 mm，工件的刚度提高得更多。

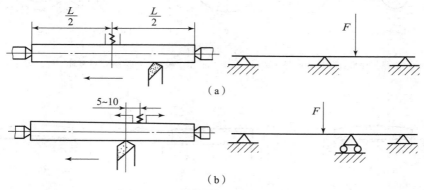

图 3 - 19　用辅助支承提高工件刚度

（a）采用中心架；（b）减少支承点间的距离

3）提高机床部件的刚度，减少受力变形

机床部件刚度在工艺系统中往往占很大比例，所以加工时常采用一些辅助装置提高其刚度。图 3 - 20 所示为在转塔车床上采用增强刀架刚度的装置。

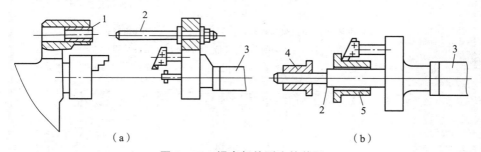

图 3 - 20　提高部件刚度的装置

1—支承架；2—加强杆；3—六角刀架；4—导套；5—工件

4）合理装夹工件，减少夹紧变形

对薄壁件，夹紧时应特别注意选择适当的夹紧方法，否则将引起很大的形状误差，如图 3 - 21 所示。当未夹紧前，薄壁套的内外圆是正圆形，由于夹紧方法不当，夹紧后套筒呈三棱形 [图 3 - 21（a）]。镗孔后内孔呈正圆形 [图 3 - 21（b）]。但当松开卡爪后，零件由于弹性恢复，使已镗的孔产生三棱形 [图 3 - 21（c）]。为了减少加工误差，应使夹紧力均匀分布，如采用开口过渡环 [图 3 - 21（d）] 或用专用卡爪 [图 3 - 21（e）]。

再如图 3 - 22（a）所示薄板工件，当磁力将工件吸向工作台表面时，工件将产生弹性变形 [图 3 - 22（b）]。磨完后，由于弹性恢复，工件上已磨表面又产生翘曲 [图 3 - 22（c）]。改进的办法是在工件和磁力吸盘间垫橡皮垫（厚 0.5 mm）[图 3 - 22（d）]。工件夹紧时，橡皮垫被压缩 [图 3 - 22（e）]，减少工件变形，便于将工件的弯曲部分磨去。这样经过多次正反面交替的磨削即可获得平面度较高的平面［图 3 - 22（f）］。

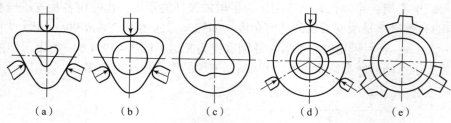

图 3 - 21　零件夹紧变形引起的误差

（a）套筒呈三棱形；（b）内孔呈正圆形；（c）内孔呈三棱形；（d）开口过渡环；（e）专用卡爪

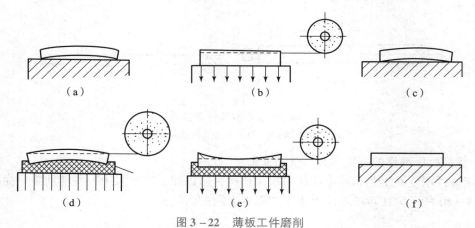

图 3 - 22　薄板工件磨削

（a）毛坯件；（b）吸盘吸紧；（c）磨后松开（工件翘曲）；

（d）磨削凸面；（e）磨削凹面；（f）磨后松开（工件平直）

3.4　工艺系统热变形引起的加工误差

3.4.1　概述

在机械加工过程中，工艺系统在各种热源的影响下常产生复杂的变形，破坏了工件与刀具的相对位置精度，引起各种加工误差，称为工艺系统热变形。据统计，在某些精密加工中，由于热变形引起的加工误差占总加工误差的 40% ~ 70%。热变形不仅降低了系统的加工精度，而且影响了加工效率的提高。为了减少热变形的影响，常常需要花费很多时间进行预热或调整机床。特别是高效率、高精度和自动化加工技术的发展，使工艺系统热变形问题更为突出，已成为机械加工技术进一步发展的重要研究课题。

1. 工艺系统的热源

工艺系统热变形的热源有内部热源和外部热源。

内部热源包括切削热和摩擦热。切削热是由切削过程中，切削层金属的弹性变形和塑性变形以及刀具与工件、切屑间的摩擦所产生的，是刀具和工件热变形的主要热源。它由工件、切屑、刀具、夹具、机床、切削液以及周围介质传出。摩擦热主要是机床和液压系统中运动部件产生的，如电动机、轴承、齿轮传动副、导轨副、液压泵、阀等运动部件均会产生摩擦热，这是机床热变形的主要热源。

工艺系统的外部热源，主要是环境温度的变化和热辐射的影响较大，对大型和精密工件的加工影响比较显著。

2. 工艺系统的热平衡

工艺系统受各种热源的影响，其温度会逐渐升高。同时它们也通过各种传热方式向周围散发热量。当机床、刀具或工件的温度达到某一数值时，单位时间内传入和散发的热量趋于相等，工艺系统就达到了热平衡状态。在热平衡状态下，工艺系统各部分的温度相对稳定，其热变形也趋于稳定。

外部热源主要是环境温度变化和辐射热的影响，它对大型和精密工件的加工影响较大。

3.4.2　机床热变形对加工精度的影响

机床受热源的影响，各部分温度将发生变化，由于热源分布的不均匀和机床结构的复杂性，机床各部件将发生不同程度的热变形。一般而言，摩擦热是机床热变形的主要原因，如图 3 - 23 所示为车床在工作状态下的热变形。主轴箱的热变形使主轴轴心线抬高，发生倾斜，同时主轴箱将热量传给床身，因而导轨也会产生弯曲变形。结果造成车床前后顶尖连线与导轨不平行。

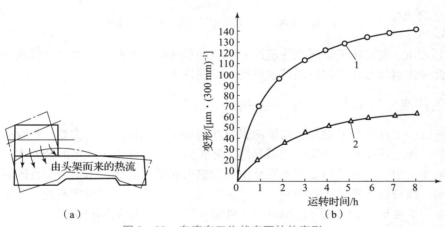

图 3 - 23　车床在工作状态下的热变形

对大型机床，如导轨磨床、外圆磨床、龙门铣床等的长床身部件，其温差的影响是很显著的。一般由于床身上表面温度比床身底面温度高，形成温差，使床身产生弯曲变形，表面呈中凸状，所以床身导轨的直线度明显受到影响，从而引起加工误差。图 3 - 24 所示为常用几种机床的热变形趋势。图 3 - 24 （a）所示的万能卧式铣床热变形与车床相似，主要是主轴发热使主轴箱在垂直面、水平面内发生偏移和倾斜。图 3 - 24 （b）所示的双面磨床的切削液喷向床身中部的顶面使其局部受热而产生中凸变形，从而使两砂轮的端面产生倾斜。图 3 - 24 （c）所示的立式平面磨床主轴和电动机的发热传到立柱，使立柱内侧温度高于外侧，因而立柱产生弯曲变形，造成砂轮主轴与工作台间产生垂直度误差。

为减少热变形，应使机床处于热平衡后再进行加工。通常的方法是在加工前先让机床高速空转，再进行加工。一般机床（车床、磨床等）其空转热平衡的时间为 4 ~ 6 h，中小精

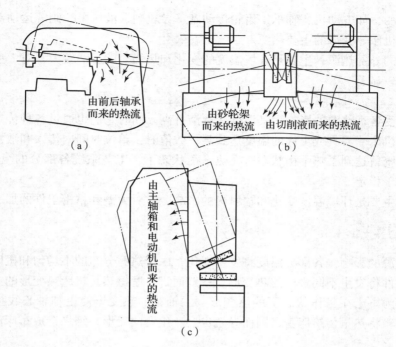

图 3－24　机床热变形趋势
（a）卧式铣床；（b）双面铣床；（c）立式平面磨床

密机床为 1~2 h，大型精密机床往往超过 12 h，甚至达数十小时。为缩短时间还可以在机床相应部位设置控制热源装置进行局部加热使其尽快达到热平衡。

3.4.3　工件热变形对加工精度的影响

一般来说，工件热变形对加工精度的影响在精加工中比较突出。例如，对细而长、精度要求很高的工件，往往由于切削热所引起的热伸长而产生的误差比规定的公差大。

在切削加工中，工件的热变形主要是由切削热引起的，有些大型精密零件同时还受环境温度的影响。细长轴在顶尖间车削时，工件热伸长，如果顶尖之间距离不变，则工件受顶尖的阻碍产生弯曲变形。精密丝杠磨削时，工件热变形会引起螺距累积误差。

一般情况下，受热均匀的工件所产生的热变形主要影响尺寸精度；受热不均匀的工件所产生的热变形影响形状误差。

为了减少工件热变形对加工精度的影响，可采取以下四项措施。

（1）在切削区加入充足的切削液进行冷却。

（2）粗、精加工分开，使粗加工的余热不带到精加工工序中。

（3）刀具和砂轮未过分磨钝时就进行刃磨和修正，以减少切削热和磨削热。

（4）使工件在夹紧状态下有伸缩的自由（如在加工细长轴时采用弹簧后顶尖等）。

3.4.4　刀具的热变形对加工精度的影响

大部分的切削热被切屑带走，传给刀具的切削热只占一小部分。但是由于刀具的体积小，所以刀具具有相当高的温度并产生热变形。例如，用高速钢刀具车削时，刃部的温度高达 700～800 ℃，刀具热伸长量可达 0.03～0.05 mm。因此，热变形对加工精度的影响不容忽略。图 3-25 所示为车削时车刀的热变形与切削时间的关系曲线。当车刀连续车削时，车刀变形情况如曲线 1，经过 10～20 min 即可达到热平衡，此时车刀变形的影响很小；当车刀停止切削后，车刀冷却变形过程如曲线 3；当车削一批短小轴类零件时，加工由于需要装卸工件而时断时续，车刀进行间断切削，热变形在 Δ 范围内变动，其变形过程如曲线 2。

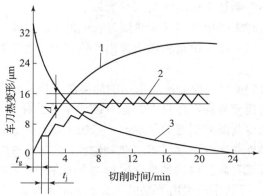

图 3-25　车刀的热变形与切削时间的关系曲线

t_g—切削时间；t_f—停止切削时间

　　在加工短小零件时受刀具热变形的影响较小，在加工较长工件时影响较大。在切削加工过程中加强冷却可以减小刀具的热变形对加工精度的影响。

3.4.5　减少工艺系统热变形的主要途径

1. 减少发热和隔热

　　可通过合理选择切削用量和正确选择刀具几何参数的方法来减少切削热。如果粗、精加工在一道工序内完成，粗加工的热变形会影响精加工的精度，可在粗加工后停机一段时间，同时还应将工件松开，待精加工时再夹紧，当零件精度要求较高时，可粗、精加工分开。为了减少机床的热变形，凡是能分离出去的热源，如电器箱、液压油箱、冷却系统等均应移出机床。对于不能移出的热源，如主轴轴承、丝杠螺母副、高速运动的导轨副等，可以从结构、润滑等方面改善其摩擦特性，减少发热。例如，采用静压轴承、静压导轨，改用低黏度润滑油等，也可用隔热材料将发热部件和机床大件（如床身、立柱等）隔开。

2. 强制冷却散热

　　对发热量大的热源，若不能从机床内部移出，又不便隔热，则可采取强制的风冷、水冷等散热措施。目前大型数控机床、加工中心普遍采用冷冻机对润滑油、切削热进行强制冷却，以提高冷却效果。采用强制冷却法来控制机床的热变形效果显著，图 3-26 所示为一台坐标镗床采用强制冷却的

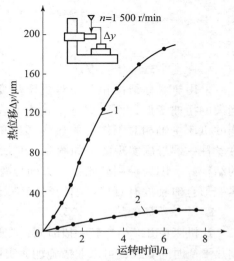

图 3-26　采用强制冷却的实验曲线

实验曲线。在曲线 1 中，没有采用强制冷却，空转 6 h 后，主轴轴线到工作台的距离（垂直方向）产生了 190 μm 的变形量，且尚未达到热平衡；在曲线 2 中，采用强制冷却后，上述热变形减小到15 μm，且工作不到 2 h 便达到了热平衡。

3. 用热补偿的方法减少热变形

单纯的减少温升往往不能收到满意的效果，可采用热补偿方法使机床的温度场比较均匀，从而使机床仅产生不影响加工精度的均匀热变形。

图 3−27 所示为平面磨床采用热空气加热温升较低的立柱后壁，以减少立柱前后壁的温度差而减少立柱的弯曲变形。图中电动机风扇排出的热空气，通过特设的管道导向立柱从而减少了立柱的变形。

图 3−28 所示为 M7150A 型平面磨床所采用的均衡温度场示意图。该机床床身较长，加工时由于工作台纵向运动速度较高，床身上部温升高于下部，使床身产生不均匀的热变形，而使导轨产生中凸。为减少其温差引起的热变形，采用了热补偿方法，将油池 1 搬出主机并做成一个单独的油箱。另外在床身下部开出"热补偿油沟"2，利用带有余热的回油流经床身下部，使床身下部的温度升高，以达到减少床身上下部温差的目的。采用这种措施后，床身下部温差降至 1~2 ℃，导轨中凸量由原来的 0.265 mm 降为 0.052 mm。

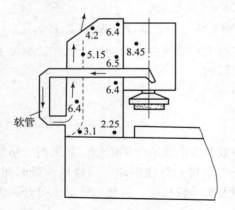

图 3−27　均衡立柱前后壁温度场

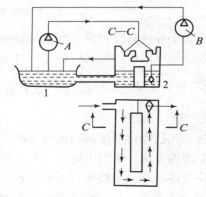

图 3−28　M7150 型平面磨床的热补偿油沟
A，B—液压泵；1—油池；2—热补偿油沟

4. 采用合理的结构设计

采用热对称结构和布局对机床热变形影响很大。在受热影响下，单立柱结构产生相当大的扭曲变形，而双立柱结构由于左右对称，仅产生垂直方向的平移，因此双立柱结构的机床主轴相对工作台的热变形比单立柱结构小得多。外圆磨床砂轮的手动机构是通过丝杠—螺母副实现的，如图 3−29 所示，其中图 3−29（b）的结构就比图 3−29（a）的结构好。因为控制砂轮架 Y 方向位置的丝杠的有效长度 L_2 要比 L_1 短，这样可以使产生热变形且对精度有直接影响的丝杠得以缩短，从而减少热变形对加工精度的影响。

5. 保持机床的热平衡状态

让机床在开车后空转一段时间，在达到或接近热平衡后再进行加工。大型、精密机床达到热平衡时间较长，可采取措施加速实现热平衡，如使机床高速空转，人为给机床加热等，加工一些精密零件时，间断时间内不要停车，以免破坏其热平衡。

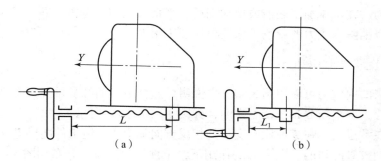

图 3 – 29 支承距离对砂轮架热变形的影响

(a) Y 方向位置的丝杠有效长度长；(b) Y 方向位置的丝杠有效长度短

6. 控制环境温度

精密机床应安装在恒温室内，恒温精度一般控制在 $-1 \sim 1$ ℃之间，精密级为 ± 0.5 ℃，恒温基数按季节调节，春、秋季取 20 ℃，夏季取 23 ℃，冬季取 17 ℃。

3.5 工件内应力引起的加工误差

金属零件在机械加工中都具有不同程度的内应力，其内部组织的不稳定状态使它有恢复到无应力状态的倾向，使原有的加工精度逐渐丧失。

3.5.1 毛坯制造中产生的内应力

在铸、锻、焊等热加工过程中，由于工件各部分热胀冷缩不均匀及金相组织转变时体积的变化，使毛坯内部产生了相当大的内应力。毛坯的结构越复杂，各部分壁厚越不均匀，散热条件差别越大，毛坯内部产生的内应力也越大。具有内应力的毛坯在短时间内还看不出有什么变化，内应力暂时处于相对平衡的状态，但当切除一层金属后，就打破了这种平衡，内应力重新分布后，工件就明显地出现了变形。

图 3 – 30（a）所示为一个内外截面厚薄不同的铸件，在浇铸后的冷却过程中产生内应力的情况。当铸件冷却时，由于壁 1 和 2 比较薄，散热较快，但壁 3 较厚，冷却较慢。结果是壁 1 和 2 受到了压应力，形成了相互平衡的状态。如果在铸件壁 2 上开一个缺口［图 3 – 30（b）］，则壁 2 的压应力消失。铸件在壁 3 和 1 的内应力作用下，3 收缩，1 膨胀，从而发生弯曲变形，直到内应力重新分布达到新的平衡为止。

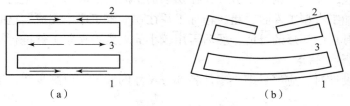

图 3 – 30 铸件因内应力而引起的变形

(a) 内外截面厚度不同；(b) 在壁 2 上开一缺口

1，2，3—铸件壁

相应措施为：在机械加工之前或粗加工后、半精加工前，对铸、锻、焊件毛坯进行退火或正火处理，以消除内应力的影响，保证机械加工精度。

3.5.2 冷校直带来的内应力

冷校直带来的内应力可以用图3-31来说明。丝杠一类的细长轴经过车削后，棒料在轧制中产生的内应力要重新分布，产生弯曲，如图3-31（a）所示。

冷校直是在常温下，在零件原有变形的相反方向加力F，使工件向反方向弯曲，产生塑性变形，以达到校直的目的。在力F的作用下，工件的内部应力分布如图3-31（b）所示，即在轴心线以上部分产生压应力（用"−"号表示），在轴心线以下部分产生拉应力（用"+"号表示）。在轴心线上下两条虚线以外为塑性变形区域，应力分布呈曲线。当外力F去除以后，弹性变形部分可以完全恢复而消失，但塑性变形部分恢复不了，内外层金属就起了相互牵制的作用，产生了新的内应力平衡状态，如图3-31（c）所示。所以冷校直的工件虽然减少了弯曲，但是依然处于不稳定状态，若再加工一次或放的时间长久些，又会产生新的弯曲变形。

对于要求高的工件，需要进行校直、高温时效、再校直、低温时效处理，以克服不稳定的缺点。

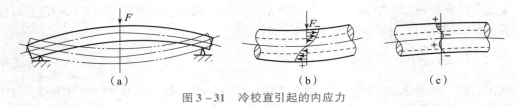

（a）　　　　　　　　（b）　　　　　　　　（c）

图3-31　冷校直引起的内应力

3.5.3 切削加工的附加应力

切削加工对应力的影响有两部分：一是由于切除一层金属，破坏了零件原有的内应力平衡，使内应力重新分布和再平衡；二是切削时，局部表面层在高温、高压下，由于不均匀的塑性变形而产生的应力。

3.5.4 减少或消除内应力的措施

1. 合理安排工艺过程

划分加工阶段，使粗、精加工分开，让切削加工的附加应力所产生的变形在精加工之前就释放出来。在加工大型工件时，粗、精加工往往在一个工序中完成，这时应在粗加工后松开工件，让工件有自由变形的可能，然后再用较小的夹紧力夹紧工件进行精加工。

2. 合理设计零件结构

在零件结构设计时，应尽量缩小零件各部分尺寸的差异，以减少铸、锻毛坯在制造中产生的残余应力。

3. 安排热处理工序

对铸、锻、焊接件进行退火或回火；对精度要求较高的零件如床身、箱体等在粗加工后进行时效处理等。

4. 采取时效处理

（1）自然时效：在毛坯制造之后，或粗、精加工之间，让工件停留一段时间，利用温度的自然变化，经过多次热胀冷缩，使工件的内应力逐渐消除。这种方法效果好，但需要时间长（一般要半年至五年）。

（2）人工时效：将工件放在炉内加热到一定温度，再随炉冷却以达到消除应力的目的。对大型零件，这种方法需要一套很大的设备，其投资和能源消耗较大。

（3）振动时效：以激振的形式将振动的机械能加到含大量内应力的工件内，引起工件内部晶格变化以消除内应力的方法，一般在几十分钟便可消除内应力，适用大小不同的铸、锻、焊接件毛坯及有色金属毛坯。这种方法不需要庞大的设备，所以比较经济、简便，且效率高。

3.6　保证加工精度的工艺措施

本节主要针对在生产实际中如何提高和保证加工精度所采取的一些措施集中进行讨论，以便对保证加工精度的工艺方法有一个全面的了解。

3.6.1　直接减少误差法

直接减少误差法是在查明产生加工误差的主要因素后，设法对其直接进行消除或减少的方法。

如车削细长轴时，由于受轴向切削力的影响，产生压杆失稳，使工件产生弯曲变形。工件弯曲变形后，当高速回转时，在离心力的作用下，加剧了弯曲变形，并引起振动。同时工件在切削热的作用下必然产生伸长，若卡盘和尾座顶尖之间的距离又是固定的，则工件在轴向没有伸缩的余地，因此也产生轴向力，加剧了工件的弯曲变形，如图 3 – 32（a）所示。

在车削细长轴时为了消除和减小上述误差，可以采取下列措施。

（1）采用反向进给的切削方法，如图 3 – 32（b）所示，进给方向由卡盘指向尾座，这样轴向力 F_x 对工件的作用（从卡盘到切削所在点的一段）是拉伸而不是压缩，不存在杆件失稳的条件，同时尾座应用弹性回转顶尖，既可消除轴向切削力 F_x 把工件从切削点到尾座间的压弯问题，又可消除热伸长而引起的弯曲变形。

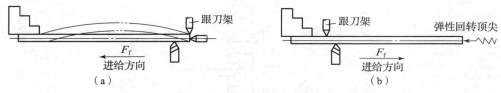

图 3 – 32　顺向进给和反向进给车削细长轴的比较

（a）顺向进给时 F_x 对细长轴起压缩作用；（b）反向进给时 F_x 对细长轴起拉伸作用

（2）采用反向切削和大的主偏角车刀，增大了 F_x 力，工件在强有力的拉伸作用下，还能消除径向的振动，使切削平稳。

（3）在卡盘一端的工件上车出一个缩颈部分（图 3 – 33），缩颈直径 $d \approx D/2$（D 为工件坯料的直径）。工件在缩颈部分的直径减小了，柔性就增加了，消除了由于坯料本身的弯曲而在卡盘强制夹持下轴心线随之歪斜的影响。

3.6.2　误差补偿法

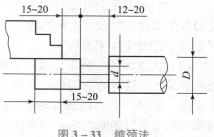

图 3 – 33　缩颈法

　　误差补偿法就是人为地造出一种新的误差，去抵消原来工艺系统中固有的误差，从而达到减少加工误差，提高加工精度的目的。

　　例如，磨床床身导轨是个狭长的构件，刚度较差。生产中发现床身导轨精加工后精度指标完全符合要求，但装上横向进给机构和操纵箱等后，由于这些部件自重的影响，导轨变形而产生了误差。采取的措施是：在精磨导轨时，预先装上横向进给机构和操纵箱等部件，或用相当的配重代替这些部件，使床身在变形状态下进行精加工。这时对单个床身而言加工后有一定的误差，但由于加工条件与装配、使用时的条件一致，人为的加工误差抵消了导轨的弹性变形，就保证了机床导轨的精度。

　　又如，高精度螺纹加工机床常采用一种机械式校正机构，其原理如图 3 – 10 所示。根据测量丝杠 3 的导程误差，设计出校正尺 5 上的校正曲线 7。校正尺 5 固定在机床床身上。加工螺纹时，机床传动丝杠带动螺母 2 及与其相连的刀架和杠杆 4 移动，同时，校正尺 5 上的校正曲线 7 通过触头 6、杠杆 4 使螺母 2 产生一附加运动，而使刀架得到一附加位移，以补偿传动误差。

3.6.3　误差转移法

　　在机床精度达不到零件的加工要求时，通过误差转移的方法，能够用主轴精度较低的机床加工高精度的零件。如镗床镗孔时，孔系的位置精度和孔间距的尺寸精度可依靠镗模和镗杆的精度来保证，镗杆与机床主轴之间采用浮动夹头连接，使镗模与镗杆决定镗孔的加工精度，而机床主轴误差与加工精度无关。

　　对于具有分度或转位的多工位加工工序或采用转位刀架加工的工序，其分度、转位误差将直接影响零件有关表面的加工精度。若将刀具安装到定位的非敏感方向，则可以大大减小其影响，如图 3 – 34 所示。它可使六角刀架转位时的重复定位误差 $\pm \Delta \alpha$ 转移到零件内孔加工表面的误差非敏感方向，以减小加工误差，提高加工精度。

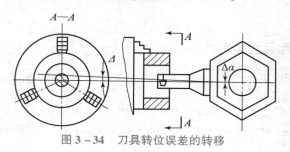

图 3 – 34　刀具转位误差的转移

3.6.4　就地加工法

　　在加工和装配中，有些精度问题涉及很多零件间的相互关系，相当复杂。如果单纯地提高零部件的精度来满足设计要求，有时不仅困难，甚至不可能实现。此时如果采用就地加工法就可解决这种难题。

生产中采用就地加工法，就是对这些重要表面在装配之前不进行精加工，待装配之后，再在自身机床上对这些表面做精加工。

例如，平面磨床的工作台面在装配后做"自磨自"的最终加工；又如车床上修正花盘平面的平面度和修正卡爪与主轴的同轴度等，也是在自身机床上"自车自"或"自磨自"。

3.6.5　误差分组法

在成批生产条件下，对配合精度要求很高的配合中，当不可能用提高加工精度的方法来获得时，则可采用误差分组法。这种方法是先对配偶件进行逐一测量，并按一定的尺寸间隔分成相等数目的组，然后再按相应的组分别进行配对。这种方法实质上是用提高测量精度的手段来弥补加工精度的不足，每组工件的误差就缩小为原来的 $1/n$（n 为组数）。

3.6.6　误差平均法

对配合精度要求很高的轴和孔，常采用研磨方法来达到目的。研具本身并不要求具有高的精度，但它却能在工件作相对运动中对工件进行微量切削，最终达到很高的精度。这种表面间的相对研擦和磨损的过程，也就是误差相互比较和相互消除的过程，称为误差平均法。

3.6.7　控制误差法

从误差的性质来看，常值系统性误差（误差大小为固定值）是比较容易解决的，只要测量出误差值，就可以用误差补偿的方法来达到消除或减小误差的目的。对变值系统性误差（误差大小为不确定值）就不是用一种固定的补偿量所能解决的。在生产中，采用了可变补偿的方法，即在加工过程中采用积极控制办法。积极控制有以下三种形式。

（1）主动测量。在加工过程中随时测量出工件的实际尺寸（或形状及位置精度），随时给刀具附加的补偿量来控制刀具和工件间的位置，直至工件尺寸的实际值与调定值的差值不超过预定的公差为止。现代机械加工中的自动测量和自动补偿就属于这种形式。

（2）偶件配合加工。将互配件中的一件作为基准，去控制另一件的加工精度，在加工过程中自动测量工件的实际尺寸，并和基准件的尺寸比较，直至达到规定的公差值，机床自动停止加工，从而保证偶件的配合精度。

（3）积极控制起决定作用的加工条件。在一些复杂精密零件的加工中，不可能对工件的主要参数直接进行主动测量和控制，这时应对影响误差起决定作用的加工条件进行积极控制，把误差控制在最小的范围内。精密螺纹磨床的自动恒温控制就属于这种积极控制形式的突出实例。

 先导案例解决

1. 原因分析

为了便于分析，作出因果分析图（图 3-35）。

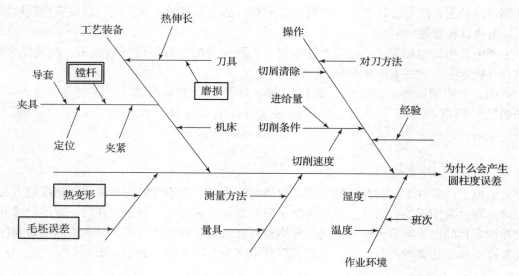

图 3-35 圆柱度误差因果分析图

（1）刀具尺寸磨损。由于精镗是从孔尾部镗向孔头部，刀具尺寸磨损应使头部孔径小于尾部，这与实际情况恰好相反，故这个误差因素可以排除。

（2）刀具热伸长。刀具热伸长将使头部孔径大于尾部，与工件的误差情况一致，因此对刀具热伸长这一因素有必要继续进行研究。

（3）工件热变形。如前所述，可以将该误差因素作为常值系统误差对待，但产生锥度的方向却应与实际误差情况相反。因为开始镗削孔尾部时工件没有温升，其孔径以后也不会变化，在镗到孔头部时工件温升最高，加工后孔径还会缩小，结果将是头部孔径小于尾部，这与实际误差情况也不相符。

（4）毛坯误差的复映。半精镗后有较大的锥度误差，方向也与工件实际误差方向一致，因此加工误差似乎可能是该因素引起的。不过误差复映原是根据单刃刀具加工情况推导而得的规律，而这里所用的是定尺寸（可调）双刃镗刀，镗刀和工件的径向刚度均很大，因此对像孔的尺寸、圆度、圆柱度等一类毛坯误差基本上是不会产生复映的。慎重起见，还是打算再用实验确认一下。

（5）工艺系统的几何误差。由于存在常值系统误差，而且在开始采用该工艺时加工质量是能满足要求的，因此有必要从机床、夹具、刀具的几何误差中去寻找原因。本例镗杆是用万向接头与主轴浮动连接，精度主要由镗模夹具保证而与机床精度关系不大。例如，镗模的回转式导套有偏心或镗杆有振摆，都会引起工件孔径扩大而产生锥度误差，故必须对夹具和镗杆进行检查。

2. 论证

（1）测试刀具热伸长。用半导体点温计测量刀具的平均温升仅 5 ℃，所以刀具的热伸长为

$$\Delta D = A_d \cdot \Delta t = 1.1 \times 10 - 5 \times 70 \times 5 \text{（mm）} = 0.003\ 85 \text{（mm）} = 3.85 \text{（μm）}$$

再用千分尺直接测量镗刀块在加工每一个工件前后的尺寸，也无显著变化，故可断定刀具热伸长不是主要的误差因素。

（2）测试毛坯误差的复映。选取了 4 个半精镗后的工件，其中两个工件的锥度为 0.15 mm，另外两个工件的锥度仅为 0.04～0.05 mm。精镗后发现 4 个工件的锥度均在 0.02 mm左右，也无明显差别。证实了初步分析时的结论，即毛坯误差的复映也不是主要影响因素。

（3）测试夹具和镗杆。对镗模的回转式导套内孔检查，未发现显著径向跳动，但对镗杆在用 V 形块支承后跳动量检查（图 3 - 36）发现，其前端（直径较细的一段）有较大的弯曲，最大跳动量是 0.1 mm。

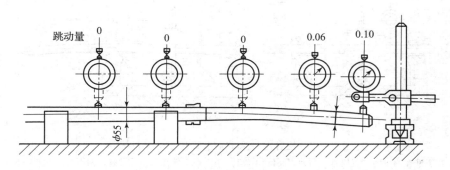

图 3 - 36　镗杆用 V 形块支承后跳动量检查

为了进一步检查镗杆弯曲对加工精度的影响，进行了如下的测试。

首先借助千分表将图 3 - 37 所示的双刃镗刀块宽度 B 调整到与工件所需孔径相等，然后将镗刀块插入镗杆，并按加工时的对刀方法移动工作台，使镗刀块处于工件孔的中间位置时，用千分表测量两刀刃，使两刀刃对镗杆回转中心对称并固紧［见图 3 - 37（a）］。对好刀后，将镗刀块先后分别移到镗孔尾部和镗孔头部的位置［图 3 - 37（b）及（c）］，再测量两刀刃的高低差别。结果发现：在工件孔的中间位置检查，两刀刃高低差为 0 μm；在孔尾部，两刀刃高低相差 5 μm；而在孔头部，却相差 30 μm。这样显然会造成工件头部的孔径大于尾部。下面进一步说明为什么镗杆弯曲会造成镗刀两刀刃高低差。

当镗杆有了弯曲时，在图 3 - 37（a）的位置上，装刀块处的镗杆几何中心就偏离了其回转中心，设偏移量为 e。如上所述，刀刃的调整正是在这一位置上进行的。既然调整时使两刀刃对镗杆回转中心相对称，那么两刀刃对镗杆的几何中心必然不对称，即有了 $2e$ 的高低差。

由于镗杆主要在前端弯曲，因此在镗削工件孔的头部时［图 3 - 37（c）］，镗杆的弯曲部分已经伸出右方导套之外，此时两个导套之间的镗杆已无弯曲，镗杆的几何中心也就与回转中心重合了。但是上面说过，两刀刃对镗杆几何中心是有着 $2e$ 的高低差别的，因此这时两刀刃对镗杆回转中心也就产生了 $2e$ 的高低差。这就是所测得的两刀刃高度差为 30 μm 的原因。

镗削工件孔尾部时，镗杆弯曲仍在两个导套之间，因而其影响仍然存在。只是其影响大小略有变化，即此处两刀刃对镗杆回转中心的高低差为 5 μm。

因此，由于镗杆弯曲引起的尾座体孔锥度误差（实际上是两端孔径差）是 30 - 5 = 25（μm）。在实际加工中，由于两刀刃不对称，切削力也不等，因而引起镗杆变形，故两端孔径差将小于 25 μm。

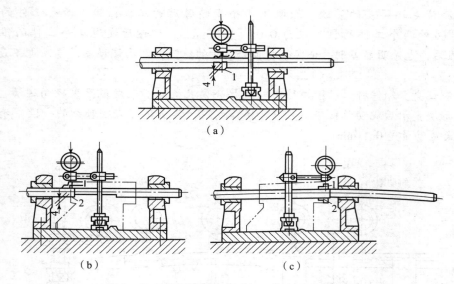

图 3 – 37　检查镗杆弯曲对加工精度影响的方法

(a) 在工件孔的中间位置检查，两刀刃高低相差 0；(b) 在工件孔的尾端检查，两刀刃高低相差 5 μm；

(c) 在工件孔的头部检查，两刀刃高低差为 30 μm

引起锥度波动的主要原因之一是镗杆与导套间有切屑、杂物的影响。在每次装入镗杆前仔细清理镗杆与导套，锥度误差的分散范围就会显著减少。

生产学习经验

1. 加工精度是评定零件质量的一项重要指标。在实际生产中，都是用控制加工误差来保证加工精度，加工误差越小，加工精度越高。一般来说，零件的加工精度越高则相应加工成本也越高，相对生产率越低。因此，应根据零件的使用要求合理地规定零件的加工精度，并在保证加工精度的前提下尽量提高生产率和降低成本。

2. 零件的加工精度包含尺寸精度、形状精度和位置精度。零件的尺寸精度主要通过试切法、调整法、定尺寸刀具法和自动控制法来获得；形状精度则由机床精度或刀具精度来保证；位置精度主要取决于机床精度、夹具精度和工件的安装精度。这三方面的精度既有区别又有联系，一般来说，形状误差应该限制在位置公差内，而位置误差要限制在尺寸公差内。

3. 重点学会分析影响加工精度的各种因素及其存在规律，如工艺系统的几何误差、工艺系统受力变形、工艺系统热变形等对加工精度的影响，从而找出减少加工误差，提高加工精度的合理途径。

 本章小结

本章主要介绍了工艺系统的几何误差、工艺系统受力变形、工艺系统的热变形、提高加工精度的措施等内容。小结如下：

```
                          ┌ 加工原理误差        ┌ 主轴回转误差    ┌ 导轨在水平面内直线度误差
                          │                    │                │ 导轨在垂直面内直线度误差
                          │ 机床的几何误差 ───┤ 机床导轨误差 ─┤ 导轨面间平行度误差
              ┌ 工艺系统  │                    │                └ 导轨对主轴轴心线平行度误差
              │ 几何误差  │                    └ 机床传动链误差
              │          │ 刀具误差
              │          │ 夹具误差
              │          │ 装夹误差
              │          │ 调整误差
              │          └ 测量误差
              │                        ┌ 切削力作用点位置变化而产生的变形引起的误差
              │          工艺系统受    │
              │ 工艺系  ─ 力变形误差 ─┤ 切削力变化而引起的加工误差
  加          │ 统误差   │            └ 惯性力、传动力、重力和夹紧力所引起的误差
  工          │          │
  精 ─────────┤          │ 工艺系统受   ┌ 机床热变形对加工精度的影响
  度          │           热变形误差 ─┤ 工件热变形对加工精度的影响
              │          │            └ 刀具的热变形对加工精度的影响
              │          │
              │          │ 工件内应力引  ┌ 毛坯制造中产生的内应力
              │           起的加工误差 ─┤ 冷校直带来的内应力
              │                        └ 切削加工的附加应力
              │          ┌ 直接减少误差法
              │          │ 误差补偿法
              │ 保证加工精度│ 误差转移法
              └ 的工艺措施 ┤ 就地加工法
                         │ 误差分组法
                         │ 误差平均法
                         └ 控制误差法
```

思考题与习题

1. 设计车床进给箱时，经常要考虑车削蜗杆时交换齿轮的配置问题。如果选交换齿轮 $\dfrac{39}{48} \times \dfrac{58}{30} \approx \pi$ 作为近似值，求采用这种速比来车削长度 $L = 100$ mm 的蜗杆时，蜗杆的轴向齿轮距累积误差是多少？此为何种类型的原始误差所产生？

2. 图 3-38 所示套筒材料为 20 钢，当其在外圆磨床上用心轴定位磨削外圆时，由于磨削区的高温，试分析外圆及内孔处残余应力的符号。若用锯片铣开此套筒，问铣开后的两个半圆环将产生什么样的变形？

3. 解释加工误差、加工精度的概念以及它们之间的区别。

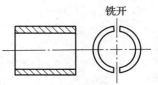

图 3-38　思考题与习题 2 图

4. 原始误差包括哪些内容？

5. 主轴回转运动误差分为哪三种基本形式？对加工精度的影响有哪些？

6. 在卧式镗床上对箱体件镗孔，试分析采用刚性主轴镗杆、浮动镗杆（指与主轴连接方式）和镗模夹具时，影响镗杆回转精度的主要因素。

7. 试比较采用顺向进给和反向进给两种方法车削细长轴的结果。

8. 减小工件热变形对加工精度的影响措施有哪些？

9. 引起工件内应力的原因有哪些？可采取哪些措施减小或消除工件的内应力？

10. 提高加工精度的工艺措施有哪些？

第4章

机械加工表面结构

本章知识点

1. 机械加工表面结构及对使用性能的影响；
2. 影响加工表面粗糙度的工艺因素及其改善措施；
3. 影响表层金属力学物理性能的工艺因素及其改善措施；
4. 机械加工工艺过程中的振动。

先导案例

如图 4-1 所示液压缸，为保证活塞与内孔的相对运动顺利，对孔的形位精度要求和表面结构要求均较高，采用何种工艺才能保证内孔尺寸精度和表面粗糙度？

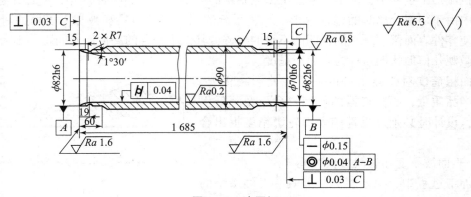

图 4-1　液压缸

随着机械制造业的飞速发展，对机械零件的耐磨性、耐腐蚀性和疲劳强度等使用性能提出越来越高的要求。因此，研究影响表面结构的工艺因素及变化规律，改善机械加工的表面结构，对保证产品质量与性能具有重要意义。

4.1　概　述

机械零件的加工质量，除了加工精度外，还有表面结构。机械加工的表面结构是指零件加工后的表面层状态，它是判定零件质量优劣的重要依据。机械零件的失效，大多是由于零件的磨损、腐蚀或疲劳破坏等原因所致。而磨损、腐蚀、疲劳破坏等都是从零件表面开始的，由此可见，零件表面结构将直接影响零件的工作性能，尤其是可靠性和寿命。

4.1.1 表面结构的主要内容

产品的工作性能，尤其是它的可靠性和耐久性等在很大程度上取决于其主要零件的表面结构。表面结构是由实际表面的重复或偶然的偏差所形成的表面三维形貌，包括表面粗糙度、表面波纹度、形状误差、纹理方向和表面缺陷。其组成如下：

$$表面结构\begin{cases}表面轮廓（形状误差、表面波纹度、表面粗糙度）\\表面缺陷\end{cases}$$

1. 表面轮廓

表面轮廓指一个指定平面与实际表面相交所得到的轮廓，如图 4-2 所示。实际表面是物体与周围介质分离的表面，实际表面轮廓指由理想平面与实际表面相交所得的轮廓，表面轮廓属重复性表面结构。充分考虑了对零件表面结构影响的多种因素，除表面粗糙度外，还有在机械加工过程中，由于机床、工件和刀具系统的振动，在工件表面所形成的间距比粗糙度大得多的表面不平度，即波纹度的影响。所以，表面粗糙度、表面波纹度以及表面几何形状误差总是同时生成并存在于同一表面上综合影响零件的表面轮廓。

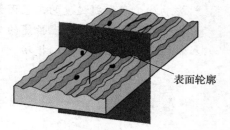

图 4-2 表面轮廓

1）表面粗糙度

在机械加工过程中，由于整个加工工艺系统的原因，会在零件表面留下加工误差。在切削过程中由于切屑分离时的塑性变形、工艺系统的振动以及刀具和被加工表面的摩擦等原因，会使零件表面留下微小的、凹凸不平的痕迹，其微小峰谷的高低以及间距的细密程度所构成的微观几何形状误差称为表面粗糙度。

表面粗糙度对机器零件的使用性能影响很大，为保证产品质量、提高机器的使用寿命以及降低生产成本，设计时必须对零件的表面轮廓精度提出合理要求。

2）表面波纹度和表面形状误差

在加工过程中，由于机床—刀具—工件系统的强迫振动、刀具进给的不规则和回转质量的不平衡等原因，在零件表面留下的波距较大且具有较强周期性的误差称为表面波纹度。

由于刀具导轨倾斜等原因造成的误差则为宏观的表面形状误差。表面轮廓误差如图 4-3（a）所示。

3）表面粗糙度、表面波纹度、表面形状误差的划分

表面粗糙度、表面波纹度和表面形状误差的划

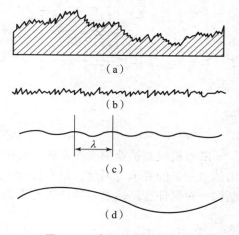

图 4-3 表面几何形状误差
及其组成成分

（a）原始轮廓；（b）$\lambda < 1$ mm；
（c）$\lambda = 1 \sim 10$ mm；（d）$\lambda > 10$ mm

分，通常按相邻两波峰或波谷之间的距离，即波距的大小来划分，或按波距与波幅（峰谷高度）的比值来划分。如图 4 – 3 （b）所示，波距小于 1 mm 并呈周期性变化的，属于表面粗糙度范围；如图 4 – 3 （c）所示，波距为 1~10 mm 并呈周期性变化的，属于表面波纹度范围；如图 4 – 3 （d）所示，波距在 10 mm 以上且无明显周期变化的，属于表面形状误差。

2. 表面缺陷

表面缺陷指在加工、使用或储存期间，非故意或偶然生成的实际表面的单元体、成组的单元体或不规则体。表面缺陷的主要类型有凹缺陷、凸缺陷、混合表面缺陷、区域和外观缺陷。

（1）凹缺陷：向内的缺陷，主要有沟槽、擦痕、破裂、毛孔、砂眼、缩孔、裂缝（缝隙、裂隙）、缺损、（凹面）瓢曲、窝陷等，如图 4 – 4 （a）所示。

（2）凸缺陷：向外的缺陷，主要有树瘤、疱疤、（凸面）瓢曲、氧化皮、夹杂物、飞边、缝脊、附着物等，如图 4 – 4 （b）所示。

（3）混合表面缺陷：部分向外和部分向内的表面缺陷，主要有环形坑、折叠、划痕、切削残余等，如图 4 – 4 （c）所示。

（4）区域和外观缺陷：散布在最外层表面上不连续区域，如球轴承、滚珠轴承和轴承座圈上形成的雾状表面损伤。区域和外观缺陷主要有滑痕、磨蚀、腐蚀、麻点、裂纹、斑点（斑纹）、褪色、条纹、劈裂（鳞片）等，如图 4 – 4 （d）所示。

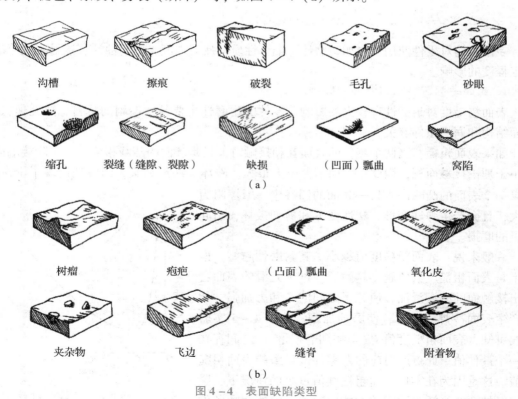

沟槽　　　　擦痕　　　　破裂　　　　毛孔　　　　砂眼

缩孔　　裂缝（缝隙、裂隙）　　缺损　　（凹面）瓢曲　　窝陷

（a）

树瘤　　　　疱疤　　　　（凸面）瓢曲　　　　氧化皮

夹杂物　　　　飞边　　　　缝脊　　　　附着物

（b）

图 4 – 4 表面缺陷类型
（a）凹缺陷；（b）凸缺陷

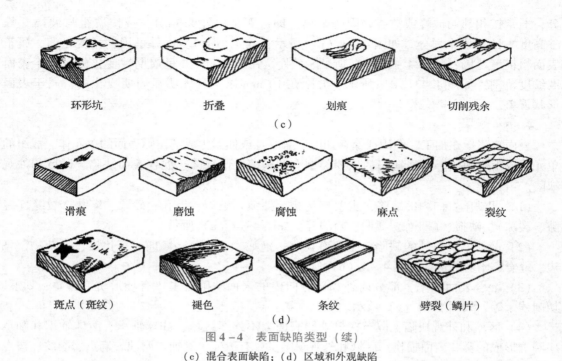

环形坑　　　　　折叠　　　　　划痕　　　　切削残余

（c）

滑痕　　　磨蚀　　　腐蚀　　　麻点　　　裂纹

斑点（斑纹）　　　褪色　　　　条纹　　　劈裂（鳞片）

（d）

图 4-4　表面缺陷类型（续）

（c）混合表面缺陷；（d）区域和外观缺陷

4.1.2　表面结构对零件使用性能的影响

表面结构对零件使用性能如耐磨性、配合性质、疲劳强度、抗腐蚀性、接触刚度等都有一定程度的影响。

1. 表面结构对零件耐磨性的影响

表面粗糙度对耐磨性有较大的影响。零件的耐磨性主要与摩擦副的材料、热处理状况、表面结构和润滑条件有关。

如果表面粗糙，当两个零件的表面互相接触时，只是表面的凸峰相接触，实际接触面积远小于理论接触面积，因此单位面积上压力很大，破坏了润滑油膜，凸峰处出现了干摩擦。如果一个表面的凸峰嵌入另一表面的凹谷中，摩擦阻力很大，且会产生弹性变形、塑性变形和剪切破坏，引起严重的磨损。

一般来说，表面粗糙度值越小，其耐磨性越好。但并不是表面粗糙度数值越小越耐磨。过于光滑的表面会挤出接触面间的润滑油，使分子之间的亲和力加强，从而产生表面冷焊、胶合，使磨损加剧。从图 4-5 实验曲线可知，表面粗糙度值 Ra 与初期磨损量 Δ_0 之间存在着一个最佳值。此点所对应的是零件最耐磨的表面粗糙度值。这是因为在零件表面粗糙度值过小的情况下，紧密接触的两个光滑表面间储油能力很差，致使润滑条件恶化，两表面金属分子间产生较大亲和力，因黏合现象

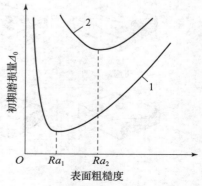

图 4-5　初期磨损与零件表面粗糙度

1—轻载荷；2—重载荷

而使表面产生"咬焊"，导致磨损加剧。因此零件摩擦表面粗糙度值偏离最佳值太大，无论是偏高还是偏低，都是不利的。就零件的耐磨性而言，最佳表面粗糙度 Ra 在 $0.8 \sim 0.2$ μm 之间为宜。

零件表面纹理形状和纹理方向对表面耐磨性也有显著影响：在轻载并充分润滑的运动副中，两配合面的刀纹方向相同时，耐磨性较好；与运动方向垂直时，耐磨性最差；其余的情况，介于上述两者之间。而在重载又无充分润滑的情况下，两结合表面的刀纹方向垂直时磨损较小。由此可见，重要的零件最终加工应规定最后工序的加工纹理方向。

加工硬化能提高耐磨性，但过度的硬化会使表面层产生裂纹和表面层剥落、磨损加剧，耐磨性下降。

表面层金属的残余应力和金相组织变化也对耐磨性有影响。

2. 表面结构对配合性质的影响

表面粗糙度大，磨合后会使间隙配合的间隙增大，降低配合精度。对于过盈配合而言，装配时配合表面的凸峰被挤平，减小了实际过盈量，且降低了连接强度，影响了配合的可靠性。

表面加工硬化严重，将可能造成表层金属与内部金属脱离的现象，也将影响配合精度和配合质量。

残余应力过大，将引起零件变形，使零件的几何尺寸和形状改变，而破坏配合性质和配合精度。

3. 表面结构对零件疲劳强度的影响

表面粗糙度值大，在交变载荷作用下，零件容易引起应力集中并扩展疲劳裂纹，造成疲劳损坏。例如，表面粗糙度 Ra 由 0.4 μm 降到 0.04 μm 时，对于承受交变载荷的零件，其疲劳强度可提高 $30\% \sim 40\%$。表面粗糙度值越大，疲劳强度降低得越厉害。

合理地安排加工纹理方向及零件的受力方向有利于疲劳强度的提高。

残余应力与疲劳强度有极大关系，残余压应力提高零件的疲劳强度，而残余拉应力使疲劳裂纹加剧，降低疲劳强度。带有不同残余应力表面层的零件，其疲劳寿命可相差数倍至数十倍。

适当加工硬化有助于提高零件中的疲劳强度。

4. 表面结构对零件抗腐蚀性的影响

零件在介质中工作时，腐蚀性介质会对金属表层产生腐蚀作用。表面粗糙的凹谷，容易沉积腐蚀性介质而产生化学腐蚀和电化学腐蚀，如图 4 - 6 所示。腐蚀性介质按箭头方向产生侵蚀作用，逐渐渗透到金属的内部，使金属层剥落、断裂形成新的凹凸表面。然后，腐蚀又由新的凹谷向内扩展，这样重复下去使工件的表面遭到严重的破坏。表面光洁的零件，凹谷较浅，沉积腐蚀介质的条件差，不太容易腐蚀。

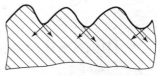

图 4 - 6　表面腐蚀过程

凡零件表面存在残余拉应力，都将降低零件的抗腐蚀性，但零件表层残余压应力和一定程度的强化都有利于提高零件的抗腐蚀能力。

5. 表面结构对零件接触刚度的影响

表面粗糙度值大，零件之间接触面积减小，接触刚度减小，表面粗糙度值小，零件的配合表面的实际接触面积大，接触刚度大。

加工硬化，能提高表层的硬度，增加表层的接触刚度。

机床导轨副的刮研、精密轴类零件加工时，顶尖孔的修研等，都是生产中提高配合精度和接触刚度行之有效的方法。

另外，表面结构好能提高密封性能，降低相对运动零件的摩擦系数，减少发热和功率消耗，减少设备的噪声等。

4.2 影响加工表面粗糙度的工艺因素及改善措施

影响表面粗糙度的因素很多，本书仅作切削加工和磨削加工两方面的介绍。

4.2.1 切削加工影响表面粗糙度的因素

机械加工中，产生表面粗糙度的主要原因可归纳为三个方面：刀具在工件表面留下的残留面积、切削过程的物理方面的原因以及切削时的振动。

1. 刀刃在工件表面留下的残留面积

对车削加工在理想条件下，刀具相对工件作进给运动时，加工表面上遗留下来的切削层残留表面形成理论表面粗糙度，如图4-7所示。在被加工表面上残留的面积越大，获得的表面越粗糙。

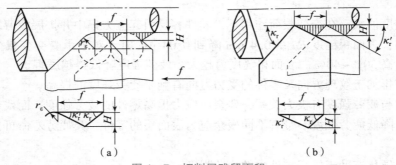

图4-7 切削层残留面积

(a) 尖刀切削；(b) 带圆角半径 r_0 的切削

当刀尖圆弧半径为 r_ε 时 ［图4-7（a）］

$$R_\varepsilon = H = \frac{f^2}{8r_\varepsilon} \tag{4-1}$$

当刀具圆弧半径为零时 ［图4-7（b）］

$$R_\varepsilon = H = \frac{f}{\cos\kappa_r + \cos\kappa_r'} \tag{4-2}$$

由式（4-1）、式（4-2）可知，用单刃刀切削时，残留面积只与进给量 f、刀尖圆角半径 r_0 及刀具的主偏角 k_r、副偏角 k_r' 有关。减小进给量 f，减小主、副偏角，增大刀尖圆角半径，都能减小残留面积的高度 H，也就降低了零件的表面粗糙度值。

进给量 f 对表面粗糙度影响较大，当 f 值较低时，有利于表面粗糙度值的降低。减小主、副偏角，均有利于表面粗糙度值的降低。一般在精加工时，主、副偏角对表面粗糙度值的影响较小。

2. 切削过程的物理方面的原因

1）工件材料的性质

塑性材料与脆性材料对表面粗糙度都有较大的影响。

（1）积屑瘤的影响（塑性材料）

在一定的切削速度范围内加工塑性材料时，由于前刀面的挤压和摩擦作用，使切屑的底层金属流动缓慢而形成滞流层，此时切屑上的一些小颗粒就会黏附在前刀面上的刀尖处，形成硬度很高的楔状物，称为积屑瘤，如图 4-8 所示。

积屑瘤的硬度可达工件硬度的 2~3.5 倍，它可代替切削刃进行切削，由于积屑瘤的存在，刀具上的几何角度发生了变化，切削厚度也随之增大，因此将会在已加工表面上切出沟槽。积屑瘤生成后，当切屑与积屑瘤的摩擦大于积屑瘤与刀面的冷焊强度或受到振动、冲击时，积屑瘤会脱落，又会逐渐形成新的积屑瘤。由此可见，积屑瘤的生成、长大和脱落，使切削发生波动，并严重影响工件的表面结构。脱落的积屑瘤碎片还会在工件的已加工表面上形成硬点，因此，积屑瘤是增大表面粗糙度数值不可忽视的因素。

（2）鳞刺的影响

在已加工表面产生鳞片状毛刺，称作鳞刺，如图 4-9 所示，鳞刺也是增大表面粗糙度数值的一个重要因素。

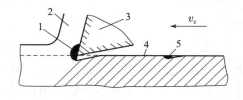

图 4-8　积屑瘤

1—积屑瘤；2—切屑；3—刀具；4—已加工表面；
5—嵌入工件表面的积屑瘤

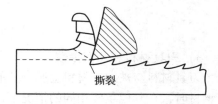

图 4-9　鳞刺的产生

形成鳞刺的原因有以下三个方面。

①机械加工系统的振动。

②由于切屑在前刀面上的摩擦和冷焊作用，切屑在前刀面上产生周期性停留，从而挤拉已加工表面。这种挤拉作用，严重时会使表面出现撕裂现象。

（3）脆性材料

在加工脆性材料时，切屑呈不规则的碎粒状，加工表面往往出现微粒崩碎痕迹，留下许多麻点，加大表面粗糙度值。

2）切削用量

在切削用量的三个要素中，进给量和切削速度对表面粗糙度的影响比较显著，背吃刀量对表面粗糙度的影响比较轻微，它不是主要的影响因素。

由式（4-1）、式（4-2）可以看出，进给量 f 会显著影响加工后切削层残留面积的高度，从而对表面粗糙度有明显影响。另外也要注意，减小进给量固然可以降低残留面积的高度而减小表面粗糙度值，但随着 f 的减小，切削过程的塑性变形程度却增加了。当 f 小到一定程度（一般为 $0.02 \sim 0.05$ mm/r）时，塑性变形的影响上升到主导地位。再进一步减小 f，不仅不能使表面粗糙度值减小，相反还有增大的趋势，同时，过小的 f 还会因刃口钝圆圆弧无法切下切屑而引起附加的塑性变形使表面粗糙度值增大。过小的背吃刀量也是如此。

切削速度 v_c 对表面粗糙度的影响因工件材料而异。对于塑性材料，一般情况下，低速或高速切削时不会产生积屑瘤，故加工表面粗糙度值都较小。但在中等切削速度下，塑性材料的工件容易产生积屑瘤或鳞刺，且塑性变形较大，因此加工表面粗糙度值会变大，如图 4 – 10 所示。对于脆性材料，加工表面粗糙度主要是由脆性碎裂而成，与切削速度关系较小。所以精加工塑性材料时往往选择高速或低速精切，以获得较小的表面粗糙度值。

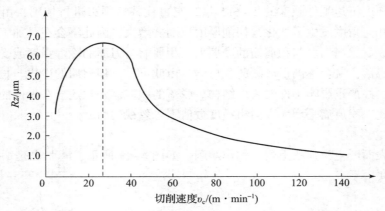

图 4 – 10　加工塑性材料时切削速度对表面粗糙度的影响

3）刀具材料和几何参数

刀具材料与被加工材料金属分子的亲和力大时，切削过程中容易生成积屑瘤。例如，加工钢材时，在其他条件相同的情况下，用硬质合金刀具加工时，其表面粗糙度值比用高速钢刀具时小。

在刀具几何参数方面，增大前角可减少切削过程中的塑性变形，有利于抑制积屑瘤的产生，中、低速切削对表面粗糙度有一定的影响。过小的后角会增加后面与已加工表面的摩擦，刃倾角的大小会影响刀具的实际前角，因此都会对表面粗糙度产生影响。

刀具经过仔细刃磨，减小其刃口钝圆半径，减小前、后面的表面粗糙度值，能有效地减小切削过程中的塑性变形，抑制积屑瘤的产生，因而也对减小表面粗糙度值有不容忽视的影响。

4）切削液

切削液在加工过程中具有冷却、润滑和清洗作用，能降低切削温度和减轻前、后刀面与工件的摩擦，从而减少切削过程中的塑性变形并抑制积屑瘤和鳞刺的生长，对降低表面粗糙度值有很大作用。

5）工艺系统的高频振动

工艺系统的高频振动，使工件和刀尖的相对位置发生微幅振动，故表面粗糙度值增大。

4.2.2　磨削加工影响表面粗糙度的工艺因素及其改善措施

磨削时，磨削速度很高，砂轮表面有无数颗磨粒，每颗磨粒相当于一个刀刃，磨粒大多为负前角，单位切削力比较大，故切削温度很高，磨削点附近的瞬时温度可高达 800 ~ 1 000 ℃。这样高的温度常引起被磨削表面烧伤，使工件变形和产生裂纹。同时，由于磨粒大多数为负前角，且磨削厚度很小，所以加工时大多数磨粒只在工件表面挤压而过，工件材料受到多次挤压，反复出现塑性变形。磨削时的高温，更加剧了表面塑性变形，使表面粗糙度值增大。

影响磨削表面粗糙度的因素很多，主要有砂轮的线速度 v_s、工件的线速度 $v_工$、纵向、横向进给量 f（图 4 – 11）、砂轮的性质及工件材料等。

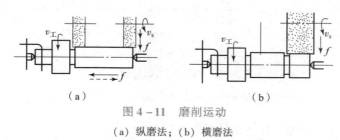

图 4 – 11　磨削运动

（a）纵磨法；（b）横磨法

1. 砂轮的线速度

如图 4 – 12 所示，随着砂轮线速度 v_s 的增加，在同一时间里参与切削的磨粒数也增加，每颗磨粒切去的金属厚度减小，残留面积也减小，而且高速磨削可减少材料的塑性变形，使表面粗糙度值 Ra 降低。

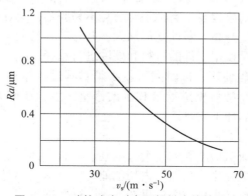

图 4 – 12　砂轮速度对表面粗糙度值的影响

2. 工件的线速度

如图 4 – 13 所示，在其他磨削条件不变的情况下，随工件线速度 $v_工$ 的降低，每颗磨粒每次接触工件时切削厚度减少，残留面积也减小，因而表面粗糙度值降低。但工件线速度过低时，工件与砂轮接触的时间长，传到工件上的热量增多，甚至会造成工件表面金属微熔，反而使表面粗糙度值增加，而且还增加表面烧伤的可能性。因此，通常取工件线速度等于砂轮线速度的 1/60。

3. 进给量

采用纵磨法磨削时，随纵向进给量的增加，表面粗糙度值也增加，横向磨削时增加横向进给量（即切削深度）会增大表面粗糙度。

光磨是无进给量磨削，是改善磨削表面结构的重要手段之一。光磨次数越多，表面粗糙

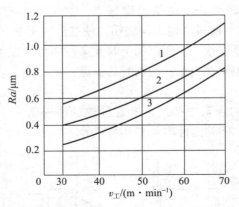

图 4 – 13 工件的线速度 $v_工$ 对表面粗糙度值的影响

1—$a_p = 0.03$ mm；2—$a_p = 0.02$ mm；3—$a_p = 0.01$ mm

度值越低。砂轮的粒度越细，光磨的效果就越好。

4. 砂轮的性质

砂轮的粒度、硬度及修整等对表面粗糙度影响较大。

（1）砂轮的粒度。粒度越细，砂轮单位面积上的磨粒越多，每颗磨粒切去的金属厚度小，刻痕也细，表面粗糙度值就低。

（2）砂轮的硬度。砂轮太软，磨粒易脱落，有利于保持砂轮的锋利，但很难保证砂轮表面微刃的等高性。砂轮如果太硬，磨钝了的磨粒不易脱落，会加剧与工件表面的挤压和摩擦作用，造成工件表面温度升高，塑性变形加大，并且还容易使工件产生表面烧伤。所以砂轮的硬度以适宜为好，主要根据工件的材料和硬度进行选择。

（3）砂轮的修整。砂轮使用一段时间后就必须对其进行修整，及时修整砂轮有利于获得锋利和等高的微刃，较小的修整进给量和小的修整深度，还能大大增加砂轮的切削刃个数，这些均有利于提高表面加工质量。

5. 工件材料

工件材料的性质对表面粗糙度影响较大，太硬、太软、太韧的材料都不容易磨光。这是因为材料太硬时，磨粒很快钝化，从而失去切削能力；材料太软时砂轮又很容易被堵塞；而韧性太大且导热性差的材料又容易使磨粒早期崩落。这些都不利于获得低的表面粗糙度值。

此外，切削液的选择与净化、磨床的性能、操作工的技能水平等对磨削表面粗糙度均有不同程度的影响，因此这些也是不可忽视的因素。

4.3 影响加工表面物理力学性能的因素

在机械加工中，工件由于受到切削力和切削热的作用，其表面层的力学、物理性能将产生很大的变化，故造成与基体材料性能的差异。这些差异主要为表面层的金相组织和硬度的变化及表面层出现残余应力。

4.3.1 表面层物理力学性能

表面层物理力学性能主要是指以下三个方面。

（1）表面层的加工硬化。工件在机械加工过程中，表面层金属产生强烈的塑性变形，使表层的强度和硬度都有所提高，这种现象称为表面加工硬化。

（2）表面层金相组织的变化。磨削时的高温常会引起表层金属的金相组织发生变化（通常称之为磨削烧伤），由此大大降低表面层的物理力学性能。

（3）表面层残余应力。在切削（磨削）加工过程中，由于切削变形和切削热等的影响，工件表层及其与基体材料的交界处会产生相互平衡的弹性应力，称为表面层的残余应力。表面层残余应力如超过材料的强度极限，就会产生表面裂纹，表面的微观裂纹将给零件带来严重的隐患。

4.3.2　表面层的加工硬化

表面层的加工硬化是指在机械加工过程中，工件表面金属受到切削力的作用，产生强烈的塑性变形，使工件表面硬度提高，塑性降低。同时，切削热在一定条件下会使工件表面的冷硬产生回复现象（已加工硬化的金属回复到正常状态），这一现象也称为软化；更高的温度还将引起相变。因此，受切削力和切削温度影响，金属已加工表面的加工硬化是硬化、软化和相变作用综合作用的结果。

影响表面层加工硬化的主要因素有以下五个方面。

（1）切削力。在切削温度低于金属再结晶温度条件下，切削力越大，塑性变形越大，硬化程度也越大，硬化层深度也越大。增大进给量、切削深度和减小刀具前角，都会增大切削力，因此都会使加工硬化严重。

（2）切削温度。切削时产生的热量会对工件的表面层硬化产生软化作用，因此切削温度越高，表面层的加工硬化回复程度就越大。

（3）刀具。刀具的前角 γ_0 增大，可减小塑性变形。刀具刃口半径增大，刀具对表面层的挤压作用加大，硬化加剧。刀具后刀面的磨损量增大，加大了后刀面与已加工面之间的摩擦，硬化加剧。

（4）切削用量。切削速度增大，硬化层深度和硬度都有所减小。因为，一方面切削速度增大使温度升高，有助于冷硬的回复；另一方面切削速度增大，刀具与工件接触时间短，塑性变形程度减小。进给量增大，切削力增大，塑性变形程度加剧，硬化现象增大。背吃刀量增大，切削力增大，塑性变形增大，硬化程度增加。

（5）工件材料。工件材料塑性越好、硬度越低、塑性变形越大，切削加工的表面层硬化现象越严重。

4.3.3　表面层金相组织的变化

1. 表面层金相组织的变化与磨削烧伤

机械加工过程中，在工件的加工区由于切削热会使加工表面温度升高。当温度超过金相组织变化的临界点时，就会产生金相组织变化。对于一般切削加工，切削热大部分被切屑带走，影响不严重。但对磨削加工而言，用于其产生的单位面积上的切削热要比一般切削加工大数十倍，故工件表面温度可高达 1 000 ℃ 左右，这必然会引起表面层金相组织的变化，使表面硬度下降，伴随产生残余拉应力及裂纹，从而使工件的使用寿命大幅降低，这种现象称为磨削烧伤。磨削烧伤产生时，工件表面层常会出现黄、褐、紫、青等烧伤色，它们是工件表面由于瞬间高温引起的氧化膜颜色。

2. 影响磨削烧伤的因素及改善措施

1）磨削用量

磨削用量主要包括磨削深度、工件纵向进给量及工件速度。当磨削深度增加时，磨削烧伤也增加。工件纵向进给量的增加使磨削烧伤减轻。增大工件速度，金相组织来不及变化，总的来说，可以减轻磨削烧伤。

对于增加进给量、工件速度而导致的表面粗糙度增大，一般采用提高砂轮转速及较宽砂轮来补偿。

2）冷却方法

采用切削液带走磨削区的热量可以避免烧伤，但目前通用的冷却方法冷却效果较差，原因是切削液未能进入磨削区。

3）工件材料

工件材料硬度越高，磨削发热量越多，但材料过软，易堵塞砂轮，反而使加工表面温度急剧上升。

工件的强度可分为高温强度与常温强度。高温强度越高，磨削时所消耗的功率越多。例如，在室温时，45 钢的强度比 20CrMo 合金钢的强度高 65 N/mm²，但在 600 ℃时，后者的强度却比前者高 180 N/mm²，因此 20CrMo 钢的磨削发热量比 45 钢大。

工件的韧性越大，所需的磨削力也越大，发热也越多。导热性差的材料，如轴承钢、高速钢等在磨削加工中更易产生金相组织的变化。

4）砂轮

不同特性的砂轮对磨削烧伤的影响不同。砂轮的特性包括磨料、粒度、结合剂、硬度、组织、强度等，其中磨料、粒度、结合剂、硬度对磨削加工的磨削烧伤影响较大。防止磨削烧伤必须选用合适的砂轮。

（1）刚玉类磨料韧性较好，适用于磨削抗拉强度较好的材料，如各种钢材；碳化硅类磨料硬度比刚玉高，磨粒锋利，导热性好，但韧性较差，不宜磨削钢料等韧性金属，适用于磨削脆性材料，如铸铁、硬质合金等；超硬类磨料金刚石是目前已知物质中最硬的一种材料，其刃口非常锋利，导热性和切削性能极好，主要用于加工其他磨料难以加工的高硬度材料，如硬质合金、光学玻璃等，但不宜加工铁族金属；立方氮化硼是磨削高硬度、高韧性、难加工钢材的一种新磨料。

（2）砂轮的粒度对磨削的粗糙度和磨削效率有很大影响，磨削时要合理选择砂轮的粒度。粒度要根据工件材料性质、磨削的内容、砂轮的种类及表面粗糙度要求等进行选择。如果粒度过细，切屑容易堵塞砂轮，使工件表面温度增高，塑性变形加大，表面粗糙度值增加及引起烧伤，但如果选用粗粒度砂轮磨削时，既可减少发热量，又可在磨削塑性较大材料时避免砂轮的堵塞。

（3）结合剂的种类及其性质对表面粗糙度和磨削温度也有一定的影响。砂轮结合剂应选用具有一定弹性的材料，在受力时产生一定的退让性，不易形成磨削烧伤。

（4）砂轮的硬度是指结合剂黏结磨粒的牢固程度，也指磨粒在磨削力作用下从砂轮表面上脱落的难易程度。砂轮的硬度对磨削生产率和加工表面结构影响极大。砂轮硬度过高，自锐性差，将使磨削力增大，易产生磨削烧伤，如果选得太软，也会使表面粗糙度值增大。

因此选择要适当。为了适应不同的工件材料和磨削质量的要求，砂轮有软、中、硬等不同的硬度等级。

金刚石磨料的硬度、强度都比较高，在无切削液的情况下，摩擦系数也很小，不易产生磨削烧伤，是一种理想的磨料。

4.3.4　表面层的残余应力

切削过程中，金属材料的表层组织发生形状变化和组织变化时，在表层金属与基体材料交界处将会产生相互平衡的弹性应力，该应力就是表面残余应力。零件表面若存在残余压应力，可提高工件的疲劳强度和耐磨性；若存在残余拉应力，就会使疲劳强度和耐磨性下降。如果残余拉应力值超过了材料的疲劳强度极限，还会使工件表面层产生裂纹，加速工件的破损。

1. 表面残余应力产生的原因

1）冷态塑性变形引起残余应力

在机械加工过程中，由于切削力的作用使工件表面受到挤压、摩擦，产生强烈的塑性变形，而使基体金属发生了弹性变形。当切削力消除后，工件表面层的塑性变形不能恢复，而基体金属的弹性变形要恢复原状，但受到表层金属的限制，从而形成残余压应力。

2）热态塑性变形引起残余应力

工件在切削热作用下，表面产生热膨胀，体积变化较大，而基体金属温度较低，体积变化小。当切削加工结束后，表面温度下降，体积收缩，而基体温度低，体积收缩不如表面大。因此，表面层受到基体金属的牵制，从而产生残余拉应力。磨削加工温度越高，残余拉应力也越大，有时甚至产生裂纹。

3）金相组织变化引起残余应力

切削温度过高会引起表面层的金相组织变化。不同的金相组织有不同的体积。金相组织变化会引起体积的变化。当表面层金属体积膨胀变大时压制基体，产生残余压应力。当表面层金属体积收缩时受到基体金属的牵制，则产生拉应力。

机械加工后，金属表面层的残余应力是上述三者的综合结果。在不同的条件下，其中的一种或两种因素起主导作用。一般切削加工中，当切削温度不高时，起主导作用的是冷态塑性变形，产生残余压应力。磨削加工中热态塑性变形和相变起主导作用，产生残余拉应力。

2. 影响残余应力的因素

1）刀具几何参数

刀具的前角越大，表面层拉应力越大，随着前角的减少，拉应力也逐渐减小，当前角为负值时，在一定的切削用量下表面层可产生残余压应力。刀具后刀面的磨损增加，摩擦增大，温度升高，引起的拉应力增大。

2）切削速度

切削速度增大，表面层塑性变形程度减小，故表面残余拉应力值也随之减小。

3）工件材料

塑性大的材料，切削加工后一般产生残余拉应力，但脆性材料由于后刀面的挤压和摩擦，表面层产生残余压应力。

4）磨削用量

砂轮速度对残余应力的影响如图 4 - 14（a）所示，砂轮速度减小，可减少切削热，减少表面层拉应力。工件速度对残余应力的影响如图 4 – 14（b）所示，工件速度提高，可以减少表面的残余拉应力。磨削深度对残余应力的影响如图 4 – 14（c）所示，减少磨削深度，可使表面残余拉应力减小。

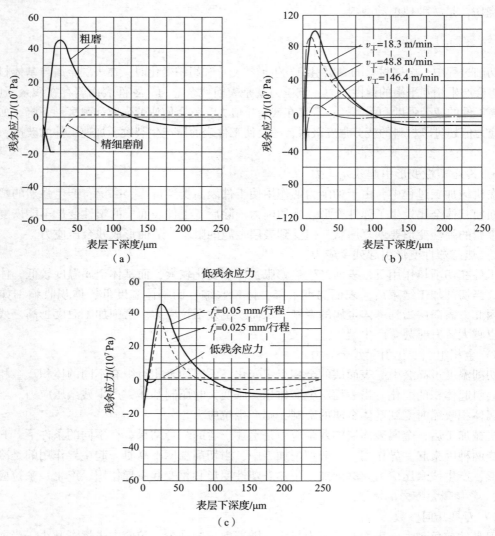

图 4 – 14　磨削用量对残余应力的影响

（a）砂轮速度对残余应力的影响；（b）工件速度对残余应力的影响；
（c）磨削深度对残余应力的影响

4.4　机械加工中的振动

4.4.1　机械振动现象及其分类

在机械加工过程中，工艺系统经常会发生振动。产生振动时，工艺系统的正常运动方式将受到干扰，这不仅破坏了机床、工件、刀具间的正确位置关系，使加工表面出现振纹（表面波度），降低零件的加工精度、表面结构以及刀具耐用度和机床使用寿命，恶化加工条件，甚至使刀具"崩刃"，切削无法进行下去。生产中为了减少振动，常被迫降低切削用量，致使机床、刀具的工作性能得不到充分发挥，使生产率降低。振动不仅带来噪声，污染环境，还对工人健康也有一定的影响。随着科学技术和生产水平的不断发展，对零件的表面结构要求越来越高，振动往往成为提高产品质量的主要障碍。

机械加工过程中的振动有自由振动、受迫振动和自激振动三种。自由振动是由切削力突变或受外部冲击力引起的，是一种迅速衰减的振动，对加工的影响较小。受迫振动是在外界周期性干扰力持续作用下，系统受迫产生的振动。自激振动是依靠振动系统在自身运动中激发出交变力维持的振动。切削过程中的自激振动一般称为切削颤振，这对零件加工质量是极其有害的，必须加以重视。

4.4.2 机械加工中的受迫振动与抑制措施

1. 工艺系统受迫振动的振源

机械加工过程中的受迫振动是一种由工艺系统内部或外部周期交变的激振力（即振源）作用下引起的振动。机外振源主要是工艺系统外部的周期性干扰力，如在机床附近有振动源（锻压设备、空气压缩机、刨床等工作振动）产生强烈振动，经过地基传入正在工作的机床，迫使工艺系统产生振动。机内振源可分为下列三种。

（1）工艺系统中高速旋转零件的不平衡。工艺系统中高速旋转的零件较多，如工件、卡盘、主轴、飞轮、联轴器以及磨床上的砂轮等。它们在高速旋转时，由于质量偏心而产生周期性激振力（即离心惯性力），在它们的作用下，工艺系统就会产生受迫振动。

（2）机床传动系统中的误差。例如，齿轮的基节误差使传动时齿和齿发生冲击而引起受迫振动。又如皮带传动中，皮带厚度不均匀和皮带接缝会引起皮带张力的周期性变化，产生干扰力引起受迫振动。此外，轴承滚动体尺寸差和液压传动中的油液脉动等各种因素均可引起工艺系统的受迫振动。

（3）切削过程本身的不均匀性。例如，常见的铣削、拉削、滚齿等多刃、多齿刀具的制造误差和加工，由于切削不连续及工件材料的硬度不均、加工余量不均等均会引起切削力周期变化，从而引起受迫振动。

2. 受迫振动的主要特点

（1）受迫振动是由周期性激振力的作用而产生的一种不衰减的稳定振动。振动本身并不能引起激振力的变化，激振力消除后，则工艺系统的振动也随之停止。

（2）振动的频率总是与外界干扰力的频率相同，而与工艺系统的固有频率无关。

（3）振动的振幅大小在很大程度上取决于激振力的频率与系统固有频率的比值 λ。当比值 λ 等于或接近 1 时，振幅将达到最大值，这种现象通常称为"共振"。

（4）振动的振幅大小还与激振力大小、系统刚度及其阻尼系数有关。

3. 减少受迫振动的措施和途径

一般来说，减小受迫振动可以从以下几方面考虑。

（1）消除或减小激振力。对转速在 600 r/min 以上的回转零件、部件，应进行平衡，以消除和减小激振力。对齿轮传动，应减小齿轮的基节和齿轮误差，减小装配时的几何偏心，这样可减小传动中的冲击和惯性力，避免振动。对带传动，则可采用较完善的皮带接头，减小皮带的厚度差。应尽量提高轴承的制造精度以及装配和调试质量。

（2）调节振源频率。防止激振力频率与系统固有频率相同或接近而产生共振。

（3）提高工艺系统本身的抗振性。工艺系统的抗振性主要取决于机床的抗振性。要提高机床的抗振性，主要应提高在振动中起主导作用的主轴、刀架、尾座、床身、立柱、横梁等部件的动刚度。增大阻尼是增加机床刚度的有效措施，如适当调节零件间某些配合处的间隙等。

（4）提高传动零件的制造精度，改变机床转速、使用不等齿距刀具。

（5）隔振。应在振源与需要防振的机床或部件之间安放具有弹性性能的隔振装置，使振源所产生的大部分振动由隔振装置来吸收，以减小振源对加工过程的干扰。例如，将机床安装在防振地基上。

（6）采用减振器和阻尼器，以吸收振动能量，减小振动。

4.4.3 机械加工中的自激振动及其控制

1. 自激振动的概念

切削加工时，在没有周期性外力作用的情况下，刀具与工件之间也可能产生强烈的相对振动，并在工件的加工表面上残留明显的、有规律的振纹。这种由切削过程本身引起的切削力周期性变化而激发和维持的振动称为自激振动，因切削过程中产生的这种振动频率较高，故通常也称为颤振。它严重地影响了机械加工表面结构和生产效率。

下面以图4-15所示电铃的工作原理来模拟说明切削过程中的自激振动现象。

当按下按钮8时，电流通过6-5-2与电池构成回路，电磁铁2就会产生磁力吸引衔铁7，带动小锤4敲击铜铃3。当衔铁7被吸引时，触点6处断电，电磁铁2因断电而失去磁性，小锤靠弹簧片5的弹力复位，同时触点6接通而恢复通电，电磁铁再次吸引衔铁使小锤敲击铜铃，如此循环而构成振动。这个振动过程显然不存在外来周期性干扰力，所以不是受迫振动。它是由弹簧片和小锤组成振动元件；由衔铁、电磁铁及电路组成调节元件产生交变力，交变力使振动元件产生振动，振动元件又对调节元件产生反馈作用，使其产生持续的交变力（图4-16）。

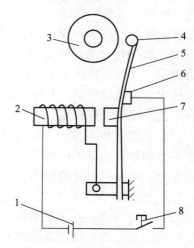

图4-15　电铃的工作原理

1—电池；2—电磁铁；3—铜铃；4—小锤；
5—弹簧片；6—触点；7—衔铁；8—按钮

小锤敲击铃的频率由弹簧片、小锤、衔铁本身的参数（刚度、质量、阻尼）所决定，阻尼及运动摩擦所消耗的能量由系统本身的电池所提供。这个振动过程就是区别于受迫振动的自激振动。大多数情况下，振动频率与加工系统的固有频率相近。维持振动所需的交变切削力是由加工系统本身产生的，所以以加工系统本身运动一停止，交变切削力也就随之消失，自激振动也就停止。

自激振动与自由振动相比，虽然两者都是在没有外界周期性干扰作用下产生的振动，但自由振动在系统阻尼作用下将逐渐衰减，而自激振动则会从自身的振动运动中吸取能量以补偿阻尼的消耗，使振动得以维持。

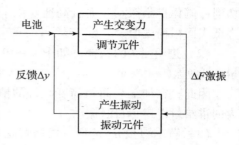

图 4 – 16　电铃的自激振动系统

自激振动与受迫振动相比，二者都是持续的等幅振动，但受迫振动是从外界周期性干扰中吸取能量以维持振动的，而维持自激振动的交变力是自振系统在振动过程中自行产生的，因此振动运动一停止，该交变力也相应消失。由此可见，自振系统中必定有一个调节系统，它能从固定能源中吸取能量，把振动系统的振动运动转换为交变力，再对振动系统激振，从而使振动系统作持续的等幅振动。从这个意义上讲，自激振动可以看作是系统自行激励的受迫振动。

根据上述情况，机床自激振动的闭环系统可用图 4 – 17 所示方框图来说明：自振系统是一个由固定能源、振动系统和调节系统组成的闭环反馈自控系统。当振动系统由于某种偶然原因发生了自由振动，其交变的运动量反馈给调节系统，产生交变力并作用于振动系统进行激励，振动系统的振动又反馈给调节系统，如此循环就形成持续的自激振动。对于切削加工，机床电机提供能源，工件与刀具由机床、夹具联系起来的弹性系统就是振动系统。刀具相对工件切入、切离的动态过程产生交变的切削力，因此切削过程就是调节系统。

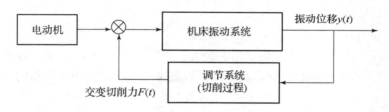

图 4 – 17　机床自激振动的闭环系统

2. 自激振动的主要特点

（1）自激振动是一种不衰减的振动，它不受系统阻尼耗能影响而减弱，而且振动所需能量由切削过程本身供给，所以切削运动一旦停止，自激振动也随之消失。

（2）自激振动频率接近或等于系统的固有频率，完全由系统本身的参数决定。

（3）自激振动频率是否产生及振幅大小，取决于在每一振动周期内所获取的能量和消耗的能量的对比情况。当系统获取的能量小于消耗的能量时，振动会自然衰减，直到停止。

3. 自激振动的抑制措施

切削过程中产生自激振动的原因，由于机理较复杂，目前尚无一种能阐明各种情况下产生自激振动的理论。但通过研究分析和各种振动实验说明，自激振动与切削过程中有关参数密切相关，也与工艺系统的结构参数有关。下面从工艺角度出发，介绍一些减少自激振动的基本途径。

1）合理选择切削用量

（1）切削速度 v_c 的选择。图 4 – 18 所示为车削时速度 v_c 与振幅 A 的关系曲线。

当切削速度 v_c 为 20 ~ 60 m/min 时，振幅 A 较大，最易产生振动。所以选择高速或低速切削可避免自激振动，而且高速切削又能提高生产率和降低表面粗糙度值。

（2）进给量 f 的选择。如图 4-19 所示，增大进给量 f 可使振幅 A 减小。

因此，在加工表面粗糙度允许的情况下，应选择较大的进给量以避免自激振动。

（3）背吃刀量 a_p 选择。根据背吃刀量 a_p 与切削宽度 b 的关系（$b = a_p/\sin\kappa_r$），当主偏角 κ_r 不变时，随着 a_p 增大，振幅 A 也不断增大（图 4-20）。

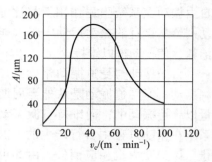

图 4-18 切削速度与振幅的关系

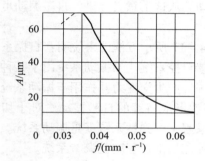

图 4-19 进给量与振幅的关系

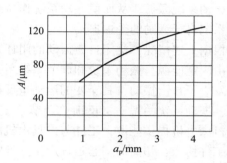

图 4-20 背吃刀量与振幅的关系

2）合理选择刀具的几何参数

（1）前角 γ_0 的选择。前角对振动影响较大，一般随着前角 γ_0 增大，振幅 A 下降。但在切削速度较高时，前角对振幅影响将减弱，所以高速切削时即使用负前角的刀具也不致于产生强烈的振动。

（2）主偏角 κ_r 的选择。主偏角 κ_r 增大时切削力 F 将减小，同时切削刃宽度 b 也减小，振幅将逐渐减小，$\kappa_r = 90°$ 时振幅最小。

（3）后角 α_0 的选择。后角 α_0 减小到 2°~3° 时，振动明显减弱。但后角不能太小，以免后面与加工表面之间发生摩擦，反而引起振动。通常可在刀具主后面上磨出一段负倒棱，能起到很好的消振作用。

（4）刀尖圆角半径 r_ε 的选择。刀尖圆角半径 r_ε 增大时，F 随之增大，因此，为减小振动，应选择 r_ε 越小越好，但会使刀具耐用度降低和表面粗糙度值增大，故应综合考虑。

3）提高工艺系统刚性

（1）提高机床的抗振性。对已经使用的机床，主要是提高机床零部件之间的接触刚度和接触阻尼，如用增强联结刚度等方法来提高机床的抗振性。

（2）提高刀具的抗振性。刀具应具有较高的弯曲和扭转刚度、高的阻尼系数和弹性系数。

（3）提高工件装夹刚性。加工中工件的抗振性主要取决于工件的装夹方法。例如，在细长轴车削中，可使用中心架或跟刀架。

（4）合理安排机床、工件、刀具之间最大刚度方向的相对位置。

4）采用减振装置

增设减振装置，可用来吸收或消耗振动时的能量，减振装置分阻尼器和吸振器两种。

（1）阻尼器。它通过阻尼作用，将振动能量转换成热能散失掉，以达到减振目的。阻尼越大，减振效果越好。常用的有固体摩擦阻尼器、液体摩擦阻尼器和电磁阻尼器等。图 4-21 所示为装在车床跟刀架 6 上使用的干摩擦阻尼器，利用多层弹簧片 5 相互摩擦来消耗振动能量。图 4-22 所示为液压阻尼器，当柱塞随工件振动时，将油液从液压缸前腔经小孔压向后腔，利用通过小孔的阻尼来减振。

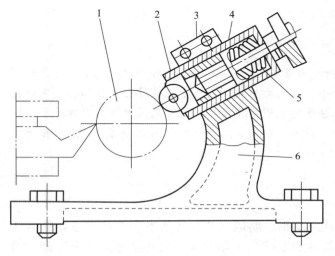

图 4-21　干摩擦阻尼器

1—工件；2—触头；3—壳体；4—调节杆；
5—多层弹簧片；6—跟刀架

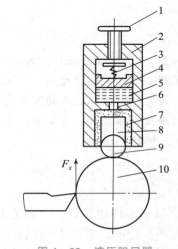

图 4-22　液压阻尼器

1—调节杆；2—壳体；3—弹簧；4—活塞；
5—液压缸后腔；6—小孔；7—液压缸前腔；
8—柱塞；9—触头；10—工件

（2）吸振器。吸振器有动力式和冲击式两种。

①动力式吸振器。它是通过弹性元件把一个附加质量连接到振动系统上，这个附加质量在振动系统激励下也发生振动。利用附加质量的动力作用与系统的激振力相抵消，以减弱振动。图 4-23 所示为用于镗杆的动力式吸振器。它是用微孔橡皮衬垫做弹性零件，并有阻尼作用，因而能获得较好的消振作用。

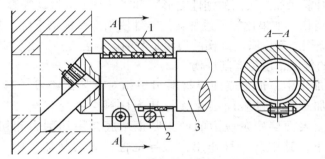

图 4-23　用于镗杆的动力式吸振器

1—附加质量；2—橡皮衬垫；3—镗杆

②冲击式吸振器。它是由一个自由冲击的质量块与壳体组成的。当系统振动时，由于自由质量的往复运动，产生冲击吸收能量，从而减小振动。图4-24所示为镗孔用的冲击式吸振器。镗杆1内固定镗刀头2，镗杆端孔中放置冲击块3，用端盖4封住，冲击块与端孔径向保持0.10~0.20 mm间隙，当镗杆发生振动时，冲击块3将不断撞击镗杆1吸收振动能量，故能消除振动。

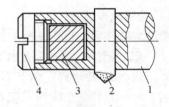

图4-24 镗孔用的冲击式吸振器

1—镗杆；2—镗刀头；3—冲击块；4—端盖

 先导案例解决

如图4-1所示液压缸，内孔尺寸精度为$\phi76H6$，表面粗糙度Ra为0.2 μm。由于毛坯采用无缝钢管，毛坯精度高，加工余量小，不需要扩孔，内孔直接半精镗。精加工采用镗孔和浮动铰孔，以保证较高的圆柱度和孔轴线的直线度要求。终加工采用滚压，以改善表面结构和耐磨性。该孔加工方案为：半精镗—精镗—精铰—滚压，获得加工精度为IT6，表面粗糙度Ra为0.2 μm。

生产学习经验

1. 机械零件的失效，主要是由零件的磨损、腐蚀和疲劳等所致。而这些破坏都是从零件表面开始的。零件表面结构将直接影响零件的工作性能，尤其是可靠性和寿命。因此，探讨和研究机械加工表面结构，掌握改善表面结构的措施，对保证产品质量具有重要意义。

2. 刀具材料与刃磨质量对产生积屑瘤、鳞刺等影响较大，因而影响着表面粗糙度。例如，金刚石车刀对切屑的摩擦系数较小，在切削时不会产生积屑瘤，在同样的切削条件下与其他刀具材料相比，加工后表面粗糙度值较小。

3. 影响表面层加工硬化的因素是切削力、切削温度和切削速度，而以上三个方面的影响因素主要是刀具的几何参数、切削用量和被加工材料的力学性能。

4. 磨削过程比一般刀具切削加工过程复杂得多，其表面粗糙度的形成也较复杂。单位面积上沟槽数越多，深度越浅，则表面粗糙度值越小。但事实上，磨削过程中不仅有几何因素，而且也有物理因素（加工表面的塑性变形）和工艺系统的振动等影响因素。

5. 无论是何种烧伤，如果比较严重都会使零件使用寿命成倍下降，甚至根本无法使用，所以磨削时要避免烧伤。产生磨削烧伤的根源是磨削区的温度过高，因此，要减少磨削热的产生和加速磨削热的传出，以免磨削烧伤。

6. 切削和磨削加工中，加工表面层材料组织相对基体组织发生形状、体积变化或金相组织变化时，在加工后工件表面层及其与基体材料交界处就会产生相互平衡的应力，即表面层残余应力。表面层残余应力的产生归根结底是由切削力和切削热作用的结果。在一定的加工条件下，其中某一种作用占主导地位，如切削加工中，当切削热不高时，表面层中以切削力引起的冷态塑性变形为主，此时，表面层中将产生残余压应力。而磨削时，一般因磨削温度较高，常产生残余拉应力。这也是磨削裂纹产生的根源。表面存在裂纹，会加速零件损坏，为此磨削时要严格控制磨削热的产生和改善散热条件，以免磨削裂纹的产生。

 本章小结

本章主要介绍了机械加工表面结构的基本概念和机械加工表面结构对零件使用性能与寿命的影响、改善表面结构的方法，对机械加工中的振动作了简介。

1. 表面结构的基本概念

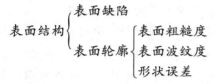

2. 表面结构对零件使用性能的影响

$$影响因素\begin{cases} 耐磨性的影响：粗糙度太大、太小都不耐磨，适度冷硬能提高耐磨性 \\ 疲劳强度的影响：适度冷硬、残余压应力能提高疲劳强度 \\ 工作精度的影响：粗糙度越大，工作精度降低；残余应力越大，工作\\ \qquad\qquad\qquad 精度降低 \\ 耐腐蚀性能的影响：粗糙度越大，耐腐蚀性越差；压应力提高耐腐蚀\\ \qquad\qquad\qquad 性，拉应力则降低耐腐蚀性 \end{cases}$$

3. 影响表面粗糙度的因素及其控制

$$主要因素\begin{cases} 切削加工\begin{cases} 几何因素的影响：残留面积 \\ 物理因素的影响：工件材料（积屑瘤、鳞刺）、切削用量、刀具材料\\ \qquad\qquad\qquad 和几何参数、工艺系统的高频振动、切削液 \end{cases} \\ \\ 磨削加工\begin{cases} 工件的线速度：工件线速度 v_工 降低，表面粗糙度值低；工件线速\\ \qquad\qquad\qquad 度过低时，反而使表面粗糙度值增加 \\ 进给量：纵向进给量增加，表面粗糙度值也增加；砂轮的粒\\ \qquad\quad 度越细，光磨的效果就越好 \\ 砂轮的性质：粒度、硬度、修整 \\ 工件材料：表面粗糙度影响较大，太硬、太软、太韧的材料都\\ \qquad\qquad 不容易磨光 \end{cases} \end{cases}$$

4. 影响加工表面物理力学性能的因素

表面层的加工硬化 {
　产生原因：受切削力和切削温度影响，金属已加工表面硬化、软化和相变作用
　影响因素：切削力、切削温度、刀具、切削用量、工件材料
}

影响因素 {

表面层金相组织的变化 {
　产生原因：切削温度超过金相组织变化的临界点时，表面层金相组织的变化，表面硬度下降，产生残余拉应力及裂纹
　影响因素：磨削用量、冷却方法、工件材料、砂轮
}

表面层的残余应力 {
　产生原因：冷态塑性变形、热态塑性变形、金相组织变化
　影响因素：刀具几何参数、切削速度、工件材料、磨削用量
}

}

5. 机械加工过程的振动有自由振动、受迫振动和自激振动三种。自由振动是由切削力突变或受外部冲击力引起，对加工的影响较小，通常可忽略。受迫振动是在外界周期性干扰力持续作用下，系统受迫产生的振动。自激振动是依靠振动系统在自身运动中激发出交变力维持的振动。切削过程中的自激振动一般称为切削颤振，对零件表面结构是极其有害的。

 思考题与习题

1. 为什么有色金属用磨削加工得不到低表面粗糙度？通常为获得低表面粗糙度的加工表面应采用哪些加工方法？若需要磨削有色金属，为改善表面结构应采取什么措施？

2. 机械加工过程中为什么会造成被加工零件表面层物理力学性能的改变？这些变化对产品质量有何影响？

3. 试比较自由振动、强迫振动、自激振动的特点与异同。

4. 表面结构包括哪些主要内容？为什么机械零件的表面结构对零件的使用有重要意义？

5. 试说明表面结构对零件使用性能的影响。

6. 表面粗糙度与加工精度有什么关系？

7. 砂轮的性质对表面粗糙度有何影响？

8. 磨削加工时影响表面粗糙度的因素有哪些？

9. 什么叫磨削烧伤？减少磨削烧伤的方法有哪些？

10. 为什么会产生磨削烧伤及裂纹？它们对零件的使用性能有何影响？减少磨削烧伤及裂纹的方法有哪些？

11. 产生残余应力有哪些？对零件的机械性能有何影响？

12. 切削加工中生产自激振动的根本原因是什么？试说明维持自激振动为交变力及周期性的能量补充从何而来？

13. 试讨论在现有机床的条件下如何提高工艺系统的抗振性。

第5章

典型零件加工工艺

本章知识点

1. 轴类零件加工工艺：零件的功用和结构特点、毛坯选择、加工阶段划分、定位基准选择、加工顺序安排、主要工序分析；

2. 套筒类零件加工工艺：零件的功用与结构、主要技术要求、材料与毛坯选择、加工工艺过程及分析；

3. 箱体加工工艺：毛坯选择、加工阶段划分、定位基准选择、加工顺序安排、主要工序分析；

4. 圆柱齿轮加工工艺：定位基准选择、齿坯的加工、热处理的安排、齿形的加工、齿端加工、精基准的修正、齿轮的检验、圆柱齿轮的加工工艺过程；

5. 数控加工工艺：工艺特点、工艺分析内容、工艺分析的一般步骤与方法、数控加工零件的结构工艺性分析、数控加工工艺设计、数控加工工艺过程。

 先导案例

图 5－1 所示为卧式车床丝杠零件简图，试分析其加工工艺。

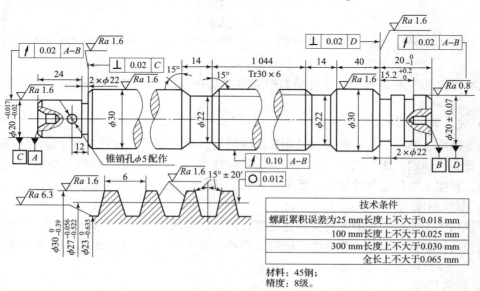

图 5－1　卧式车床丝杠零件简图

5.1 轴类零件加工工艺

5.1.1 概述

1. 轴类零件的功用与结构

1）功用

轴类零件是机械加工中经常遇到的典型零件之一。在机器中，它主要用来支承传动零件和传递转矩。

2）结构

轴类零件是旋转体零件，其长度大于直径，加工表面通常有内外圆柱面、圆锥面，以及螺纹、花键、键槽、横向孔、沟槽等。轴类零件根据结构形状可分为光轴、空心轴、半轴、阶梯轴、花键轴、十字轴、偏心轴、曲轴、凸轮轴，如图5-2所示。

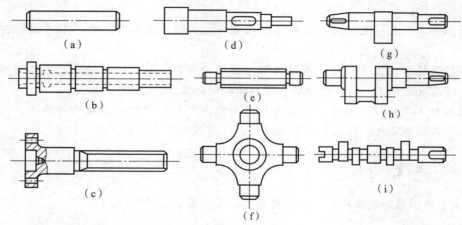

（a）　　　　　（d）　　　　　（g）

（b）　　　　　（e）　　　　　（h）

（c）　　　　　（f）　　　　　（i）

图5-2　轴的种类

（a）光轴；（b）空心轴；（c）半轴；（d）阶梯轴；（e）花键轴；（f）十字轴；（g）偏心轴；（h）曲轴；（I）凸轮轴

2. 轴类零件的技术要求

轴类零件的技术要求是设计者根据轴的主要功用以及使用条件确定的，通常有以下几方面。

1）尺寸精度

尺寸精度主要指结构要素的直径和长度的精度。直径精度由使用要求和配合性质确定；对于主要支承轴颈，常为IT9～IT6；特别重要的轴颈，也可为IT5。轴的长度精度要求一般不严格，常按未注公差尺寸加工；要求较高时，其允许偏差为0.05～0.2 mm。

2）形状精度

形状精度主要指轴颈的圆度、圆柱度等，因轴的形状误差直接影响与之相配合的零件接触质量和回转精度，因此一般应将其限制在直径公差范围以内；要求较高时可取直径公差的1/2～1/4，或另外规定允许偏差。

3）位置精度

位置精度包括装配传动件的配合轴颈对于装配轴承的支承轴颈的同轴度、圆跳动及端面对轴心线的垂直度等。普通精度的轴，配合轴颈对支承轴颈的径向圆跳动一般为 0.01 ~ 0.03 mm，高精度的轴为 0.005 ~ 0.010 mm。

4）表面粗糙度

轴类零件的主要工作表面粗糙度由其运转速度和尺寸精度等级决定。支承轴颈的表面粗糙度 Ra 一般为 0.8 ~ 0.2 μm；配合轴颈的表面粗糙度 Ra 一般为 3.2 ~ 0.8 μm。

5）其他要求

为改善轴类零件的切削加工性能或提高综合力学性能及使用寿命等，还必须根据轴的材料和使用条件规定相应的热处理要求。常用的热处理工艺有正火、调质和表面淬火等。

3. 轴类零件的材料、毛坯和热处理

轴类零件大都用优质中碳钢（如 45 钢）制造；对于中等精度转速较高的轴，可选用 40Cr 等合金结构钢，这类钢经调质或表面淬火后具有较好的力学性能；对于高速重载条件下工作的轴，可选用 20Cr、20CrMnTi 等低合金钢，这类钢经渗碳淬火处理后，心部保持较高的韧性，表面具有较高的耐磨性和综合力学性能，但热处理变形较大；若选用 38CrMoAlA 经调质和表面渗氮，不仅具有优良的耐磨性和耐疲劳性，而且热处理变形小。对于形状复杂的重要轴类零件，也可用球墨铸铁、高强度铸铁。

轴类零件毛坯类型和轴的结构有关。一般光轴或直径相差不大的阶梯轴可用热轧或冷拔的圆棒料；直径相差较大或比较重要的轴，大都采用锻件；少数结构复杂的大型轴，也可采用铸钢件及铸铁件。

5.1.2　轴类零件加工工艺概述

1. 外圆表面的加工

外圆表面是轴类零件的主要表面，在轴类零件加工中，外圆表面的加工占有很大的比例。

1）外圆表面的车削加工

车削外圆是加工外圆最主要的方法之一。对于重型机器中的大型轴类零件，全部加工过程几乎都是在重型车床上完成的。

外圆车削的工艺范围有粗车、半精车、精车、高速精车等。

粗车采用较大的背吃刀量、进给量，切去毛坯的大部分余量以达到较高的生产率。其加工精度可达到 IT10 ~ IT13，表面粗糙度 Ra = 12.5 ~ 6.3 μm，故只能作为低精度表面的最终工序。

半精车的加工精度可达到 IT9 ~ IT10，表面粗糙度 Ra = 6.3 ~ 3.2 μm，可作为中等精度表面的最终工序，也可以作为磨削或其他精加工工序的预加工。

精车不淬硬钢材，精度可达 IT7 ~ IT8，表面粗糙度 Ra 达 2.5 ~ 1.25 μm。精车后的硬化程度（已加工表面的显微硬度与工件材料原始硬度的百分比）平均为 140% ~ 180%，硬化深度平均为 20 ~ 60 μm。精车铜及其他有色金属，精度可达 IT8 ~ IT6，表面粗糙度 Ra 达 2.5 ~ 0.63 μm。精车一般作为最终工序或光整加工的预加工。

对于加工大型钢材精确外圆表面，通常采用高速精车代替磨削，精度可达 IT7 ~ IT5，表面粗糙度 Ra 可达 1.25 ~ 0.20 μm。有色金属由于硬度不高，不适宜磨削，要获得精确的外圆表面，采用高速精车（金刚石车），精度可达 IT6 ~ IT5，表面粗糙度 Ra 可达 0.20 ~ 0.025 μm。高速精车后的工件硬化程度平均为 120% ~ 150%，硬化深度平均为 30 ~ 50 μm。

2）提高外圆表面车削生产率的措施

在轴类零件的加工中，外圆表面的加工余量主要是由车削切除的。外圆车削的劳动量在零件加工全部劳动量中占有相当大的比例。因此，提高外圆车削生产率即成为一个很重要的问题，特别是对于多阶梯的轴，这个问题尤为突出。

当前，提高外圆表面车削的生产率可采取多种措施。例如，常选用新的刀片材料进行高速切削，如采用含有添加剂（碳化钽或碳化铌）的新型硬质合金、新型陶瓷（加入碳化钛及其他添加剂的复合陶瓷及氮化硅陶瓷）及立方氮化硼等，或使用涂层硬质合金（涂覆碳化钛、氮化镍等），都可以大大提高切削速度或刀具耐用度；使用机械夹固车刀和可转位刀片等可以充分发挥现有硬质合金的作用，缩短更换和刃磨刀具的时间；选用先进的强力切削车刀，加大背吃刀量和进给量，进行强力车削等。此外，在成批、大量生产中，特别是在加工多阶梯的轴时，往往采用多刀加工或液压仿形加工。

多刀加工可在多刀半自动车床上进行。多刀加工时，几把车刀同时加工工件上的几个表面，可以缩短机动时间和辅助时间，从而大大提高了生产率。但这种加工方法调整刀具花费的时间较多，且切削力较大，所需机床的功率和刚度也较大。

2. 外圆表面的磨削加工

磨削是外圆表面精加工的主要方法。它既能加工淬火的黑色金属零件，也能加工不淬火的黑色金属和有色金属零件。外圆磨削可分为粗磨、精磨、小粗糙度磨、研磨、镜面磨等。粗磨后的工件精度达到 IT9～IT8，表面粗糙度 Ra 可达 5.0～1.25 μm。精磨后工件精度达到 IT8～IT6，表面粗糙度 Ra 可达 1.25～0.20 μm。小粗糙度磨后的工件精度达到 IT6～IT5，表面粗糙度 Ra 可达 0.10～0.025 μm。研磨后的工件表面粗糙度 Ra 可达 0.63～0.006 3 μm。镜面磨后的工件精度达到 IT6～IT5，表面粗糙度 Ra 可达 0.012 5～0.006 3 μm。磨削加工适用于淬硬钢材及硬度高的未淬硬钢材、铸铁。

对于未淬硬钢，经过磨削，表面加工硬化程度平均为 140%～160%，硬化深度平均为 30～60 μm。磨削淬硬钢时，影响工件表面结构的主要是组织变化以及在表层形成残余拉应力。

如图 5－3 所示阶梯轴 φ30js6、φ60h6、φ45h6 的外圆表面粗糙度 Ra 为 0.8 μm，精度为 IT6。用一般的车削加工精度只能达到 IT8～IT7，表面粗糙度 Ra 达到 1.25 μm，达不到 0.8 μm 的要求，而精磨后工件精度可达 IT6，表面粗糙度 Ra 可达 1.25～0.20 μm。所以，三外圆采用车削外圆—磨削外圆的加工方法获得图样要求。

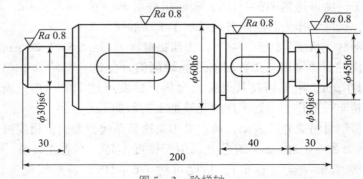

图 5－3　阶梯轴

3. 花键及螺纹加工

1）花键加工

花键是轴类零件经常遇到的典型表面，它与单键相比较，具有定心精度高、导向性能好、传递转矩大、易于互换等优点，所以在各种机械中广泛应用。

花键齿形可分为矩形齿、三角形齿、渐开线齿、梯形齿等，其中以矩形齿应用较多。矩形齿有三种定心方式，即大径定心、小径定心和键侧定心。其中以小径定心的花键，为国家标准规定使用的类型。

轴上矩形花键的加工，通常采用铣削和磨削两种方法。

（1）花键的铣削加工。

在单件、小批量生产中，花键通常在卧式铣床上用分度头进行花键轴加工。铣削前用千分表找正，然后用两个三面刃铣刀（中间夹有调整垫圈）试切，当符合键宽的尺寸后，即可把一批工件的花键齿加工完毕，然后再用成形铣刀一次铣出花键的其他部分。以上方法因分度精度低，所以键齿等分性精度不高。

产量大时，常采用花键铣床加工，加工精度和生产率均比采用三面刃铣刀要高。为了提高生产率，不少工厂采用双飞刀高速精铣花键，双飞刀高速精铣花键是键铣出后的一种对键侧精加工的方法，它不仅能保证键侧的精度和表面粗糙度值，而且效率比一般铣削高出数倍。

（2）花键的磨削加工。

以大径定心的花键轴，通常只磨削大径，键侧及小径铣出后不再进行磨削，但如经过淬火而使花键扭曲变形过大时，也要对键侧面进行磨削加工。

以小径定心的花键，其小径和键侧均需进行磨削加工。小批量生产时可用工具磨床或平面磨床，借用分度头分度，分两次磨削。这种方法砂轮修整简单，调整方便。大量生产时，可在花键磨床或专用机床上进行。利用高精度分度板分度，一次安装下将花键轴磨出，生产效率高。

2）螺纹加工

螺纹是轴类零件外圆表面加工中常见的加工表面。螺纹加工的方法很多，如车、铣、套螺纹，磨削和滚压等，这些方法各具有不同的特点，必须根据工件的技术要求、批量、轮廓尺寸等因素来选择，以充分发挥各种方法的特点。

车削螺纹是应用最广，也是最简单的一种螺纹加工方法，它具有以下特点。

（1）适应性广。不论尺寸大小的各种轮廓的螺纹，均可用车削方法加工，而且刀具简单、费用低，所使用的车床万能性好。

（2）可以获得较高的精度。一般可达 7 级，甚至可达 6 级，被加工螺纹的表面粗糙度值 Ra 可达 $1.6\ \mu m$。无论是加工精度或螺纹表面粗糙度均比铣削、套螺纹、攻螺纹好。

（3）生产率较铣削、套螺纹、攻螺纹低。

（4）对工人的技术水平要求较高，特别是对刀具的刃磨技术要求较高。因为螺纹车刀是一成形刀具，刀具刃磨质量和刀具安装误差会直接影响被加工零件的表面结构。

车削螺纹多用于精度要求较高、产量不大的生产条件。

在成批或大量生产条件下，常用铣切法加工螺纹。铣螺纹比车螺纹的生产率高，但因它是断续切削，故其加工表面粗糙度值比车削大。铣螺纹的方法有很多，一般按加工所用铣刀的不同，可分为用盘铣刀铣螺纹、用梳状铣刀铣螺纹、用蜗杆状铣刀铣螺纹和旋风铣削螺纹 4 种。

旋风铣削螺纹，实质上就是用硬质合金刀具高速铣削螺纹。该螺纹刀具装在旋风头上，旋风头的旋转轴线相对工件轴线倾斜一个螺旋升角 β。旋风头的高速旋转（转速为 $n_刀$）为主运动，工件转速为 $n_工$。每当工件转一转，旋风头沿工件轴线移动一个螺距或导程。这时切削刃在工件上运动轨迹的包络面，就是被切出的螺纹。

通常，旋风铣削机床是用车床改装的，将旋风头装在车床滑板上，由电动机单独驱动。工件的一端装在卡盘上，另一端用顶尖或托架支承。

磨削螺纹的特点是加工精度高和表面粗糙度值小，可精磨硬度高的工件，磨削螺纹是在专用的螺纹磨床上进行的。外螺纹磨削的方法可分为用单线砂轮磨削螺纹、多线砂轮磨削螺纹和无心磨削螺纹三种，其中单线砂轮磨削螺纹较为常用。

滚压螺纹是一种高效的、无切屑加工螺纹的方法。按其进给方式，滚压螺纹可分为切向进给滚压法（如用搓丝板滚压等）、径向进给滚压法和轴向进给滚压法。

5.1.3 典型轴类零件加工工艺分析

轴类零件的加工工艺因其用途、结构形状、技术要求、产量大小的不同而有差异，轴的工艺规程编制是生产中最常遇到的工艺工作。车床主轴是代表性轴类零件之一，它既是一单轴线的阶梯轴、空心轴，又是长径比小于 12 的刚性轴，其主要加工面是内、外旋转表面，加工难度较大，工艺路线较长，涉及轴类零件加工的许多基本工艺问题。它的机械加工主要是车削和磨削，其次是铣削和钻削，在加工过程中，对定位基准的选择、加工顺序的安排以及深孔加工、热处理工序等均有一定的要求。

下面以 C6140 车床主轴为例进行轴类零件的加工工艺分析。

1. C6140 车床主轴技术条件分析

车床主轴技术条件是根据其功用和工作条件制定的。从图 5 - 4 所示的车床主轴零件简图可以看出，主轴的支承轴颈 A、B 是主轴部件的装配基准面，因此技术条件中各项精度指标是以支承轴颈 A、B 为基准面确定的。零件主要加工表面的技术要求分析如下。

1）支承轴颈的技术要求

主轴两个支承轴颈 A、B 的圆度公差为 0.005 mm，径向圆跳动公差为 0.005 mm；而支承轴颈 1 : 12 锥面接触率 ≥70%；表面粗糙度 Ra 为 0.4 μm；支承轴颈尺寸精度为 IT5。由于主轴支承轴颈是主轴部件的装配基准面，因而它的制造精度直接影响到主轴部件的回转精度。

2）端部锥孔技术要求

主轴端部内锥孔（莫氏 6 号）对支承轴颈 A、B 的圆跳动，在轴端面处公差为 0.005 mm，离轴端面 300 mm 处公差为 0.01 mm；锥面接触率 ≥70%；表面粗糙度 Ra 为 0.4 μm；硬度要求 45～50HRC。该锥孔是用来安装顶尖或工具锥柄的，其轴心线与两个支承轴颈的轴心线尽量重合，以保证该车床几何精度和加工精度。

3）端部短锥和端面技术要求

端部短锥 C 和端面 D 对主轴支承轴颈 A、B 的径向圆跳动公差为 0.008 mm；表面粗糙度 Ra 为 0.8 μm。主轴端部短锥和端面是安装卡盘的定位面。为保证卡盘的定心精度，这个圆锥表面必须与支承轴颈同轴，而端面必须与主轴的回转中心垂直。

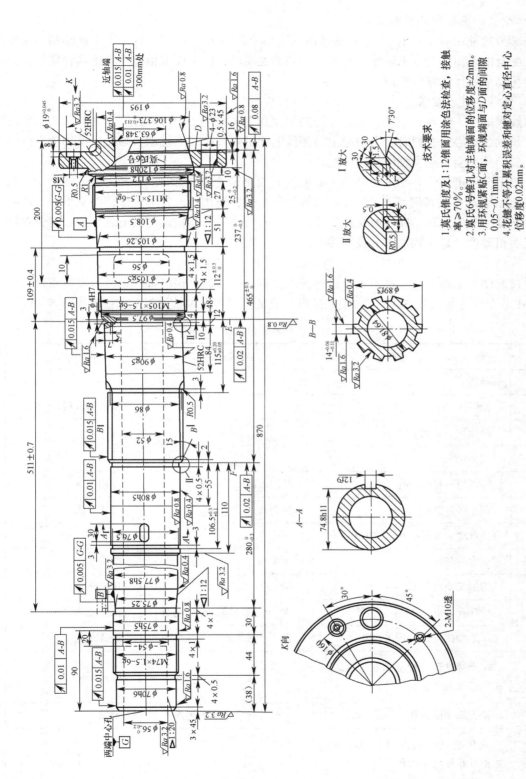

图 5-4 C6140 车床主轴零件简图

技术要求

1. 莫氏锥度及1:12锥面用涂色法检查,接触率≥70%。
2. 莫氏6号锥孔对主轴端面的位移度±2mm。
3. 用环规紧贴C面,环规端面与D面的间隙 0.05～0.1mm。
4. 花键不等分累积误差和键对定心直径中心位移度0.02mm。

4）空套齿轮轴颈的技术要求

空套齿轮轴颈对支承轴颈 A、B 的径向圆跳动公差为 0.015 mm。这是由于该轴颈是与齿轮孔相配合的表面，对支承轴颈应有一定的同轴度要求，以保证主轴传动齿轮啮合良好，提高齿轮传动平稳性，减少噪声。

5）螺纹的技术要求

螺纹表面中心线与支承轴颈轴心线的同轴度误差不超过 0.025 mm。主轴螺纹表面中心线与支承轴颈中心线歪斜时，会引起主轴部件上锁紧螺母的端面跳动，导致滚动轴承内圈中心线倾斜，从而会引起主轴的径向圆跳动。

从以上分析可知，某车床主轴的主要加工表面是两个支承轴颈 A、B；端部莫氏 6 号锥孔；端部短锥面 C 及其端面 D，以及装齿轮的各个配合轴颈等。其中，保证两支承轴颈本身的尺寸精度、几何形状精度、两支承轴颈之间的同轴度、支承轴颈与其他表面的相互位置精度和表面粗糙度，是主轴加工的技术关键。

2. C6140 车床主轴加工工艺过程的分析

经过对轴的结构特点、技术要求进行深入分析以后，即可根据生产批量、设备条件等考虑 CA6140 车床主轴（图 5 – 4）的工艺过程。成批生产车床主轴加工工艺过程见表 5 – 1。

表 5 – 1　成批生产车床主轴加工工艺过程

序号	工序内容	定位基面	加工设备
1	备料	—	—
2	精锻	—	立式精锻机
3	热处理、正火	—	—
4	锯头	—	—
5	铣端面、打顶尖孔	外圆表面	专用机床
6	荒车各外圆面	顶尖孔	卧式车床
7	热处理、调质 220 ~ 240HBW	—	—
8	车大端各部	顶尖孔	卧式车床
9	仿形车小端各部	顶尖孔	仿形车床
10	钻深孔 $\phi48$ mm	大、小端外圆及小端端面	深孔钻床
11	车小端内锥孔（配 1 : 20 锥堵）	大、小端外圆及大端端面	卧式车床
12	车大端锥孔（配莫氏 6 号锥堵）、车外短锥及端面	大、小端外圆及小端端面	卧式车床
13	钻大端端面各孔	大端外圆及大端内侧面	钻床
14	热处理：高频淬火 $\phi90g5$ mm、短锥及 6 号莫氏锥孔	—	—

续表

序号	工序内容	定位基面	加工设备
15	精车各外圆并车槽	顶尖孔	数控车床 CSK6163
16	粗磨 $\phi90g5$ mm、$\phi75h5$ mm 外圆	顶尖孔	万能外圆磨床
17	粗磨莫氏 6 号锥孔	大、小端外圆及小端端面	内圆磨床 M2120
18	粗精铣花键	顶尖孔	花键铣床 YB6016
19	铣键槽	$\phi80h5$ mm 外圆及 $\phi90g5$ mm	铣床 X52
20	车大端内侧面及三段螺纹（配螺母）	顶尖孔	卧式车床 CA6140
21	粗精磨各外圆及 E、F 两端面	顶尖孔	万能外圆磨床
22	粗精磨圆锥面（组合磨三圆锥面及短锥面）	顶尖孔	专用组合磨床
23	精磨莫氏 6 号锥孔	$\phi80h5$ mm、$\phi100h6$ mm 外圆及小端端面	主轴锥孔磨床
24	检查	按图样技术要求检查	—

3. 车床主轴加工工艺过程分析

从上述主轴加工工艺过程可以看出，在拟定主轴类零件工艺过程时，应考虑以下一些共同性的问题。

1）合理选择定位基准

轴类零件的定位基准，最常用的为两顶尖孔。因为轴类零件各外圆表面、锥孔、螺纹表面的同轴度，以及端面对旋转轴线的垂直是其相互位置精度的主要项目，而这些表面的设计基准一般都是轴的中心线，如果用两顶尖孔定位，则符合基准重合的原则。而且，用顶尖孔作为定位基准，能够最大限度地在一次安装中加工出多个外圆和端面，这也符合基准统一的原则。所以，应尽量采用顶尖孔作为轴加工的定位基准。

当不能用顶尖孔（如加工主轴的锥孔）时，可采用轴的外圆表面作为定位基准，或是以外圆表面和顶尖孔共同作为定位基准。例如，在上述主轴的工艺过程中，半精车、精车、粗磨和精磨各部外圆及端面，铣花键及车螺纹等工序，都是以顶尖孔作为定位基准。而在车、磨锥孔时，都以两端的外圆表面作为定位基准。

由于主轴是带通孔的零件，在其加工过程中，作为定位基准的顶尖孔将因钻出通孔而消失。为了在通孔加工以后还能用顶尖孔作定位基准，一般采用带有顶尖孔的锥堵或锥套心轴。

当轴孔的锥度比较小时（如上述车床主轴的锥孔，锥孔分别为 1∶20 和莫氏 6 号），则使用锥堵 [图 5-5（a）]。当锥孔的锥度较大（如铣车床主轴）或是圆柱孔时，可用锥套心轴 [图 5-5（b）]。

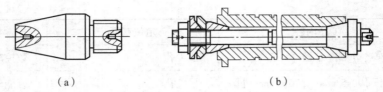

图 5-5　锥堵与锥套心轴

（a）锥堵；（b）锥套心轴

2）加工阶段的划分

由于主轴是多阶梯带通孔的零件，切除大量的金属后，会引起内应力重新分布而变形。因此，在安排工序时，应将粗、精加工分开，先完成各表面的粗加工，再完成各表面的半精加工和精加工，而主要表面的精加工则放在最后进行。这样，主要表面的精度就不会受到其他表面加工或内应力重新分布的影响。

从上述主轴加工工艺过程可以看出，表面淬火以前的工序，为各主要表面的粗加工阶段，表面淬火以后的工序，基本上是半精加工和精加工阶段，要求较高的支承轴颈和莫氏 6号锥孔的加工，则放在最后进行。同时，还可以看出，整个主轴加工的工艺过程，就是以主要表面（特别是支承轴颈）的粗加工、半精加工和精加工为基准，适当穿插其他表面的加工工序而组成的。

3）热处理工序的安排

在主轴加工的整个过程中，应安排足够的热处理工序，以保证主轴的力学性能及加工精度的要求，并改善工件的切削加工性能。

一般，在主轴毛坯锻造后，首先需安排正火处理，以消除锻造应力，改善金属组织，细化晶粒，降低硬度，改善切削性能。

在粗加工后，安排第二次热处理——调质处理，获得均匀细致的回火索氏体组织，提高零件的综合力学性能，同时，索氏体组织经加工后，表面粗糙度值较小。

最后，尚需对有相对运动的轴颈表面和经常装卸工具的前锥孔进行表面淬火处理，以提高其耐磨性。

4）加工顺序的安排

经过上述几个问题的分析，对主轴加工工序安排为准备毛坯——→正火——→切端面打顶尖孔——→粗车——→调质——→半精车——→精车——→表面淬火——→粗、精磨外圆表面——→磨内锥孔。

在安排工序顺序时，应注意以下几点。

（1）深孔加工。必须注意以下两点：第一，应安排在调质以后进行，因为调质处理变形较大，深孔产生弯曲变形无法纠正，不仅影响棒料的通过，而且会引起主轴高速转动的不平衡；第二，深孔应安排在外圆粗车或半精车之后，以便有一个较精确的轴颈定位基面，避免使用锥堵，深孔加工安排到最后为好，但是深孔加工是粗加工，发热量大，破坏外圆加工的精度，所以深孔只能在半精加工阶段进行。

（2）外圆表面的加工顺序。先加工大直径外圆，然后加工小直径外圆，以免一开始就降低工件的刚度。

（3）次要表面的加工顺序。主轴上的花键、键槽等次要表面的加工，一般放在外圆精车或粗磨之后、精磨外圆之前进行。这是因为如果在精车前就铣出键槽，一方面，在精车时，由于断续切削而产生振动，既影响加工质量，又容易损坏刀具；另一方面，也难以控制键槽的尺寸要求。但是，它们的加工也不宜放在主要表面精磨以后进行，以免破坏主要表面已有的精度。

主轴上的螺纹均有较高的要求，如安排在淬火前加工，则淬火后产生的变形会影响螺纹和支承轴颈的同轴度误差。因此，车螺纹宜安排在主轴局部淬火之后进行。

（4）检验工序的安排。主轴是加工要求很高的零件，需安排多次检验工序，检验工序一般安排在各加工阶段前后，以及重要工序前后和花费工时较多的工序前后，总检验则放在最后。必要时，还应安排探伤工序。

（5）主锥孔的磨削。主轴锥孔对主轴支承轴颈和前端短锥的径向跳动要求很高，是机床的主要精度指标，因此锥孔的磨削，是主轴加工的关键工序之一，在批量较大时，一般用专用磨床夹具或专用主轴锥孔磨床保证质量。

图 5-6 所示为磨主轴锥孔的一种夹具，是由底座、支承架及浮动卡头三部分组成的。前后两个支承架与底座连成一体。作为工件定位的 V 形架镶有硬质合金以提高耐磨性，工件的中心高应调整到正好等于磨头砂轮轴的中心高。后端的浮动卡头装在磨床主轴锥孔内，工件尾部插入弹性套内。用弹簧把浮动卡头外壳连同工件向后拉，通过钢球压向镶有硬质合金的锥柄端面，依靠压簧的张力限制工件的轴向窜动。采用这种连接方式，机床只起传递扭矩作用，排除了磨床主轴圆跳动或同轴度误差对工件的影响，也可减小机床本身的振动对加工精度的影响。

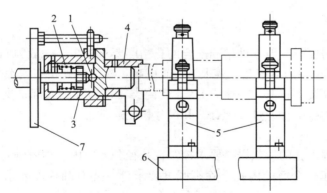

图 5-6　磨主轴锥孔夹具

1—钢球；2—弹簧；3—硬质合金；4—弹性套；5—支架；6—底座；7—拨盘

5.2　套筒类零件加工工艺

5.2.1　概述

1. 套筒类零件的功用与结构

1）功用

套筒类零件在机械设备中应用很广，大多起支承或导向作用，如支承旋转轴的各种滑动轴承、夹具中的导向套、内燃机的气缸套、液压系统中的液压缸等，如图 5 - 7 所示。套筒类零件工作时主要承受径向力或轴向力。

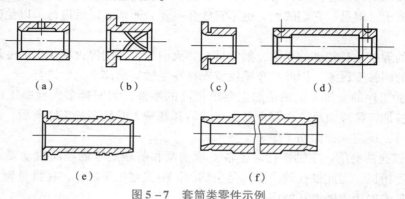

图 5 - 7　套筒类零件示例

（a）、（b）滑动轴承；（c）钻套；（d）轴承衬套；（e）气缸套；（f）液压缸

2）结构

由于功用不同，其结构和尺寸差别很大，它们共同的特点：主要工作表面为回转面，形状精度和位置精度要求较高，表面粗糙度较小；孔壁较薄，加工中极易变形；长度一般大于直径。

2. 套筒类零件的主要技术要求

套筒类零件主要结构要素的加工精度是根据其基本功能和工作条件确定的，常见精度指标和要求如下。

1）尺寸精度

滑动轴承孔和需要与其他零件精确配合的孔精度要求较高，一般为 IT8 ~ IT7，精密轴承甚至为 IT6；液压系统中的滑阀孔，要求 IT6 或更高；液压缸孔由于与其配合的活塞上有密封圈过渡，尺寸精度要求较低，一般为 IT9。套筒类零件的外圆大都是支承表面，常与箱体或机架上的孔采取过盈配合或过渡配合，其尺寸精度通常为 IT7 ~ IT6。

2）形状精度

一般套筒类零件内孔的形状误差要求控制在孔径公差以内，精密轴套则应控制在孔径公差的 1/2 ~ 1/3；对于长套筒的内孔，除有圆度要求外，还有圆柱度要求，套筒类零件外圆的形状误差控制在外径公差以内，其端面大都有一定的平面度要求。

3）位置精度

套筒类零件内外圆的同轴度要求较高，通常为 0.01 ~ 0.05 mm；对装配到箱体或机架上再终加工内孔的套筒件，内外圆的同轴度要求可大为降低。工作时承受轴向载荷的套筒件端面，大都是加工和装配时的定位基面，故与孔的轴线有较高的垂直度要求，一般为 0.02 ~ 0.05 mm。

4）表面粗糙度

一般套筒类零件内孔的表面粗糙度 Ra 为 1.6 ~ 0.1 μm，液压缸内孔的表面粗糙度 Ra 常取 0.4 ~ 0.2 μm；外圆的表面粗糙度较小，Ra 常取 6.3 ~ 0.8 μm。

5）其他要求

由于工件条件的需要和使用材料的因素，不少套筒类零件有不同的热处理要求，用得较多的是退火、表面淬火、渗碳淬火等。

3. 套筒类零件的材料与毛坯

套筒类零件一般用钢、铸铁、青铜、黄铜等材料制成；材料的选择主要取决于工作条件。套筒类零件的毛坯类型与所用材料、结构形状和尺寸大小有关，常采用棒料、锻件或铸件。毛坯孔直径小于 $\phi 20$ mm 者大多选用棒料；较长较大者常用无缝钢管或带孔的铸、锻件；液压缸毛坯常用 35 或 45 钢无缝钢管，需要与缸头、耳轴等件焊接在一起的缸体毛坯用 35 钢，无须焊接的缸体用 45 钢，有特殊要求的缸体毛坯也可用合金无缝钢管。有些滑动轴承采用双金属结构，以离心铸造法在钢或铸铁套内壁上浇铸巴氏合金材料。

5.2.2　套筒类零件加工工艺过程及分析

套筒类零件由于功用、结构形状、材料、热处理及尺寸大小不同，其工艺上差别很大。按结构形状大体上可以分为短套筒与长套筒两类，这两类套筒由于形状的差别，工件装夹及加工方法有很大差别。

1. 短套筒类零件加工工艺分析

1) 支架套的结构与技术要求

短套筒零件是机器中常见的零件之一，图 5-8 所示为某测角仪上主体支架套，技术要求及结构特点：主孔 $\phi 34^{+0.027}_{0}$ mm 内安装滚针轴承的滚针及仪器主轴颈；端面 B 是止推面，要求有较小的表面粗糙度值。外圆及孔均有阶梯，并且有横向孔需要加工。外圆台阶面螺孔，用来固定转动摇臂。因转动要求精确度高，所以对孔的圆度及同轴度均有较高要求。材料为轴承钢 GCr15，淬火硬度为 60HRC。零件非工作表面防锈，采用烘漆。

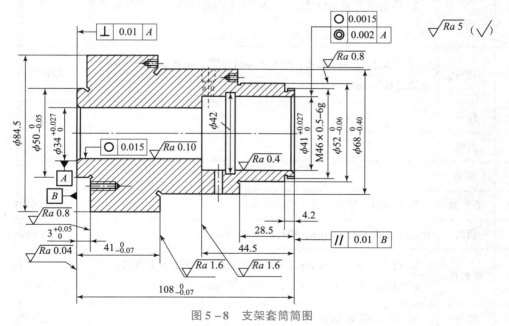

图 5-8　支架套简图

2) 支架套工艺过程

支架套加工工艺过程见表 5-2。

表 5 – 2　支架套加工工艺过程

序号	工序名称	工序内容	定位与夹紧
1	粗车	1. 车端面、外圆 ϕ84.5 mm；钻孔 ϕ30 mm × 60 mm； 2. 调头车外圆 ϕ68 mm；车 ϕ52 mm；钻孔为 ϕ38 mm × 44.5 mm	三爪夹小头 三爪夹大头
2	半精车	1. 半精车端面及 ϕ84.5 mm；$\phi34^{+0.027}_{0}$ 及 $\phi50^{0}_{-0.05}$，留磨量 0.5 mm，倒角及车槽； 2. 调头车右端面；车 $\phi68^{0}_{-0.40}$ mm；ϕ52 mm 留磨量；车 M46 × 0.5 螺纹，车孔 $\phi41^{+0.027}_{0}$ 留磨量，车 ϕ42 mm 槽，车外圆斜槽并倒角	夹小头 夹大头
3	钻	1. 钻端面轴向孔； 2. 钻径向孔； 3. 攻螺纹	夹外圆
4	热处理	淬火 60 ~ 62HRC	—
5	磨外圆	1. 磨外圆 ϕ84.5 mm 至尺寸，磨外圆 $\phi50^{0}_{-0.05}$ mm 及 $3^{+0.06}_{0}$ 端面； 2. 调头磨外圆 $\phi52^{0}_{-0.05}$ mm 及 28.5 端面并保证三段同轴度 0.02 mm	ϕ34 mm 可胀心轴
6	粗磨孔	校正 $\phi52^{0}_{-0.05}$ mm 外圆；粗磨孔 $\phi34^{+0.027}_{0}$ mm 及 $\phi41^{+0.027}_{0}$ mm，留磨量 0.2 mm	端面及外圆
7	校验	—	—
8	发蓝	—	—
9	喷漆	—	—
10	磨平面	磨左端面，留研磨量，平行度 0.01 mm	右端面
11	粗研	粗研左端面 Ra0.16 μm，平行度 0.01 mm	左端面
12	精磨孔	1. 精磨孔 $\phi41^{+0.027}_{0}$ mm 及 $\phi34^{+0.027}_{0}$ mm，一次安装下磨削； 2. 精细磨孔 $\phi41^{+0.027}_{0}$ mm 及 $\phi34^{+0.027}_{0}$ mm	端面定位， 找正外圆轴向压紧
13	精研	精研左端面至 Ra 0.04 μm	左端面
14	检验	圆度仪测圆柱度及 $\phi34^{+0.027}_{0}$ mm、$\phi41^{+0.027}_{0}$ 尺寸	—

3）工艺过程分析

（1）加工方法选择。套筒零件的主要加工表面为孔和外圆。外圆表面加工根据精度要求可选择车削和磨削。孔加工方法的选择比较复杂，需要考虑零件结构特点、孔径大小、长径比、精度和表面粗糙度要求及生产规模等各种因素。对于精度要求较高的孔，往往需要采用几种方法顺次进行加工。

支架套零件，因孔精度要求高，表面粗糙度值又较小（$Ra0.10\ \mu m$），因此最终工序采用精细磨。该孔的加工顺序为钻孔——→半精车孔——→粗磨孔——→精磨孔——→精密磨孔。

（2）加工阶段划分。支架套加工工艺划分较细。淬火前为粗加工阶段，粗加工阶段又可分为粗车与半精车阶段，淬火后套筒加工工艺划分较细。在精加工阶段中，也可分为两个阶段，烘漆前为精加工阶段，烘漆后为精密加工阶段。

（3）保证套筒表面位置精度的方法。从套筒零件的技术要求看，套筒零件内、外表面间的同轴度及端面与孔轴线的垂直度一般均有较高的要求。为保证这些要求通常采用以下方法。

①在一次安装中完成内、外表面及端面的全部加工，这种方法消除了工件的安装误差，可获得很高的相对位置精度。但是这种方法的工序比较集中，对于尺寸较大（尤其是长径比较大）的套筒安装不便，故多用于尺寸较小轴套的车削加工。例如，工序 12，要保证阶梯孔的高同轴度要求，采用一次安装条件下将两段阶梯孔磨出。

②套筒主要表面加工在数次安装中进行，先加工孔，然后以孔为精基准最终加工外圆。这种方法由于所用夹具（心轴）结构简单，且制造和安装误差较小，因此可保证较高的位置精度，在套筒加工中一般多采用这种方法。

例如，工序 5，为了获得外圆与孔的同轴度，采用了可胀心轴以孔定位，磨出各段外圆，既保证了各段外圆同轴度，又保证了外圆与孔的同轴度。

③套筒主要表面加工在几次安装中进行，先加工外圆，然后以外圆为精基准终加工内孔。采用这种方法时工件装夹迅速、可靠，但因一般卡盘安装误差较大，加工后工件的位置精度较低。若欲获得较高的同轴度，则必须采用定心精度高的夹具，如弹性膜片卡盘、液性塑料夹头，经过修磨的三爪卡盘和"软爪"等。

（4）防止套筒变形的工艺措施。套筒零件的结构特点是孔壁一般较薄，加工中常因夹紧力、切削力、内应力和切削热等因素的影响而产生变形。防止变形应注意以下几点。

①为减少切削力和切削热的影响，粗、精加工应分开进行，使粗加工产生的变形在精加工中可以得到纠正。

②减少夹紧力的影响，工艺上可采取的措施是改变夹紧力的方向，即径向夹紧改为轴向夹紧。例如，支架套精度较高，内孔圆度要求为 0.001 5 mm，任何微小的径向变形都有可能引起失败，在工序 12 中以左端面定位，找正外圆，轴向压紧在外圆台阶上，以减少夹紧变形。

③为减少热处理的影响，热处理工序应置于粗、精加工阶段之间，以便热处理引起的变形在精加工中予以纠正。套筒零件热处理后一般产生较大变形，所以精加工余量应适当放大。又如工序 9 烘漆，不能放在最终工序，否则将损坏精密加工表面。

2. 长套筒零件加工工艺分析

液压缸是典型的长套零件。图 5-9 所示为液压缸简图，其主要技术要求如下：

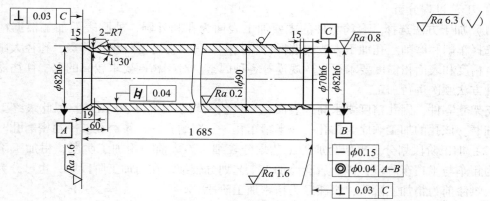

图 5 - 9　液压缸简图

（1）内孔必须光洁，无纵向刻痕。

（2）内孔圆柱度误差不大于 0.04 mm。

（3）内孔轴线的直线度误差不大于 ϕ0.15 mm。

（4）内孔轴线与端面的垂直度误差不大于 0.03 mm。

（5）内孔对两端支承外圆（ϕ82h6）的同轴度误差不大于 ϕ0.04 mm。

（6）若为铸件，组织应紧密，不得有砂眼、针孔及疏松，必要时要用验漏。

其工艺过程见表 5 - 3。

表 5 - 3　液压缸加工工艺过程

序号	工序名称	工序内容	定位与夹紧
1	配料	无缝钢管切断	—
2	车	1. 车 ϕ82 mm 外圆到 ϕ88 mm 及 M88 × 1.5 螺纹（工艺用）	三爪自定心卡盘夹一端，大头顶尖另一端
		2. 车端面及倒角	三爪自定心卡盘夹一端，搭中心架托 ϕ88 mm 处
		3. 调头车 ϕ82 mm 外圆到 ϕ84 mm	三爪自定心卡盘夹一端，大头顶尖另一端
		4. 车端面及倒角，取总长 1 685 mm（留加工余量 1 mm）	三爪自定心卡盘夹一端，搭中心架托 ϕ88 mm 处
3	深孔推镗	1. 半精推镗孔	一端用 M88 × 1.5 mm，螺纹固定在夹具中，另一端搭中心架
		2. 精推镗孔	
		3. 精铰（浮动镗刀镗孔）	
4	滚压孔	用滚压头滚压孔至 ϕ70H6 mm，表面粗糙度 Ra 值为 0.2 μm	一端螺纹固定在夹具中，另一端搭中心架

续表

序号	工序名称	工序内容	定位与夹紧
5	车	1. 车去工艺螺纹，车 $\phi82h6$ 到尺寸，切 $R7$ 槽	软爪夹一端，以孔定位顶另一端
		2. 镗内锥孔 1°30′ 及车端面	软爪夹一端，中心架托另一端（百分表找正找正孔）
		3. 调头，车 $\phi82h6$ 到尺寸	软爪夹一端，顶另一端
		4. 镗内锥孔 1°30′ 及车端面取总长 1 685 mm	软爪夹一端，中心架托另一端（百分表找正找正孔）

液压缸加工工艺过程分析如下。

（1）定位基准选择。长套筒零件的加工中，为保证内、外圆的同轴度，在加工外圆时，一般与空心主轴的安装相似，即以孔的轴线为定位基准，用双尖顶孔口棱边或一头夹紧另一头用顶尖顶孔口；加工孔时，与深孔加工相同，一般采用夹一头，另一头用中心架插托住外圆。作为定位基准的外圆表面应为已加工表面，以保证基准精确。

（2）加工方法选择。液压缸零件，因孔的尺寸精度要求不高，但为保证活塞与内孔的相对运动顺利，对孔的形位精度要求和表面结构要求均较高。因而终加工采用滚压，以满足表面结构要求，精加工采用镗孔和浮动铰孔，以保证较高的圆柱度和孔轴线的直线度要求。由于毛坯采用无缝钢管，毛坯精度高，加工余量小，内孔直接半精镗。该孔加工方案为半精镗——精镗——精铰——滚压。

（3）夹紧方式选择。液压缸壁薄，采用径向夹紧易变形。但由于轴向长度大，加工时，需要两端支承，装夹外圆表面。为使外圆受力均匀，先在一端外圆表面上加工出工艺螺纹，使下面的工序都能用工艺螺纹夹紧外圆，当终加工完孔后，再车去工艺螺纹达到外圆要求的尺寸。

5.3　箱体零件加工

5.3.1　概　述

1. 箱体类零件的功用和结构特点

1）功用

箱体类零件是机器或部件的基础零件，它将机器或部件中有关零件组装在一起，使其保持正确的相互位置，并能按照一定的要求协调地运动。因此，箱体的加工质量直接影响机器的性能、精度和寿命。

2）结构特点

由于机器的种类很多，组成部件差别很大，所用箱体的功用和结构各不相同。常见的机床主轴箱、进给箱和溜板箱、汽车变速箱及减速器箱体等，其结构形状变化很大。图 5 – 10

所示为常见的几种典型箱体。各种箱体的结构具有一些共同之处，如形状较复杂、内部呈腔形、壁薄且不均匀；有若干精度要求较高的基准平面和孔系；多数平面上都有连接用的螺纹孔或通孔等。因此，箱体加工部位较多，加工难度也较大。

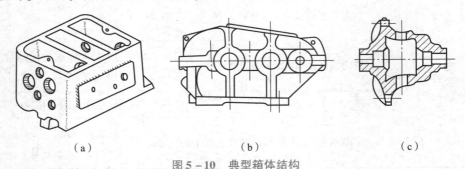

图 5-10　典型箱体结构

（a）机床主轴箱；（b）分离式减速箱；（c）汽车后桥分速箱

2. 箱体类零件的主要技术要求

箱体铸件对毛坯铸造质量要求较严格，不允许有气孔、砂眼、疏松、裂纹等铸造缺陷。为了便于切削加工，多数铸铁箱体需要经过退火处理以降低表面硬度。为确保使用过程中不变形，重要箱体往往安排较长时间的自然时效以释放内应力。对箱体重要加工面的主要要求如下。

1）主要平面的形状精度和表面粗糙度

箱体的主要平面是装配基准，并且往往是加工时的定位基准，所以应有较高的平面度和较小的表面粗糙度值，否则直接影响箱体加工时的定位精度，影响箱体与机座总装时的接触刚度和相互位置精度。

一般箱体主要平面的平面度为 0.03～0.1 mm，表面粗糙度 Ra 为 2.5～0.63 μm，各主要平面对装配基准面垂直度为 0.1/300 mm。

2）孔的尺寸精度、几何形状精度和表面粗糙度

箱体上的轴承孔本身的尺寸精度、形状精度和表面粗糙度都要求较高，否则将影响轴承与箱孔的配合精度，使轴的回转精度下降；也易使传动件（如齿轮）产生振动和噪声。一般机床主轴箱的主轴支承孔的尺寸精度为 IT6，圆度、圆柱度公差不超过孔径公差的一半，表面粗糙度 Ra 为 0.63～0.32 μm。其余支承孔尺寸精度为 IT6～IT7，表面粗糙度 Ra 为 2.5～0.63 μm。

3）主要孔和平面相互位置精度

同轴线的孔应有一定的同轴度要求，各支承孔之间也应有一定的孔距尺寸精度及平行度要求，否则不仅装配有困难，而且使轴的运转情况恶化，温度升高，轴承磨损加剧，齿轮啮合精度下降，易引起振动和噪声，影响齿轮寿命。支承孔之间的孔距公差为 0.05～0.12 mm，平行度公差应小于孔距公差，一般在全长上取 0.04～0.1 mm。

3. 箱体类零件的材料与毛坯

箱体类零件常用材料大多为普通灰铸铁，其牌号可根据需要选用 HT150～HT350，用得较多的是 HT200。灰铸铁的铸造性和可加工性好，价格低廉，具有较好的吸振性和耐磨性。在特别需要减轻箱体质量的场合可采用有色金属合金，如航空发动机箱体常用镁

铝合金等有色轻金属制造。在单件、小批生产中，为缩短生产周期，有些箱体也可用钢板焊接而成。

单件、小批生产铸铁箱体，常用木模手工砂型铸造，毛坯精度低，加工余量大；大批量生产中大多用金属模机器造型铸造，毛坯精度高，加工余量小。铸铁箱体毛坯上直径大于 30 mm 的孔大都预先铸出，以减少加工余量。

4. 箱体零件的结构工艺性

箱体零件的结构形状比较复杂，加工表面多、要求高，机械加工量大，因此箱体的结构工艺性对实现优质、高产、降低成本具有重要的意义。

1）箱体的基本孔

箱体的基本孔可分为通孔、阶梯孔、盲孔、交叉孔等几类。其中通孔的工艺性最好，尤其是孔的长度 L 与孔径 D 之比 $L/D \leqslant 1 \sim 1.5$ 的短圆柱孔工艺性更好；$L/D > 5$ 的孔，称为深孔，若深孔精度要求较高、表面粗糙度值较小时，加工就比较困难。阶梯孔的工艺性较差，尤其当孔径相差很大而其中小孔又较小时，工艺性就更差。盲孔的工艺性很差，应尽量避免，或将箱体的盲孔钻通而改为阶梯孔，以改善其工艺性。交叉孔的工艺性也较差，如图 5-11（a）所示，当加工 ϕ100H7 孔的刀具走到交叉口处时，由于不连续切削产生径向受力不等，容易使孔的轴线偏斜和损坏刀具，而且还不能采用浮动刀具加工。为了改善其工艺性，可将 ϕ70 的毛坯孔不铸通，如图 5-11（b）所示。先加工完 ϕ100H7 孔后再加工 ϕ70H7 的孔，孔的加工质量易于保证。

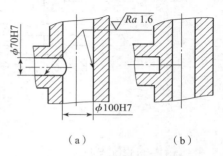

图 5-11　交叉孔的结构工艺性
（a）交叉孔；（b）交叉孔毛坯

2）箱体的同轴孔

箱体上同一轴线上各孔的孔径排列方式有三种，如图 5-12 所示。图 5-12（a）所示为孔径大小向一个方向递减，且相邻两孔直径之差大于孔的毛坯加工余量，这种排列方式便于镗杆和刀具从一端伸入同时加工同轴线上的各孔，单件小批生产中，这种结构最方便。图 5-12（b）所示为孔径大小从两边向中间递减，加工时可使刀杆从两边进入，这样不仅缩短了镗杆长度，提高了镗杆的刚度，而且为双面同时加工创造了条件，所以大批量生产的箱体常采用这种形式。图 5-12（c）所示为孔径大小不规则排列，工艺性差，应尽量避免。

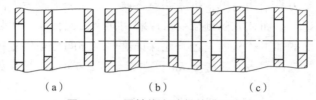

（a）　　　　　　　（b）　　　　　　　（c）

图 5-12　同轴线上孔径的排列方式

（a）孔径大小向一个方向递减；（b）孔径大小从两边向中间递减；（c）孔径大小不规则排列

3）箱体的端面

箱体的外端面凸台，应尽可能在同一平面上，如图 5-13（a）所示。若采用图 5-13（b）所示形式，加工就比较麻烦。而箱体的内端面加工比较困难。如结构上必须加工时，应尽可能使内端面尺寸小于刀具需穿过的孔加工前的直径，如图 5 - 14（a）所示。若是如图 5 - 14（b）所示，加工时镗杆伸进后才能装刀，镗杆退出前又需将刀卸下，加工很不方便。当内端面尺寸过大时，还需采用专用的径向进给装置，工艺性更差。

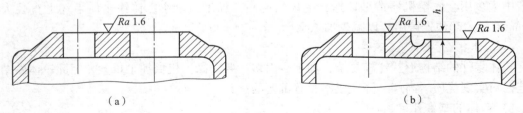

图 5 - 13　箱体外端面凸台的结构工艺性

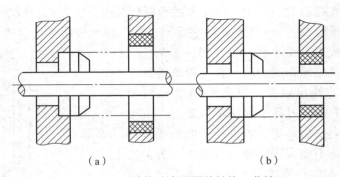

图 5 - 14　箱体孔内端面的结构工艺性

4）箱体的装配基面

尺寸应尽可能大，形状应尽量简单，以利于加工、装配和检验。箱体上紧固孔的尺寸规格应尽可能一致，以减少加工中换刀的次数。

5.3.2　箱体零件的加工工艺

1. 箱体零件的平面加工

箱体平面的加工，常用的方法为刨削、铣削和磨削三种。刨削和铣削常用作平面的粗加工和半精加工，而磨削则用作平面的精加工。

1）刨削加工

刨削加工的特点是刀具结构简单，机床调整方便，但在加工较大平面时生产率较低，主要适用于单件、小批生产。而在龙门刨床上可以利用几个刀架，在一次装夹中可以同时进行或依次完成若干个表面的加工，从而能经济地保证这些表面间相互位置精度要求。另外，精刨还可以代替刮削，精刨后的表面粗糙度 Ra 可达 0.63 ~ 2.5 μm，平面度可达 0.002 mm/m。

2）铣削加工

铣削生产率高于刨削，在中批以上生产中多用铣削加工平面，当加工尺寸较大的箱体平面时，常在多轴龙门铣床上用几把铣刀同时加工几个平面。这样既能保证平面间的相互位置精度，同时又提高了生产率。近年来，端铣刀在结构、制造精度、刀具材料等方面都有很大改进。例如，不重磨端铣刀的齿数少，平行切削刃的宽度较大，每齿进给量 f_z 可达数毫米，进给量在背吃刀量口较小（0.3 mm 以下）的情况下可达 6 000 mm/min，其生产率较普通精加工端铣刀高 3~5 倍。铣削加工的表面粗糙度 Ra 可达 1.25 μm。

3）磨削加工

平面磨削的加工质量比刨削、铣削都高。磨削表面的表面粗糙度 Ra 可达 0.32~ 1.25 μm。生产批量较大时，箱体的主要平面常用磨削来精加工。为了提高生产率和保证平面间的相互位置精度，还可采用组合磨削来精加工平面。

2. 箱体零件的孔系加工

箱体上一系列有相互位置精度要求的孔的组合，称为孔系。孔系可分为平行孔系、同轴孔系和交叉孔系，孔系加工是箱体加工的关键。根据箱体生产批量的不同和孔系精度要求的不同，孔系加工所用的加工方法也不一样，现分别予以讨论。

1）平行孔系的加工

所谓平行孔系，是指孔的轴线互相平行且孔距也有精度要求的孔系。

下面主要介绍一下保证平行孔系孔距精度的方法。

（1）找正法。找正法是工人在通用机床（铣床、镗床）上利用辅助工具找正要加工孔的正确位置的加工方法。这种方法加工效率低，一般只适于单件、小批生产。根据找正方法的不同，找正法又可分为以下几种。

①划线找正法。加工前按零件图要求在箱体毛坯上划出各孔的加工位置线，然后按划线进行加工。这种方法划线找正时间较长，生产效率低，加工出来的孔距精度也低，一般为 0.5~ 1 mm，仅适用于单件、小批生产。为了提高划线找正精度，往往可以结合试切法同时进行。

②心轴量块找正法。如图 5-15 所示，将精密心轴分别插在机床主轴孔和已加工孔内，然后用一定尺寸的量块组合来找正主轴的位置。找正时，在量块与心轴之间要用塞尺测定间隙，以免量块与心轴直接接触而产生变形。此法可达到较高的孔距精度（±0.03 mm），但生产效率低，适合单件、小批生产。

③样板找正法。如图 5-16 所示，用 10~20 mm 厚的钢板制造样板，装在垂直于各孔的端面上（或固定于机床工作台上）。样板上的孔距精度较箱体孔系的孔距精度高（一般为 ±0.01~0.03 mm），样板上的孔径比工件上的孔径大，以便镗杆通过。样板上的孔径精度要求不高，但要有较高的形状精度和较低的表面粗糙度值，便于找正。当样板准确地装到工件上后，在机床主轴上装一个千分表，按样板找正机床主轴位置进行加工。此法加工孔系不易出差错，找正方便，孔距精度可达 ±0.05 mm，而且样板的成本低，仅为镗模成本的 1/7~1/9，单件、小批生产的大型箱体加工常用此法。

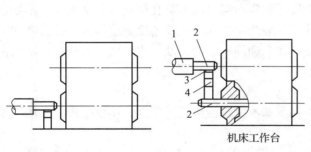

图 5-15　用心轴规块找正法

1—主轴；2—心轴；3—塞尺；4—量块

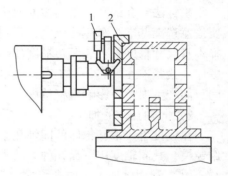

图 5-16　样板找正法

1—样板；2—千分表

（2）镗模法。用镗模加工孔系，如图 5 – 17 所示。工件装夹在镗模上，镗杆被支承在镗模的导套里，由导套引导镗杆在工件的正确位置上镗孔。

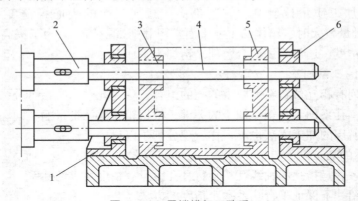

图 5 – 17　用镗模加工孔系

1—镗模支架；2—镗床主轴；3—镗刀；4—镗杆；5—工件；6—导套

用镗模加工孔时，镗杆与机床主轴多采用浮动连接，机床精度对孔系加工精度影响很小，孔距精度主要取决于镗模，因而可以在精度较低的机床上加工出精度较高的孔系。同时镗杆刚度大大提高，有利于采用多刀同时切削——定位夹紧迅速，无须找正，生产效率高。因此，不仅在中批以上生产中普遍采用镗模加工孔系，就是在小批生产中，对一些结构复杂、加工量大的箱体孔系，采用镗模加工往往也是合理的。

但是，镗模的精度高，制造周期长，成本高，并且由于镗模本身的制造误差和镗套与镗杆的配合及磨损对孔系加工精度有影响，因此用镗模法加工孔系不可能达到很高的加工精度。一般孔径尺寸精度为 IT7 左右，表面粗糙度值 Ra 为 $1.6 \sim 0.8\ \mu m$；孔与孔的同轴度和平行度，从一端加工可达 $0.02 \sim 0.03\ mm$，从两端分别加工可达 $0.04 \sim 0.05\ mm$；孔距精度一般为 $\pm 0.05\ mm$ 左右。

（3）坐标法。坐标法镗孔是在普通卧式镗床、坐标镗床或数控铣镗床等设备上，借助于测量装置，调整机床主轴与工件间在水平和垂直方向上的相对位置，来保证孔距精度的一种镗孔法。采用坐标法镗孔之前，必须把各孔距尺寸及公差换算成以基准孔中心为原点的相互垂直的坐标尺寸及公差，由三角几何关系及工艺尺寸链规律采用计算机可方便算出。

坐标法镗孔的孔距精度主要取决于坐标的移动精度，也就是坐标测量装置的精度。另外要注意选择基准孔和镗孔顺序，否则坐标尺寸的累积误差会影响孔距精度。基准孔应尽量选择本身尺寸精度高、表面粗糙度值小的孔，一般为主轴孔。孔距精度要求较高的孔，其加工顺序应紧紧连在一起，加工时，应尽量使工作台朝同一方向移动，避免因工作台往返移动由间隙而产生误差，影响坐标精度。

2）同轴孔系的加工

在成批生产中，箱体的同轴孔系的同轴度基本由镗模保证。单件、小批生产，一般不采用镗模，其同轴度用下面几种方法来保证。

（1）利用已加工孔作支承导向：当箱体前壁上的孔加工好后，在孔内装一导向套，支承和引导镗杆加工后壁上的孔，以保证两孔的同轴度要求，这种方法适用于加工箱壁较近的同轴线孔。

（2）利用镗床后立柱上的导向套支承导向：这种方法其镗杆系两端支承，刚度好。但后立柱导套的位置调整麻烦、费时，往往需要用心轴量块找正，且需要用较长的镗杆，故多用于大型箱体的加工。

（3）采用调头镗：当箱体壁相距较远时，宜采用调头镗法，即工件在一次装夹下，先镗好一端孔后，将工作台回转 180°，再加工另一端的同轴线孔。这种方法不用夹具和长刀杆，准备周期短；镗杆悬伸长度短，刚度好；但需要调整工作台的回转误差和调头后主轴应处的正确位置，麻烦且费时，多用于单件、小批生产。

3）交叉孔系的加工

交叉孔系的主要技术要求是控制有关孔轴线的垂直度。成批生产中一般采用镗模，孔轴线的垂直度主要靠镗模来保证。单件、小批生产中，在普通镗床上主要靠机床工作台上的 90°对准装置。因为它是挡铁装置，结构简单，但对准精度较低。有些精密镗床如 TM617，采用了端面齿定位装置，90°定位精度为 5″，有的则用了光学瞄准器。目前，有些企业采用数控铣镗床及加工中心来加工箱体的交叉孔系，加工精度就易于保证。当有些镗床工作台 90°对准装置精度较低，不能满足加工精度要求时，可用心棒和百分表找正来提高其定位精度。具体方法：在加工好的孔中插入心棒，工作台转位 90°后，用百分表找正，再加工另一交叉孔，如图 5 – 18 所示。

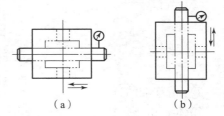

图 5 – 18　找正法加工交叉孔系
（a）第一工位；（b）第二工位

5.3.3　箱体的加工工艺分析

1. 定位基准的选择

1）粗基准的选择

在选择箱体的粗基准时，箱体的粗基准通常应满足以下几点要求。

（1）在保证各加工面均有加工余量的前提下，应使重要孔的加工余量尽量均匀。

（2）装入箱体内旋转零件应与箱体内壁有足够的间隙。

（3）保证箱体必要的外形尺寸及定位夹紧可靠。

箱体类零件一般选择重要孔（主轴孔）为粗基准，这是因为主轴孔自身的精度要求最高；铸造的主轴孔、其他支承孔及箱体内壁的泥芯是装成一个整体放入的，孔的相互位置精度较高。选择主轴孔为粗基准，不仅可以较好地保证箱体上孔的加工余量均匀，还可以较好地保证各孔轴线与箱体不加工表面的相互位置。但随着生产类型的不同，实现以主轴孔为粗基准的工件装夹方式则有所不同。

（1）中、小批量生产。中、小批量生产时，由于毛坯精度较低，一般采用划线装夹，加工箱体平面时，按划线找正加工即可。

（2）大批量生产。此时由于毛坯精度较高，可以直接在夹具上以主轴孔定位、装夹，如图 5 – 19 所示。其过程：先将工件放在 1、3、5 各支承上，并使箱体侧面紧靠支架 4，箱体一端靠住端面挡销 6，从而实现预定位。此时将液压控制的两短轴 7 伸入主轴孔中。短轴上的三个活动支柱 8 分别顶住主轴孔内的毛面，将工件抬起，离开 1、3、5 支承面，使主轴孔轴线与夹具的两短轴轴线重合。这时主轴孔即为箱体的定位基准。为了限制工件绕短轴 7

轴线的转动自由度，在工件抬起后，调节两可调支承10，使箱体顶面成水平。再调节辅助支承2，使其与箱体底面接触，增加工艺系统刚度。最后将液压控制的两夹紧块伸入箱体两端孔内压紧工件，即可进行加工。

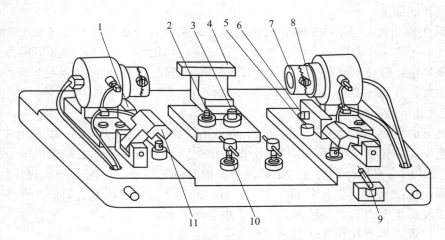

图 5 - 19　以主轴孔为粗基准铣顶面的夹具

1，3，5—支承；2—辅助支承；4—支架；6—挡销；7—短轴；8—活动支柱；
9—操纵手柄；10—可调支承；11—夹紧块

2）精基准的选择

箱体上孔与孔、孔与平面及平面与平面之间都有较高的尺寸精度和相互位置精度要求，这些要求的保证与精基准的选择有很大关系。为此，通常优先考虑"基准统一"原则，使具有相互位置精度要求的大部分加工表面的大部分工序尽可能用同一组基准定位，以避免因基准转换过多而带来的累积误差，有利于保证箱体各主要表面的相互位置精度；并且由于多道工序采用同一基准，使所用的夹具具有相似的结构形式，可减少夹具设计与制造工作量，对加速生产准备工作、降低成本也是有益的。究竟应选择箱体哪些面作统一的定位基准，下面以床头箱为例进行比较分析。

（1）以装配基面为精基准。图 5 - 20 为某车床在主轴箱单件、小批加工孔系时，选择箱体底面导轨 B、C 面作为定位基准。B、C 面既是主轴箱的装配基准，又是主轴孔的设计基准，并与箱体的两端面、侧面以及各纵向孔在相互位置上有直接联系，故选择 B、C 面作为定位基准，可以消除主轴孔加工时的基准不重合误差。此外，用 B、C 面定位稳定可靠，装夹误差少，加工各孔时，由于箱口朝上，更换导向套，安装调整刀具，观察，测量等都很方便。这种定位方式也有不足之处，加工箱体中间壁上孔时，为提高刀具系统的刚度，应设置刀杆的支承和导套。由于箱体底部是封闭的，中间支承只能用如图 5 - 21 所示的吊架从箱体顶面的开口处伸入箱体内，每加工一件需装卸一次，容易产生误差且使辅助时间增加，因此这种定位方式只适用于单件小批生产。

（2）以一面两孔作精基准。由于用架式镗模存在以上问题，大批、大量生产的床头箱通常以顶面和两定位销孔为精基准，如图 5 - 22 所示。此时，箱口朝下，中间导向支架可固定在夹具体上。由于简化了夹具结构，提高了夹具的刚度，同时工件的装卸也比较方便，因而提高了孔系的加工质量和劳动生产率。

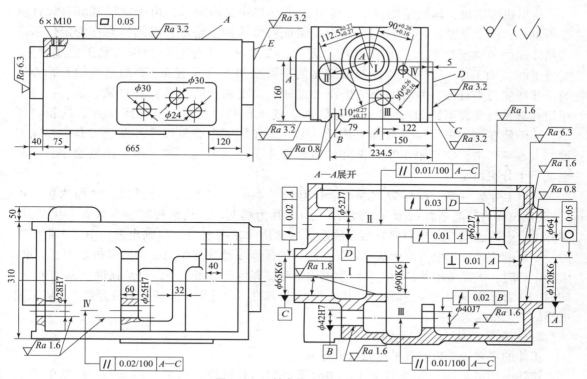

图 5 – 20　某车床主轴箱简图

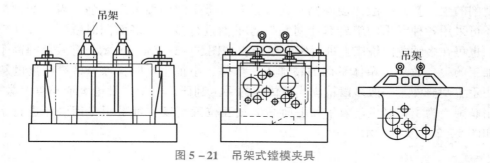

图 5 – 21　吊架式镗模夹具

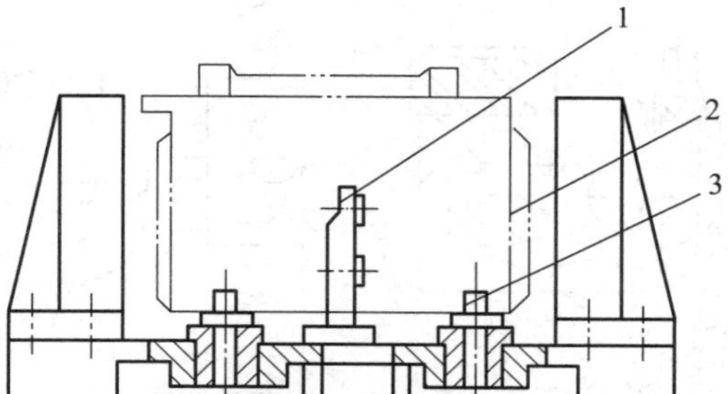

图 5 – 22　以顶面和两销孔定位镗模示意图

1—导向支架；2—工件；3—定位销

　　这里也应指出：床头箱的这一定位方式也存在一定的问题，由于定位基准与设计基准不重合，产生了基准不重合误差。为了保证箱体的加工精度，必须提高作为定位基准的箱体顶面和两定位销孔的加工精度。因此，在大批、大量生产的床头箱工艺过程中，安排了磨 R 面工序，要求严格控制顶面 R 的平面度和 R 面至底面、R 面至主轴孔轴心线的尺寸精度与平行度，并将两定位销孔（设计上为主轴孔的油孔）通过钻、扩、铰等工序使其直径精度提高到 H7，增加了箱体加工的工作量。此外，这种定位方式的箱口朝下，还不便在加工中直接观察加工情况，也无法在加工中测量尺寸和调整刀具。但在大批、大量生产中，广泛采用自动循环的组合机床、定径刀具，加工情况比较稳定，问题也就不十分突出了。

　　从以上分析可知，箱体精基准的选择有两种不同的方案：一种是以三平面为精基准（主要定位面为装配基面）；另一种是以一面两孔为精基准。这两种定位方式各有优缺点，实际生产中的选用与生产类型有很大关系。通常从"基准统一"原则出发，中、小批生产时，尽可能使定位基准与设计基准重合，即一般选择设计基准作为统一的定位基准；大批、大量生产时，优先考虑的是如何稳定加工质量和提高生产效率，不过分地强调"基准重合"问题，一般多用典型的一面两孔作为统一的定位基准，由此而引起基准不重合误差，可采取适当的工艺措施去解决。

　　2. 主要表面加工方法的选择

　　箱体的主要加工表面有平面和轴承支承孔。

　　箱体平面的粗加工和半精加工，主要采用刨削和铣削，也可采用车削。刨削的刀具结构简单，机床调整方便，但在加工较大的平面时，生产效率低，适用于单件、小批生产。铣削的生产效率一般比刨削高，在成批和大量生产中多采用铣削。当生产批量较大时，还可采用各种专用的组合铣床对箱体各平面进行多刀、多面同时铣削；尺寸较大的箱体，也可在多轴龙门铣床上进行组合铣削，如图 5-23（a）所示，有效地提高了箱体平面加工的生产效率。箱体平面的精加工，单件、小批生产时，除一些高精度的箱体仍需采用手工刮研外，一般多以精刨代替传统的手工刮研。当生产批量大而精度又较高时，多采用磨削。为了提高生产效率和平面间的相互位置精度，可采用专用磨床进行组合磨削，如图 5-23（b）所示。

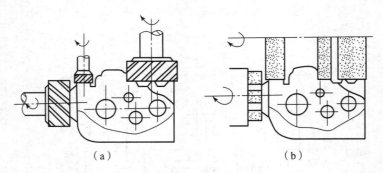

图 5-23　箱体平面的组合铣削与磨削

　　箱体上精度 IT7 的轴承支承孔，一般需要经过 3~4 次加工。可采用镗（扩）——粗铰——精铰或镗（扩）——半精镗——精镗的工艺方案进行加工（若未铸出预孔应先钻孔）。

以上两种工艺方案都能使孔的加工精度达到 IT7，表面粗糙度 Ra 为 2.5～0.63 μm。前者用于加工直径较小的孔，后者用于加工直径较大的孔。当孔的精度超过 IT6 时，表面粗糙度 Ra 小于 0.63 μm 时，还应增加一道最后的精加工或精密加工工序，常用的方法有精细镗、滚压、珩磨等。单件、小批生产时，也可采用浮动铰孔。

3. 拟定箱体工艺过程的原则

床头箱是一般整体式箱体中结构较为复杂、要求又高的一种箱体，其加工的难度较大，拟定箱体的工艺过程应遵循以下几个原则。

（1）先面后孔的加工顺序。床头箱的加工是按照平面——→孔——→平面的顺序进行的。先加工平面，后加工孔，这也是箱体加工的一般规律。因为箱体的孔比平面加工要困难得多，先以孔为粗基准加工平面，再以平面为精基准加工孔，不仅为孔的加工提供了稳定可靠的精基准，同时也可以使孔的加工余量较为均匀。并且，由于箱体上的孔大部分分布在箱体的平面上，先加工平面，切除了铸件表面的凹凸不平和夹砂等缺陷，对孔的加工也比较有利，钻孔时，可减少钻头引偏；扩或铰孔时，可防止刀具崩刃；对刀调整也比较方便。

（2）粗、精加工分开。床头箱主要表面的加工明显地将粗、精加工分阶段进行，这也是一般箱体加工的规律之一。因为箱体的结构形状复杂，主要表面的精度高，粗、精加工分开进行，可以消除由粗加工所造成的内应力、切削力、夹紧力和切削热对加工精度的影响，有利于保证箱体的加工精度；同时还能根据粗、精加工的不同要求来合理地选用设备，有利于提高生产效率。

应当注意的是由于粗、精加工的分开进行，机床与夹具的需要数量及工件的安装次数相应增加，对单件、小批生产来说，往往会使制造成本增加。在这种情况下，常常又将粗、精加工合并在一道工序进行，但应采取相应的工艺措施来保证加工精度。例如，粗加工后松开工件，然后再用较小的夹紧力将工件夹紧，使工件因夹紧力而产生的弹性变形在精加工之前得以恢复；粗加工后待充分冷却再进行精加工；减少切削用量，增加走刀次数，以减少切削力和切削热的影响。

（3）合理安排热处理。床头箱的结构比较复杂，壁厚不匀，铸造时形成了较大的内应力。为了保证其加工后精度的稳定性，在毛坯铸造之后安排了一次人工时效，以消除其内应力。床头箱人工时效的工艺规范：加热到 530 ℃～560 ℃，保温 6～8 h，冷却速度小于或等于 30 ℃/h，出炉温度小于或等于 200 ℃。在拟定一般箱体的工艺过程时，也应考虑如何消除内应力问题。对普通精度的箱体，一般在毛坯铸造之后安排一次人工时效即可，而对一些高精度的箱体或形状特别复杂的箱体，应在粗加工之后再安排一次人工时效处理，以消除粗加工所造成的内应力，进一步提高箱体加工精度的稳定性。箱体人工时效的方法，除用加热保温的方法外，也可采用振动时效。

5.3.4 箱体零件加工工艺过程

箱体零件的结构复杂，加工部位多，依其批量大小和各厂实际条件，其加工方法是不同的。表 5-4 为图 5-20 所示某车床主轴箱小批生产的机械加工工艺过程，表 5-5 为图 5-20 所示某车床主轴箱的大批量生产过程。

表5-4 某主轴箱小批量生产工艺过程

序号	工序内容	定位基准
1	铸造	—
2	时效	—
3	涂底漆	—
4	划线；主轴孔留有加工余量且尽量均匀。划 C、A、E、D 面加工线	—
5	粗精加工顶面 A	按线找正
6	粗、精加工及 B、C 面及侧面 D	顶面 A 并找正主轴孔
7	粗、精加工两端面 E、F	B、C 面
8	粗、半精加工各纵向孔	B、C 面
9	精加工各纵向孔	B、C 面
10	粗、精加工各横向孔	B、C 面
11	加工螺纹孔及各次要孔	—
12	清洗、去毛刺	—
13	检验	—

表5-5 某主轴箱大批量生产工艺过程

序号	工序内容	定位基准
1	铸造	—
2	时效	—
3	涂底漆	—
4	铣顶面	孔 I 与 II
5	钻、扩、铰 2×ϕ18H7 工艺孔（将 6×M10 先钻至 ϕ7.8，铰 2×ϕ18H7）	顶面 A 及外形
6	铣两端面 E、F 及前面 D	顶面 A 及两工艺孔
7	铣导轨面 B、C	顶面 A 及两工艺孔
8	磨顶面 A	导轨面 B、C
9	粗镗各纵向孔	顶面 A 及两工艺孔
10	精镗各纵向孔	顶面 A 及两工艺孔
11	精镗主轴孔 I	顶面 A 及两工艺孔
12	加工横向孔及各次要孔	—
13	磨导轨面 B、C 及前面 D	顶面 A 及两工艺孔
14	将 2×ϕ18H7 及 4×ϕ7.8 均扩钻至 ϕ8.5，攻 6×M10	—
15	清洗、去毛刺	—
16	检验	—

1. 基准的选择

1）精基准的选择

箱体的装配基准和测量基准大多数是平面，所以，箱体加工过程中一般以平面作为精基准。在不同工序多次安装加工其他各表面，有利于保证各表面的相互位置精度，夹具设计工作量也可减少，且平面的面积大、定位稳定可靠、误差较小。在加工孔时，一般箱口朝上，便于更换导向套、安装调整刀具、测量孔径尺寸、观察加工情况等。因此，这种定位方式在成批生产中得到了广泛的应用。

但是，当箱体内部隔板上也有精度要求较高的孔需要加工时，为保证孔的加工精度，在箱体内部相应的位置需设置镗杆导向支承，由于箱体底部是封闭的，因此，中间支承只能按图 5-24 所示那样从箱体顶面的开口处伸入箱体内。这种悬挂式吊模刚性差、安装误差大，影响箱体孔系加工精度。并且装卸吊模的时间长，影响生产率的提高。

为了提高生产率，在大批、大量生产时，床头箱则以顶面和两定位销孔为精基准，中间导向支架可直接固定在夹具体上（图 5-22）。这样可解决加工精度低和辅助时间长的问题。但是这种定位方式产生了基准不重合误差，为了保证加工精度，必须提高作为定位基准的箱体顶面和两定位销孔的加工精度，这样就增加了箱体加工的工作量。这种定位方式在加工过程中无法观察加工情况、测量孔径和调整刀具，因而要求采用定值刀具直接保证孔的尺寸精度。

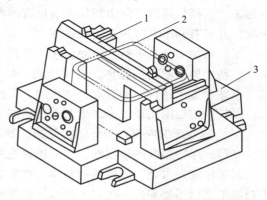

图 5-24　以底面定位镗模示意图
1—镗杆导向支承；2—工件；3—镗模

2）粗基准的选择

选择粗基准时，应该满足以下两项要求。

（1）在保证各加工面均有余量的前提下，应使重要孔的加工余量均匀、孔壁的薄厚量均匀，其余部位均有适当的壁厚。

（2）保证装入箱体内的旋转零件（如齿轮、轴套等）与箱体内壁间有足够的间隙，以免互相干涉。

在大批量生产时，毛坯精度较高，通常选用箱体重要孔的毛坯孔作粗糙基准。对于精度较低的毛坯，按上述办法选择粗基准，往往会造成箱体外形偏斜，甚至局部加工余量不够。因此，在单件、小批及中批生产时，一般毛坯精度较低，通常采用划线找正的办法进行第一道工序的加工。

2. 工艺路线的拟定

1）主要表面加工方法的选择

箱体的主要加工表面有平面和支承孔。对于中、小件，主要平面的加工，一般在牛头刨床或普通铣床上进行。对于大件，一般在龙门刨床或龙门铣床上进行。刨削的刀具结构简单，机床成本低，调整方便，但生产率低，在大批、大量生产时，多采用铣削；精度要求较高的箱体在刨或铣后，还需要刮研或以精刨、磨削代替。在大批、大量生产时，为了提高生产率和平面间相互位置精度，可采用多轴组合铣削与组合磨削机床。

箱体支承孔的加工，对于直径小于 $\phi50$ mm 的孔，一般不铸出，可采用钻——→扩（或半精镗）——→铰（或精镗）的方案。对于已铸出的孔，可采用粗镗——→半精镗（用浮动镗刀片）的方案。由于主轴承孔精度和表面结构要求比其余轴孔高，所以，在精镗后，还用浮动镗刀进行精细镗。对于箱体上的高精度孔，最后精加工工序也可以采用珩磨、滚压等工艺方法。

2）加工顺序安排的原则

（1）先面后孔的原则：箱体主要是由平面和孔组成，这也是它的主要表面。先加工平面，后加工孔，是箱体加工的一般规律。因为主要平面是箱体在机器上的装配基准，先加工主要平面后加工支承孔，使定位基准与设计基准和装配基准重合，从而消除因基准不重合而引起的误差。

（2）粗、精加工分开的原则：对于刚性差、批量较大、要求精度较高的箱体，一般要粗、精加工分开进行，即在主要平面和各支承孔的粗加工之后再进行主要平面和各轴承孔的精加工。这样，可以消除由粗加工所造成的内应力、切削力、切削热、夹紧力对加工精度的影响，并且有利于合理地选用设备等。

粗、精加工分开进行，会使机床、夹具的数量及工件安装次数增加，所以对单件、小批生产、精度要求不高的箱体，常常将粗、精加工合并在一道工序进行，但必须采取相应措施，以减少加工过程中的变形，如粗加工后松开工件，让工件充分冷却，然后用较小的夹紧力，以较小的切削用量，多次走刀进行精加工。

（3）热处理的安排：箱体结构复杂，壁厚不均匀，铸造内应力较大，为了消除内应力，减少变形，保持精度的稳定性，在毛坯铸造之后，一般安排一次人工时效处理。

对于精度要求高、刚性差的箱体，在粗加工之后再进行一次人工时效处理，有时甚至在半精加工之后还要安排一次时效处理，以便消除残留的铸造内应力和切削加工时产生的内应力。对于特别精密的箱体，在机械加工过程中还需安排较长时间的自然时效（如坐标镗床主轴箱箱体）。

3. 箱体的加工工艺过程

图 5-25 所示为常见分离式箱体，其机械加工工艺过程见表 5-6。

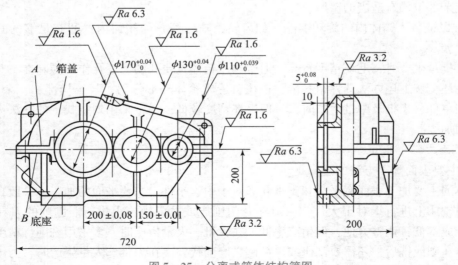

图 5-25　分离式箱体结构简图

表 5-6 分离式箱体机械加工工艺过程

加工阶段	工序	工序名称	工序内容	设备及主要工艺装备
箱盖加工	1	铸造	铸造毛坯	—
	2	热处理	人工时效	—
	3	油漆	上底漆	—
	4	划线	兼顾各部划全线	—
	5	刨	①凸缘 A 面为基准，粗、精刨接合面；②以对合面为基准刨顶面	龙门刨床
	6	划线	划接合面连接孔线，顶面螺孔线，定位销孔线	—
	7	钻	钻接合面连接孔，顶面螺纹底孔	钻头、钻床
	8	钳	攻螺纹，去毛刺	丝锥
	9	检验	—	—
底座加工	1	铸造	铸造毛坯	—
	2	热处理	人工时效	—
	3	油漆	上底漆	—
	4	划线	划全线	—
	5	刨	①以凸缘 B 面为基准粗刨接合面；②以对合面为基准刨底面；③以底面为基准精刨接合面	龙门刨床
	6	划线	划底面孔线，侧面各孔线	—
	7	钻	钻各孔及螺纹底孔，锪平沉头孔	钻床、钻头
	8	钳	攻螺纹，去毛刺	丝锥
	9	检验	—	—
组合整体加工	1	钻	①将盖与底座扣合、对齐、夹紧、配钻、铰二定位销孔；②根据箱盖配钻底座接合面连接孔，锪箱盖沉孔	钻床、钻头、铰刀
	2	钳	清除接合面毛刺、切屑，用螺栓将盖与底座连为一体并配锥销	—
	3	镗	镗端面，粗、精镗轴承孔，切孔内槽	卧式镗床
	4	钳	去毛刺、清洗、打标记	—
	5	检验	—	—

与加工整体式箱体工艺路线比较，分离式箱体整个加工过程明显分为两个阶段：第一阶段主要完成底座和箱盖结合平面、连接孔等的粗、精加工，为二者的组合加工做准备；第二阶段主要完成底座和箱盖结合体上共有轴承孔及相关表面的粗、精加工。在两个加工阶段之间，应安排钳工工序，将箱盖和底座装配成一整体，按图样规定加工定位销孔并配销定位，使其保持确定的相互位置。这样安排既符合先面后孔的原则，又使粗、精加工分开进行，能较好地保证分离式箱体轴承孔的几何精度及中心高等达到图样要求。

5.4　圆柱齿轮加工工艺

5.4.1　概述

1. 齿轮的功用与结构特点

1）功用

齿轮是机械传动中最常用的零件之一，它的功用是按规定的速比传递运动和扭矩，如机床主轴箱齿轮等。

2）结构特点

由于齿轮的结构不同而具有各种不同的形状，但从工艺角度可将齿轮看成是由齿圈和轮体两部分构成。

按照齿圈上轮齿的分布形式，可分为直齿、斜齿、人字齿轮；按照齿圈上轮齿的齿形，可分为渐开线齿轮和摆线齿轮等；按照轮体的结构特点，齿轮可分为盘形齿轮、套类齿轮、内齿轮、轴齿轮、扇形齿轮和齿条等，如图 5－26 所示。

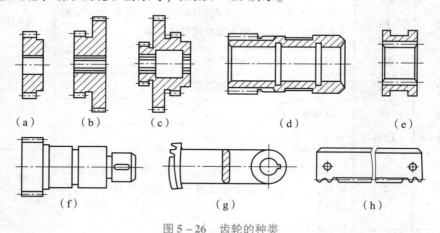

（a）　　　　（b）　　　　（c）　　　　　　　（d）　　　　　　（e）

（f）　　　　　　　　（g）　　　　　　　（h）

图 5－26　齿轮的种类

（a）、（b）、（c）盘形齿轮；（d）套类齿轮；（e）内齿轮；（f）轴齿轮；（g）扇形齿轮；（h）齿条

以上各种齿轮中，其中以渐开线齿形直齿盘形圆柱齿轮应用最广泛。盘形齿轮的内孔多为精度较高的圆柱孔或花键孔。其轮缘具有一个或几个齿圈。单齿圈齿轮的结构工艺性最好，可采用任何一种齿形加工方法加工轮齿；双联或三联等多齿圈齿轮如图 5－26（a）、5－26（b）、5－26（c）所示，当其轮缘间的轴向距离较小时，小齿圈齿形加工方法的选择就受到限制（一般只能选用插齿）。如果小齿圈精度要求较高，需精滚或磨齿加工，而轴向

距离在设计上又不允许加大时，可将此多齿圈齿轮做成单齿圈齿轮的组合结构，其加工工艺性得到改善。

2. 齿轮的技术要求

根据齿轮的使用情况，对各种齿轮提出了不同的精度要求，以保证其传递运动准确、平稳、齿面接触良好和齿侧间隙适当。为此，齿轮制造应符合一定的精度规范。

国家标准 GB/T 10095.1—2008、GB/T 10095.2—2008 对圆柱齿轮及齿轮副规定了 13 个精度等级，其中 0 级精度最高，12 级精度最低，6~9 级为中级精度，也是常用的精度等级。其中 6 级是基础级，也是设计中常用等级，它是滚齿、插齿等一般常用加工方法在正常条件下所能达到的等级，可用一般计量器具且进行测量。

齿轮的各项公差和极限偏差分成三个公差组，见表 5 – 7。一般情况下，一个齿轮的三个公差组应选用相同的精度等级。当使用的某个方面有特殊要求时，也允许各公差组选用不同的精度等级，但在同一公差组内各项公差与极限偏差必须保持相同的精度等级。齿轮精度等级应根据齿轮传动的用途、圆周速度、传递功率等进行选择。

表 5 – 7　齿轮公差组

公差组	误差特性	对传动性能的影响
I	以齿轮一转为周期的误差	传递运动的准确性
II	在齿轮一周内，多次周期地重复出现的误差	传动的平稳性、噪声、振动
III	齿向线的误差	载荷分布均匀性

对齿轮副侧隙的要求，标准以齿厚偏差为主要参数，规定了 14 种字母代号，用 C、D、E、F、G、H、J、K、I、M、N、P、R、S 等字母表示，齿厚的上、下偏差分别用两个字母表示。

3. 齿轮的材料与毛坯

1）齿轮的材料及热处理

选择齿轮材料主要应考虑齿轮的工作条件。一般生产中常用的材料有如下四种。

（1）中碳结构钢。常用的为 45 钢，这种钢经过调质或表面淬火热处理后，其综合机械性能较好，但切削性能较差，齿面粗糙度较大，主要适用于低速、轻载或中载的一些不重要的齿轮。

（2）中碳合金结构钢（如 40Cr）。这种钢经过调质或表面淬火热处理后，其综合机械性能较 45 钢好，且热处理变形小，适用于速度较高、载荷较大及精度较高的齿轮。某些高速齿轮，为提高齿面的耐磨性，减少热处理后变形，不再进行磨齿，可选用氮化钢（如 38CrMoAlA）进行氮化处理。

（3）渗碳钢（如 20Cr 和 20CrMnTi 等）。这种钢可渗碳或碳氮共渗，经过渗碳淬火后，齿面硬度可达到 58~63HRC，而心部又有较高的韧性，既耐磨又能承受冲击载荷，适用于高速、中载或有冲击载荷的齿轮。渗碳工艺比较复杂，热处理后齿轮变形较大，对高精度齿轮尚需进行磨齿，耗费较大。因此，有些齿轮可采用碳氮共渗，此法比渗碳变形小，但渗层较薄，承载能力不及渗碳齿轮。

（4）铸铁及其他非金属材料。例如，夹布胶木与尼龙等材料强度低，容易加工，适用于一些轻载下的齿轮传动。

2）齿轮毛坯

齿轮毛坯的选择取决于齿轮的材料、结构形状、尺寸大小、使用条件以及生产批量等多种因素。

对于钢质齿轮，除了尺寸较小且不太重要的齿轮直接采用轧制棒料外，一般均采用锻造毛坯。生产批量较小或尺寸较大的齿轮采用自由锻造；生产批量较大的中小齿轮采用模锻。

对于直径很大且结构比较复杂、不便锻造的齿轮，可采用铸钢毛坯。铸钢齿轮的晶粒较粗，机械性能较差，且加工性能不好，故加工前应先经过正火处理，消除内应力和硬度的不均匀性，使加工性能得到改善。

5.4.2　圆柱齿轮加工工艺分析

对于精度要求较高的齿轮，其工艺路线可大致归纳为毛坯制造及热处理——齿坯加工——齿形加工——齿端加工——齿轮热处理——精基准修正——齿形精加工——终结检验。

1. 定位基准选择

为保证齿轮的加工质量，齿形加工时应根据"基准重合"原则，选择齿轮的设计基准、装配基准和测量基准为定位基准，而且尽可能在整个加工过程中保持基准的统一。

对于带孔齿轮，一般选择内孔和一个端面定位，基准端面相对内孔的端面跳动应符合标准规定。当批量较小不采用专用心轴以内孔定位时，也可选择外圆作找正基准，但外圆相对内孔的径向跳动应有严格的要求。

对于直径较小的轴齿轮，一般选择顶尖孔定位，但对于直径或模数较大的轴齿轮，由于自重和切削力较大，不宜再选择顶尖孔定位，而多选择轴颈和一端面跳动较小的端面定位。

常用的盘形齿轮加工齿形时一般采用两种定位方式。

（1）内孔和端面定位。如图 5 - 27 所示，即依靠齿坯内孔与夹具心轴之间的配合决定中心位置，以一个端面作为轴向定位基准，并通过相对的另一端面压紧齿轮坯。这种装夹方法，使定位、测量和装配的基准重合，定位精度高，不需要找正，生产率高，但需要专用心轴夹具，故适合成批及大批量生产。

（2）外圆和端面定位。如图 5 - 28 所示，将齿坯套在夹具心轴上，内孔和心轴配合间隙较大，需要用千分表找正外圆决定中心位置，再进行压紧，这种装夹方法与以内孔定位相比较，需要找正，生产率低，对齿坯外圆与内孔的同轴度要求高，但对夹具要求不高，故适用于单件、小批生产。

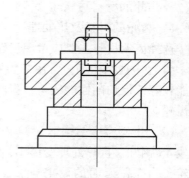

图 5 - 27　内孔和端面定位

2. 齿坯的加工

对于轴齿轮的齿坯，其加工工艺和一般轴类零件基本相同；对于盘、套齿轮的齿坯，其加工工艺和一般盘、套类零件基本相同。

下面介绍盘形齿轮的齿坯加工方案。

中、小批生产时，孔的端面和外圆的粗、精加工都在普通车床或转塔车床等通用机床上加工，先加工好一端，再加工另一端，并尽量在一次安装中加工出主要的齿坯表面，如内孔、端面和齿顶圆，以保证它们之间的位置精度。

在成批生产中，在有拉床的条件下，可采用拉孔，拉孔生产率高，孔的尺寸精度稳定，拉刀寿命长，一把拉刀可拉削同一孔径的各种盘形零件。拉孔后，再以孔定位，粗、精加工端面和外圆。

大批、大量生产时，采用钻——拉——多刀车的工艺方案，即毛坯经正火（或调质）后在钻床上钻孔，然后在拉床上拉孔，再在多刀半自动车床上以内孔定位，粗、精加工外圆和端面，此方案生产率高。

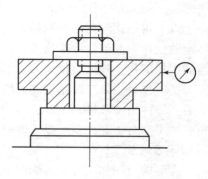

图 5 - 28　外圆和端面定位

3. 热处理的安排

1）齿坯的热处理

在齿坯粗加工前后常安排预先热处理，其主要目的是改善材料的加工性能，减少锻造引起的内应力，为以后淬火时减少变形做好组织准备。齿坯的热处理有正火和调质。经过正火的齿轮，淬火后变形虽然较调质齿轮大些，但加工性能较好，拉孔和切齿（滚齿或插齿）工序中刀具磨损较慢，加工表面的粗糙度较小，因而生产中应用最多。齿坯正火一般安排在粗加工之前，调质则多安排在齿坯加工之后。

2）齿形的热处理

齿轮的齿形切出后，为提高齿面的硬度及耐磨性，根据材料与技术要求的不同，常安排渗碳淬火或表面淬火等热处理工序。经渗碳淬火的齿轮，齿面硬度高，耐磨性好，使用寿命长，但齿轮变形较大，对于精密齿轮往往还需要再进行磨齿。表面淬火常采用高频淬火，对于模数小的齿轮，齿部可以淬透，效果较好。当模数稍大时，分度圆以下淬不硬，硬化层分布不合理，机械性能差，齿轮寿命低。因此，对于模数 $m = 3 \sim 6$ mm 的齿轮，宜采用超音频感应淬火，对更大模数的齿轮，宜采用单齿沿齿沟中频感应淬火。表面淬火齿轮的齿形变形较小，但内孔直径一般会缩小 $0.01 \sim 0.05$ mm（薄壁齿轮内孔略有涨大），淬火后应予以修正。

4. 齿形的加工

齿形加工方案的选择，主要取决于齿轮的精度等级、生产批量和齿轮的热处理方法等。具体确定齿形加工方案时，主要视齿形精度要求而异。常见的齿轮一般选择以下四种加工路线。

（1）滚齿（或插齿）——齿端加工——渗碳淬火——修正基准——磨齿，适用于较小批量，精度为 3~6 级淬硬齿轮。

（2）滚齿（或插齿）——齿端加工——剃齿表面淬火修正基准——珩齿，适用于较大批量，并且精度要求 6~8 级的淬硬齿轮。

（3）滚齿（插齿）——剃齿（冷挤），适用于较大批量，精度要求中等，并且不淬硬的齿轮。

（4）对 8 级精度以下的齿轮，用滚齿或插齿就能满足要求。当需要淬火时，在淬火前应将精度提高一级或在淬火后珩齿，即滚齿（或插齿）——齿端加工——热处理（淬火）——修正内孔；或滚齿（或插齿）——→齿端加工——→热处理（淬火）——→修正基准——→珩齿。

以上仅是比较典型的四种方案，实际生产中，由于生产条件和工艺水平的不同，仍会有一定的变化。例如，冷挤齿工艺较稳定时可取代剃齿用硬质合金滚刀精滚代替磨齿；或在磨齿前用精滚纠正淬火后较大的变形，减少磨齿加工余量以提高磨齿效率等。再如，剃珩齿方案，虽然主要用于7级精度的齿轮，但有的工厂通过压缩齿坯公差，提高滚齿运动精度和剃齿的平稳性精度及接触精度，适当修磨珩轮和控制淬火变形等措施后，可稳定地用于6级齿轮的加工。对于5级精度以上的高精度齿轮一般应取磨齿方案。

5. 齿端加工

齿轮的齿端加工方式有倒圆、倒尖、倒棱和去毛刺。经过倒圆、倒尖和倒棱后的齿端形状，如图5-29所示。倒圆和倒尖后的齿轮，沿轴向移动时容易进入啮合。倒棱可除去齿端的锐边，这些锐边经渗碳淬火后很脆，齿轮传动时易崩裂，对工作不利。

齿端倒圆应用最广，倒圆所用的刀具和方法也不一样，图5-30所示的方法是其中的一种。倒圆时，齿轮慢速旋转，指状铣刀在高速旋转的同时沿齿轮轴向作往复直线运动。齿轮每转过一齿，铣刀往复运动一次，两者在相对运动中即完成齿端倒圆。此法由齿轮的旋转实现连续分齿，生产率较高。

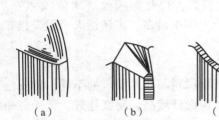

图5-29 齿端加工形式
（a）倒圆；（b）倒尖；（c）倒棱

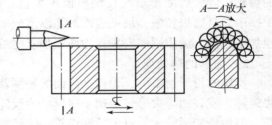

图5-30 齿端倒圆加工示意图

6. 精基准的修正

齿轮淬火后基准孔常发生变形，孔径可缩小0.01~0.05 mm，为确保齿形精加工质量，对基准孔必须予以修正。修正的方法常采用推孔或磨孔。推孔生产率高，常用于内孔未淬硬的齿轮；磨孔生产率低，但加工精度高，特别对于整体淬火内孔较硬的齿轮，或内孔较大、齿厚较薄的齿轮，均以磨为宜，磨孔时应以齿轮分度圆定心（图5-31），这样可使磨孔后齿圈径向跳动较小，对以后进行唐齿或珩齿都比较有利。为了提高生产率，有的工厂以金刚镗代替磨孔也取得了较好的效果。采用磨孔（或镗孔）修正基准孔时，齿坯加工阶段的内孔应留加工余量。采用推孔修正时，一般可不留加工余量。

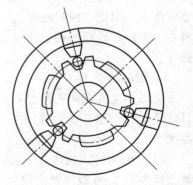

图5-31 齿轮分度圆
定心示意图

7. 齿轮的检验

齿轮加工后应按照图样提出的技术要求进行验收。齿轮的检验一般分终结检验和中间检验两种。终结检验的目的是鉴别成品的质量，评定其是否合格；中间检验的目的主要是及时发现问题，防止成批报废。因此，必须加强首检和抽检。

5.4.3 圆柱齿轮的加工工艺过程

图 5-32 所示为成批生产，材料为 40Cr，精度为 7 级的双联圆柱齿轮；图 5-33 所示为小批量生产，高精度，材料为 40Cr，精度为 6-5-5 的单齿圈圆柱齿轮。表 5-8 和表 5-9 分别对应齿轮的加工工艺过程。

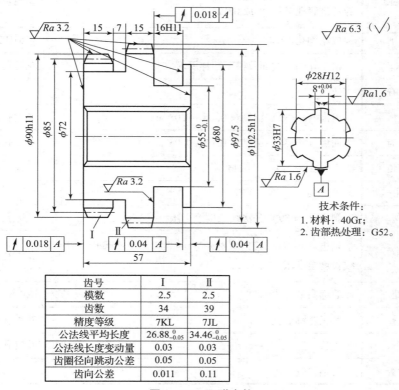

齿号	I	II
模数	2.5	2.5
齿数	34	39
精度等级	7KL	7JL
公法线平均长度	$26.88_{-0.05}^{0}$	$34.46_{-0.05}^{0}$
公法线长度变动量	0.03	0.03
齿圈径向跳动公差	0.05	0.05
齿向公差	0.011	0.11

图 5-32 双联齿轮

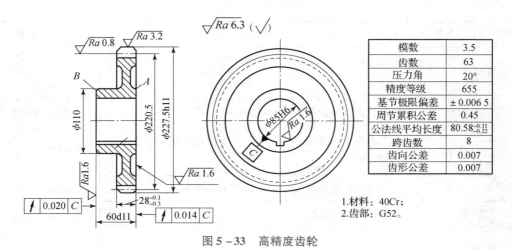

模数	3.5
齿数	63
压力角	20°
精度等级	655
基节极限偏差	± 0.006 5
周节累积公差	0.45
公法线平均长度	$80.58_{-0.22}^{-0.11}$
跨齿数	8
齿向公差	0.007
齿形公差	0.007

1.材料：40Cr；
2.齿部：G52。

图 5-33 高精度齿轮

表 5 – 8 双联齿轮加工工艺工程

工序号	工序名称	工序内容	定位基准
1	毛坯	锻造毛坯	—
2	热处理	正火	—
3	粗车	粗车外圆和端面（精车加工余量 1~1.5 mm），钻、镗花键底孔至尺寸 ϕ28H12	外圆及端面
4	拉削	拉花键孔	ϕ28H12 孔及端面
5	精车	精车外圆、端面及槽至图样要求	花键孔及端面
6	检查	—	—
7	滚齿	滚齿（$z=39$）留剃量 0.06~0.08 mm	花键孔及端面
8	插齿	插齿（$z=34$）留剃量 0.03~0.05 mm	花键孔及端面
9	倒角	Ⅰ，Ⅱ齿端倒12°圆角	花键孔及端面
10	钳	去毛刺	
11	剃	剃齿（$z=39$）公法线长度至上限	花键孔及端面
12	剃	剃齿（$z=34$）采用螺旋角5°的剃齿刀，剃齿后公法线长度至上限	花键孔及端面
13	热处理	齿部高频淬火 G52	
14	推孔	修正花键底孔	花键孔及端面
15	珩	珩齿	花键孔及端面
16	检查	终结检查	—

表 5 – 9 高精度齿轮加工工艺过程

工序号	工序名称	工序内容	定位基准
1	毛坯	锻造毛坯	—
2	热处理	正火	—
3	粗车	粗车外形，各步留加工余量 2 mm	外圆及端面 A
4	精车	精车各部，内孔至 ϕ84.8H7，总长留加工余量 0.2 mm，其余至尺寸	外圆及端面 A
5	滚齿	滚齿（齿厚留磨齿加工余量 0.25~0.35 mm）	内孔及端面 A
6	倒角	齿端倒角 10°圆角	内孔及端面 A
7	钳	去毛刺	—

续表

工序号	工序名称	工序内容	定位基准
8	热处理	齿部高频淬火 G52	—
9	插	插键槽	内孔及端面 A
10	磨	靠磨大端面 A	内孔
11	磨	平面磨削 B 面，总长至尺寸	端面 A
12	磨	磨内孔 $\phi85H6$ 至尺寸	内孔及端面 A
13	磨	磨齿	内孔及端面 A
14	检查	终结检查	—

5.5　数控加工

5.5.1　概述

1. 数控加工工艺简介

数控加工是指在数控机床上进行零件加工的一种工艺方法，数控加工工艺是采用数控机床加工零件时所运用各种方法和技术手段的总和，应用于整个数控加工工艺过程。数控加工工艺过程是利用切削刀具在数控机床上直接改变加工对象的形状、尺寸、表面位置、表面状态等，使其成为成品或半成品的过程。

数控机床加工与传统机床加工的工艺规程从总体上说是一致的，但也发生了明显的变化。在普通机床上加工零件时，用工艺规程或工艺卡片来规定每道工序的操作程序，操作者按工艺卡上规定的"程序"加工零件。而在数控机床上加工零件时，要把被加工的全部工艺过程、工艺参数和位移数据编制成程序，并以数字信息的形式记录在控制介质上，用它控制机床加工。由此可见，数控机床加工工艺与普通机床加工工艺基本相同，在设计零件的数控加工工艺时，首先要遵循普通加工工艺的基本原则和方法，同时还必须考虑数控加工本身的特点和零件编程的要求。

2. 数控加工工艺的基本特点

1）工艺内容复杂，明确具体

数控加工工艺与普通加工工艺相比，在工艺文件的内容和格式上都有较大区别，在普通机床的加工工艺中不必考虑的因素如工序内工步的安排、对刀点、换刀点及加工路线的确定等问题，在编制数控机床加工工艺时却不能忽略，数控加工工艺必须详细到每一次走刀路线和每一个操作细节，在加工部位、加工顺序、刀具配置与使用顺序、刀具轨迹、切削参数等方面都要比普通机床加工工艺中的工序内容更详细。

2）工艺要求准确、严密

数控机床虽自动化程度高，但自适应性差，在普通机床加工时本来由操作工人在加工中灵活掌握并通过适时调整来处理的许多工艺问题，在数控加工时就必须由员工事先具体设计和明确安排。所以，在数控加工的工艺设计中必须注意加工过程中的每一个细节，尤其是对图形进行数学处理、计算和编程时一定要力求准确无误，否则可能会出现重大机械事故和质量事故。

3）可加工复杂型面的工件

传统加工各种复杂型面是用画线、样板、靠模、预钻、砂轮、钳工、成形加工等方法，而数控加工则是对进给运动用多坐标联动自动控制加工方法，获得各种复杂型面，其加工质量与生产效率是传统方法无法比拟的。

4）采用工序集中

由于现代数控机床具有刚性大、精度高、刀库容量大、切削参数范围广及多坐标、多工位等特点，因此在工件的一次装夹中可以完成多个表面的多种加工，甚至可在工作台上装夹几个相同或相似的工件进行加工，从而缩短了加工工艺路线和生产周期，减少了加工设备、工装的数量和工件的运输工作量。

5.5.2　数控加工工艺分析

1. 数控加工工艺分析内容

数控加工工艺内容较多，有些与普通机床加工相似，其加工工艺分析主要包括以下几个方面。

（1）根据在数控机床上加工的零件，确定工序内容。

（2）对工件图样进行数控加工工艺分析，明确加工内容及技术要求，在此基础上确定零件的加工方案，制定数控加工工艺路线，如工序的划分、加工顺序的安排、与传统加工工序的衔接等。

（3）制定数控加工工序，如工步的划分、零件的定位与夹具的选择、刀具的选择、切削用量的确定等。

（4）编制数控加工工序的程序，如对刀点、换刀点的选择，加工路线的确定，刀具的补偿。

（5）误差分析及其控制。

（6）数控机床上部分工艺指令，编制工艺文件。

2. 数控加工工艺分析的一般步骤与方法

1）机床的合理选用

从加工工艺的角度分析，选用数控机床考虑的因素主要有毛坯的材料和类别、零件轮廓形状复杂程度、尺寸大小、加工精度、零件数量等。主要有以下三点。

（1）必须适应被加工零件的形状、尺寸精度和生产节拍等要求。

（2）有利于提高生产率。

（3）尽可能降低生产成本。

2）加工零件工艺性分析

数控加工工艺性分析涉及面很广，在此仅从数控加工的可能性和方便性加以分析。

（1）图样上尺寸数据的给出应符合编程方便的原则。

①零件图样上尺寸标注方法应适应数控加工的特点。在数控加工零件图上，应以同一基准引注尺寸或直接给出坐标尺寸，在保持设计基准、工艺基准、检测基准与编程原点设置的一致性方面带来很大方便。由于零件设计人员一般在尺寸标注中较多地考虑装配等使用特

性，而不得不采用局部分散的标注方法，这样就会给工序安排与数控加工带来了许多不便。在数控加工中，由于数控加工精度和重复定位精度高，可将局部的分散标注法改为同一基准引注尺寸或直接给出坐标尺寸的标注法。

②构成零件轮廓几何元素的条件应充分。在手工编程时要计算基点或节点坐标；在自动编程时要对构成零件轮廓的所有几何元素进行定义。因此，在分析零件图时要分析几何元素的给定条件是否充分。例如，圆弧与直线、圆弧与圆弧在图样上相切变成了相交或相离状态。由于构成零件几何元素条件的不充分，使编程时无法下手，从而影响生产。

（2）数控加工零件的结构工艺性分析。零件各加工部位的结构工艺性应符合数控加工的特点。

①零件的内腔和外形最好采用统一的几何类型和尺寸，这样可以减少刀具规格和换刀次数，有利于编程和提高生产效率。

②内槽圆角半径不应过小，内槽圆角的大小决定着刀具直径的大小。图 5-34（b）与图 5-34（a）相比，转接圆弧半径大，可以采用较大直径的铣刀来加工。加工平面时，进给次数也相应减少，表面加工质量也会好一些，所以工艺性较好。通常 $R < 0.2H$（H 为被加工零件轮廓面的最大高度）时，可以判定零件的该部位工艺性不好。

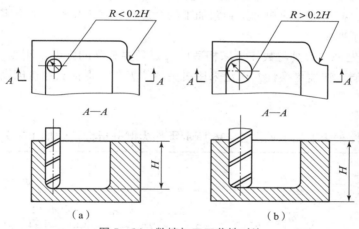

图 5-34 数控加工工艺性对比

③零件铣削底平面时，槽底圆角半径不应过大。如图 5-35 所示，圆角半径越大，铣刀端刃铣削平面的能力越差，效率也越低。一般铣刀与铣削平面接触的最大直径 $d = D - 2r$（D 为铣刀直径）。当 D 一定时，r 越大，铣刀端刃铣削平面的面积越小，加工表面的能力越差，工艺性也越差。

④保证基准统一。数控加工的高柔性、高精度和高生产率等特点决定了在数控机床上加工的工件必须有可靠的定位基准。为了便于采用工序集中原则，避免因工件重复定位和基准变换所引起的定位误差以及生产率的降低，一般采用统一基准的原则定位，如果工件上没有合适的定位基准，则应在工件上设置辅助基准，以保证数控加工的定位准确、可靠、迅速方便。

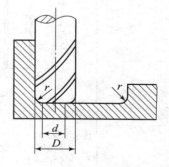

图 5-35 零件底面圆弧
对加工工艺的影响

3. 数控加工工艺设计

数控加工工艺设计和工序划分与普通加工工艺设计相似。首先需要选择定位基准，再确定所有加工表面的加工方法和加工方案，然后确定所有工步的加工顺序，合理划分数控加工工序，最后再将需要的其他工序（如普通加工工序、辅助工序、热处理工序等）插入，并衔接于数控加工工序序列之中，就得到了零件的数控加工工艺路线。

另外，数控加工由于自动化程度高，加工过程中无须人工干预，因而在工艺设计时还需注意自身的特点，具体如下：

（1）内容的选择。数控加工优先选通用机床无法加工、难加工、效率低的加工内容，不选占机调整时间长、加工部位分散要多次装夹的加工内容。

（2）设计内容更详细、具体和完整。例如，工序的安排要细到工步、行程（走刀）直到操作，行程要包括全部路线和轨迹，还要确定全部加工的切削用量。

（3）工艺设计要求严密、精确。例如，攻螺纹时，是否要退刀清理切屑，必须事先精心考虑好；又如坐标尺寸（编程原点、对刀点、换刀点、起刀点、抬刀、下刀等）必须选好并精确计算注明；最后要进行首件试加工。

（4）采用工序集中尽可能一次装夹，提高效率。由于机床刚度高，刀具质量也好，因而切削用量也大，甚至能完成粗加工到精加工的全过程，多工位安装多个零件，从而缩短了生产周期，提高了效率。

（5）必须用先进的刀具与数控机床相适应。刀具要有高的强度、刚度、寿命、可靠性、精度和可靠的断屑、快速更换性，广泛采用机夹转位刀具，保证数控机床高效运转。

5.5.3 数控的加工工艺过程

下面以在数控车床上加工如图5-36所示零件为例分析数控的加工工艺过程。

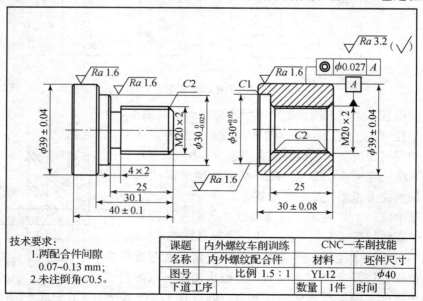

图5-36 加工操作实例零件图

1. 零件图工艺分析

1）技术要求分析

此零件图为内、外螺纹配合件，包括外圆柱阶梯面、外螺纹、外退屑槽加工，内圆柱阶梯面、内螺纹和内倒角等加工，并配合手工截断、车端面、倒角等操作保证零件尺寸精度。零件材料为 LY12 硬铝合金，内、外圆柱面粗糙度要求为 $Ra1.6~\mu m$，其余各处要求均为 $Ra3.2~\mu m$，内螺纹件要求内螺纹孔与外圆柱面有同轴度要求；内、外圆柱 $\phi30$ 处为配合位置设计，尺寸精度要求均为 $\phi30_{-0.025}^{0}$，精度要求较高。两配合件间隙为 0.1 mm，配合处偏差为 0.07 ~ 0.13 mm。无热处理和硬度要求。

2）确定装夹方案、定位基准和刀位点

（1）装夹方案。原料为毛坯棒料，可采用三爪自定心卡盘装夹定位。外螺纹轴工件，伸出卡盘端面 50 mm。内螺纹套工件，伸出卡盘端面 40 mm。

（2）设定程序原点。以工件右端面与轴线交点处建立工件坐标系（采用试切对刀法建立）。

（3）换刀点设置在工件坐标系 X200.0 Z100.0 处。

（4）加工起点设置。外螺纹轴工件粗、精加工设定在 X42.0 Z2.0 处；退屑槽设定在 X30.0 Z2.0 处；外螺纹设定在 X22.0 Z5.0 处。

内螺纹套工件外圆粗、精加工设定在 X42 Z2 处；镗内孔粗、精加工设定在 X16 Z2 处；内倒角加工设定在 X17 Z2 处；内螺纹加工设定在 X17 Z2 处。

3）刀具选择、加工方案制定和切削用量确定

刀具选择、加工方案和切削用量分别见表 5 – 10 刀具卡和表 5 – 11 数控加工工序卡。

表 5 – 10　刀具卡

工序		车圆锥和圆弧回转面		零件名称	外螺纹轴	零件图号	图 5 – 36
序号	刀具号	刀具名称	规格	数量	加工表面	备注	
1	T0101	93°外圆车刀	20 mm × 20 mm	1	端面、外圆	粗、精车	
2	T0303	60°外螺纹车刀	20 mm × 20 mm	1	外螺纹	粗、精车	
3	T0404	切槽车刀（刀宽 4 mm）	20 mm × 20 mm	1	退屑槽	精车	
4	T0404	切断刀（刀宽 4 mm）	20 mm × 20 mm	1	切断棒材	手动	
5	T0202	45°外圆车刀	20 mm × 20 mm	1	倒角	手动	
工序		车圆锥和圆弧回转面		零件名称	螺纹套	零件图号	图 5 – 36
序号	刀具号	刀具名称	规格	数量	加工表面	备注	
1	T0101	93°外圆车刀	20 mm × 20 mm	1	端面、外圆	粗、精车	
2	T0303	镗孔车刀	12 mm × 150 mm × 15 mm	1	内孔圆	粗、精车	
3	T0303	60°内螺纹车刀	150 mm × 16 mm × 32 mm × 15 mm	1	外螺纹	粗、精车	

工序		车圆锥和圆弧回转面	零件名称	螺纹套	零件图号	图 5－36
序号	刀具号	刀具名称	规格	数量	加工表面	备注
4	T0404	切槽车刀（刀宽 3 mm）	20 mm×20 mm	1	内倒角	精车
5	T0404	切断刀（刀宽 4 mm）	20 mm×20 mm	1	切断棒材	手动
6	T0202	45°外圆车刀	20 mm×20 mm	1	倒角	手动

表 5－11　数控加工工序卡

材料	LY12	零件图号	图 5－36	系统	FANUC	工序号	01 外螺纹轴
操作序号	工步内容（走刀路线）		G 功能	T 刀具	切削用量		
					转速 S/($r \cdot min^{-1}$)	进给速度 F/($mm \cdot r^{-1}$)	切削深度/mm
主程序	夹住棒料一头，留出长度 50 mm（手动操作），调用主程序 O01131 加工						
（1）	粗车外圆柱阶梯面		G71	T0101	600	0.15	1.5
（2）	精车外圆柱阶梯面		G71	T0101	1 000	0.05	0.25
（3）	切退刀槽		G01	T0404	450	0.05	自动递减
（4）	车外螺纹		G76	T0303	400	螺距：2.0	手控
（5）	切断		—	T0404	450	手控	手控
（6）	调头车端面		—	T0101	800	手控	手控
（7）	调头车倒角		—	T0202	800	手控	手控
材料	LY12	零件图号	图 5－36	系统	FANUC	工序号	02 内螺纹套
操作序号	工步内容（走刀路线）		G 功能	T 刀具	切削用量		
					转速 S/($r \cdot min^{-1}$)	进给速度 F/($mm \cdot r^{-1}$)	切削深度/mm
主程序	夹住棒料一头，留出长度 50 mm（手动操作），调用主程序 O01131 加工						
（1）	粗车外圆表面		G90	T0101	600	0.15	0.25
（2）	粗镗内孔表面		G71	T0202	600	0.1	1
（3）	精镗内孔表面		G70	T0202	1 000	0.05	0.25
（4）	内倒角加工		G01	T0404	400	0.05	2
（5）	内螺纹加工		G92	T0303	400	螺距：2.0	逐渐递减
（6）	精车外圆表面		G01	T0101	1 000	0.08	0.25
（7）	调头车端面		—	T0101	800	手控	手控
（8）	调头车倒角		—	T0202	800	手控	手控

4）数值计算

（1）设定程序原点。外螺纹件以工件右端面与轴线的交点为程序原点，建立工件坐标系。内螺纹套件以工件左端面与轴线的交点为程序原点，建立工件坐标系。

（2）计算基点位置。坐标值图中各基点坐标值可通过标注尺寸识读或换算出来（略）。

（3）螺纹的计算。

①轴螺纹的计算。

根据公式：$d = D - 1.3P = 20 - 1.3 \times 2 = 17.4 \text{ mm}$

轴螺纹底径坐标尺寸（螺纹加工最后一刀尺寸）为 X17.4 Z－23。

②套螺纹的计算。

根据公式：$d_1 = d - P = 20 - 2 = 18 \text{ mm}$

套螺纹孔底径坐标尺寸为 X18 Z－33.5。

5）工艺路线的确定

（1）外螺纹轴的加工。

①用 G71 复合固定循环指令粗车外圆表面（精加工余量为 0.5 mm）。

②用 G70 精加工循环指令精车内圆表面。精车轨迹为 G00 移刀至 X0 Z2.0 ──→G01 工进移刀至 X0 Z0 ──→工进切削端面并倒角 C2 至 X19.8 Z0 ──→工进切削外圆面至 X19.8 Z－25 ──→工进车端面台至 X30 Z－25 ──→工进车外圆阶台轴至 X30 Z－30.1 ──→工进车端面台并倒角 C0.5 至 X39 Z－30.1 ──→工进车外圆阶台轴至 X39 Z－41。

③切退屑槽。切退屑槽轨迹为快速移刀至 X30 Z2 ──→快速移刀至 X30 Z－25 ──→工进移刀至 X20 Z－25 ──→工进切削至 X16 Z－25 ──→刀具在槽底停 2 s（G04 U2）──→工进返回至 X20 Z－25。

④切外螺纹。用 G76 复合螺纹切削循环指令切削外螺纹。螺纹底径至 X17.4 Z－23；精加工重复次数（m：3 次）；刀尖角度（α：60°）；最小切削深度（Δd_{min}：0.1 mm）；精加工余量（d：0.2 mm）；锥螺纹的半径差（I：0）；螺纹的牙高（H：1.3 mm）；第一次车削深度（Δd：0.5 mm）。

⑤手动切断工件。工件调头装夹（工件表面应包一层铜皮），用划针或百分表校正工件后夹紧──→车端面至规定尺寸并倒角 0.5 mm。

（2）内螺纹套的加工。

①手动钻毛坯孔。钻中心孔 ϕ3.0 ──→用 ϕ10 钻头钻孔，深 34 mm ──→用 ϕ16 钻头扩孔，深 34 mm ──→用 ϕ16 平头钻平孔底面。

②用 G90 单一固定循环指令粗车外圆表面（精加工余量 0.5 mm）。

③用 G71 复合固定循环指令粗镗内孔表面（精加工余量 0.5 mm）。

④用 G70 精加工循环指令精镗内孔表面。精车轨迹为 G00 移刀至 X32.0 Z2.0 ──→G01 工进移刀至 X32.0 Z0 ──→工进切削倒角至 X30.0 Z－1.0 ──→工进切削内圆孔至 X30.0 Z－5.0 ──→工进车内端面台并倒角 C2.0 至 X30.0 Z－5.0 ──→工进车削螺纹孔径至 X18.0 Z－33.5。

⑤车孔径内倒角。车孔径内倒角轨迹为 G00 移刀至 X17.0 Z2.0 ──→G01 工进移刀至 X17.0 Z－33.0 ──→工进切槽至 X22.0 Z－33.0 ──→刀具在槽底停 2 转（G04 U2.0）──→工退返回至 X17.0 Z－33.0 ──→Z 正向工进移刀至 X17.0 Z－31.0 ──→X 向工进进刀至 X18.0

Z-31.0 ——→工进车削倒内角 C2.0 至 X22.0 Z-33.0 ——→刀具在槽底停 2 转（G04 U2.0）——→X 向工退至（X17.0 Z-33.0）——→Z 向工退至 X17.0 Z2.0。

⑥车内螺纹。用 G92 螺纹循环切削指令切削内螺纹（精车时，采用螺纹轴配合车削）。

⑦精加工外圆表面。精车轨迹为 G00 移刀至起刀点 X42 Z2 ——→G00 移刀至 X30 Z2 ——→G01 工进移刀至 X30.0 Z0 ——→工进切削端面并倒角 C0.5 至 X39.0 Z0 ——→工进车削外圆表面至 X39.0 Z-30.5。

⑧手动切断工件。工件调头装夹（工件表面应包一层铜皮），用划针或百分表校正工件后夹紧 ——→车端面至规定尺寸并倒角 C0.5。

2. 编程（略）

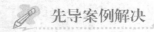 **先导案例解决**

1. 丝杆编制工艺过程

在编制丝杠工艺过程中，应主要考虑如何防止弯曲、减少内应力和提高螺距精度等问题。为此，应注意以下问题。

（1）不淬硬丝杠一般采用车削工艺，外圆表面及螺纹分多次加工，逐渐减少切削力和内应力；对于淬硬丝杠，则采用"先车后磨"或"全磨"两种不同的工艺。后者是从淬硬后的光杠上先直接用单片或多线砂轮粗磨出螺纹，然后用单片砂轮精磨螺纹。

（2）在每次粗车外圆表面和粗切螺纹后都安排时效处理，以进一步消除切削过程中形成的内应力，避免以后变形。

（3）在每次时效后都要修磨顶尖孔或重打顶尖孔，以消除时效时产生的变形，使下一工序得以精确的定位。

（4）对于普通级不淬硬的丝杠，在工艺过程中允许安排冷校直工序；对于精密丝杠，则采用加大总加工余量和工序间加工余量的方法，逐次切去弯曲的部分，达到所要求的精度。

（5）在每次加工螺纹之前，都先加工丝杠外圆表面，然后以两端顶尖孔和外圆表面作为定位基准加工螺纹。

表 5-12 列举了普通车床丝杠（图 5-1）的工艺过程，这种丝杠不需要淬硬，精度为 8 级。

表 5-12 普通车床丝杠的工艺过程

序号	工序名称	定位基准
1	下料	—
2	正火校直（径向圆跳动≤1.5 mm）	—
3	切端面，打顶尖孔	外圆表面
4	粗车两端及外圆	双顶尖孔
5	校直（径向圆跳动≤0.6 mm）	—
6	高温时效（径向圆跳动≤1 mm）	—
7	打顶尖孔，取总长	外圆表面

序号	工序名称	定位基准
8	半精车两端及外圆	双顶尖孔
9	校直（径向圆跳动≤0.2 mm）	—
10	无心粗磨外圆	外圆表面
11	旋风切螺纹	双顶尖孔
12	校直，低温时效（$t=170\ ℃$，12 h）（径向圆跳动≤0.1 mm）	—
13	无心精磨外圆	外圆表面
14	修研中心孔	—
15	车两端轴径（车前在车床上检验性校直）	双顶尖孔
16	精车螺纹至图样尺寸（车后在车床上检验性校直）	双顶尖孔

2. 丝杠加工工艺分析

1）定位基准的选择

在丝杠的加工过程中，顶尖孔为主要基准，外圆表面为辅助基准。但是，由于丝杠为柔性件，刚度很差，加工时外圆表面必须与跟刀架的爪或套相接触，因此，丝杠外圆表面本身的圆度及与套的配合精度都特别重要。

对于不淬硬的精密丝杠，热处理后会产生变形，这一变形只允许用切削的方法加以消除，不准采用冷校直。对于淬硬丝杠，只能采用研磨的办法来修正顶尖孔。

2）丝杠加工方法的选择

表5-10普通车床丝杠工序11选择旋风切削螺纹。旋风切削螺纹是一种生产效率较高的螺纹加工方法，这种方法操作容易，非常适用于螺纹零件的大批量生产。一般用于螺距大于3 mm，小于18 mm的三角形、梯形和蜗杆螺纹的粗、精加工。加工表面粗糙度 Ra 可达 $3.2 \sim 0.8\ \mu m$。

3）丝杠的校直与热处理

（1）丝杠毛坯的热校直。丝杠毛坯的热校直，需要把它加热到正火温度 $860 \sim 900\ ℃$，保温 $45 \sim 60\ min$，然后放在三个滚筒中进行校直。丝杠毛坯温度下降到 $550 \sim 650\ ℃$ 时，应取出空冷。

（2）丝杠的冷校直。由表5-12普通车床丝杠的工艺过程可以看出，在粗加工和半精加工阶段都安排了校直工序。丝杠校直的方法：开始时由于工件弯曲较大，采用了压高点的方法；但在螺纹半精加工后，工件的弯曲已比较小，所以可采用砸凹点的方法。该法是将工件放在硬木或黄铜垫上，使弯曲部分凸点向下，凹点向上，并用锤及扁錾敲击丝杠凹点螺纹小径，使锤击面凹下处金属向两边伸展，以达到校直的目的。

（3）丝杠的热处理。

①毛坯的热处理工序：对毛坯进行热处理，目的是消除锻造或轧制时毛坯中产生的内应力，改善组织，细化晶粒，改善切削性能。

材料为 45 钢的普通丝杠，采用正火处理；对于不淬硬丝杠材料 T10A 或要淬硬丝杠材料 9Mn2V，都采用球化退火，以获得稳定的组织、较细的晶粒，改善切削性能，防止磨削裂纹。

②机械加工中的时效处理工序：在机械加工过程中安排时效处理，目的是消除内应力，使丝杠精度在长期使用中稳定不变。除淬火将产生内应力外，丝杠的机械加工也会产生内应力，特别是螺纹切削工序，由于切削层较深，而且又切断了材料原来的纤维组织，造成内应力的重新平衡，所以引起变形较大。但丝杠精度不同，时效处理次数也不相同，一般情况下，精度要求越高，丝杠时效次数就越多。

 **生产学习经验**

1. 复习和回忆前面所学内容，主要包括分析零件的功用和结构特点及技术要求，毛坯选择、加工阶段划分、定位基准选择等方面的知识。

2. 头脑中要积累起典型零件（轴、套、箱体、齿轮等）在选材、热处理及加工工艺方面的一般性经验和认识。

3. 多观察、分析生活和实习中遇到的机械零件，利用所学知识进行毛坯加工工艺分析，增加实践经验和感性认识。

本章小结

本章主要介绍了轴类、套筒类、箱体、圆柱齿轮等零件的加工工艺，小结如下：

1. 轴类零件加工的主要工艺问题是如何保证各加工表面的尺寸精度、表面粗糙度和主要表面之间的相互位置精度。轴类零件加工的典型工艺路线为毛坯及其热处理──预加工──车削外圆──铣键槽等──热处理──磨削。

2. 大多数套类零件加工的关键主要是围绕着如何保证内孔与外圆表面的同轴度、端面与其轴线的垂直度，相应的尺寸精度、形状精度和套筒零件的厚度薄易变形的工艺特点来进行的。在零件的加工顺序上，采用先主后次的原则来处理两种情况：第一种情况为粗加工外圆──粗、精加工内孔──最终加工外圆。这种方案适用于外圆表面是最重要表面的套类零件的加工；第二种情况为粗加工内孔──粗、精加工外圆──最终精加工内孔。这种方案适用于内孔表面是最重要表面的套类零件的加工。

3. 箱体零件的主要加工表面是孔系和装配基准平面。如何保证这些表面的加工精度和表面粗糙度，孔系之间以及孔与装配基准之间的距离尺寸精度和相互位置精度，是箱体零件加工的主要工艺问题。箱体零件的典型加工路线为平面加工──孔系加工──次要面（紧固孔等）加工。

4. 圆柱齿轮加工的主要工艺问题有两项：一是齿形加工精度，它是整个齿轮加工的核心，必须合理选择齿形加工方法；二是齿形加工前的精度，它对齿轮加工、检验和安装精度影响很大。圆柱齿轮加工工艺，常随齿轮的结构形状、精度等级、生产批量及生产条件不同而采用不同的工艺方案。齿轮加工工艺过程大致要经过几个阶段：毛坯加工及热处理、齿环加工、齿形粗加工、齿端加工、齿面热处理、修正精基准及齿形精加工等。

5. 数控加工是指在数控机床上进行零件加工的一种工艺方法，数控加工工艺过程是利用切削刀具在数控机床上直接改变加工对象的形状、尺寸、表面位置、表面状态等，使其成为成品或半成品的过程。在数控机床上加工零件时，要把被加工的全部工艺过程、工艺参数和位移数据编制成程序，并以数字信息的形式记录在控制介质上，用它控制机床加工。在设计零件的数控加工工艺时，首先要遵循普通加工工艺的基本原则和方法，同时还必须考虑数控加工本身的特点和零件编程的要求。

思考题与习题

1. 主轴深孔加工中，工件和刀具相对运动方式有以下三种：

（1）工件不动，刀具转动并轴向进给；

（2）工件转动，刀具作轴向进给运动；

（3）工作转动，同时刀具转动并进给。

试比较三种方案的优缺点及适用场合。

2. 拟定 CA6140 车床主轴表面的加工顺序时，可以列出以下四种方案：

（1）钻深孔——→外表面粗加工——→锥孔粗加工——→外表面精加工——→锥孔精加工；

（2）外表面粗加工——→钻深孔——→外表面精加工——→锥孔粗加工——→锥孔精加工；

（3）外表面粗加工——→钻深孔——→锥孔粗加工——→锥孔精加工——→外表面精加工；

（4）外表面粗加工——→钻深孔——→锥孔粗加工——→外表面精加工——→锥孔精加工。

试分析比较各方案特点，指出最佳方案。

3. 箱体零件加工中是否需要安排热处理工序？它起什么作用？安排在工艺过程的哪个阶段较合适？

4. 如何选用主轴的材料与毛坯？

5. 试分析主轴加工工艺过程中如何体现了"基准统一""基准重合""互为基准"的原则？

6. 主轴的定位基准常用的是什么？为什么选用？

7. 空心主轴怎样实现以轴心线为定位基准？

8. 安排主轴加工工序应注意哪几个方面的问题？

9. 如何选用套筒类零件的材料与毛坯？

10. 加工薄壁套筒零件时，工艺上采取哪些措施防止受力变形？

11. 保证套筒表面位置精度的方法有哪几种？试举例说明各种方法的特点及适应条件。

12. 箱体零件主要技术要求有哪些？这些要求对保证箱零件在机器中的作用和机器的性能有何影响？

13. 根据箱体零件的特点，精基准如何选择？

14. 试说明安排箱体零件加工顺序时，一般应遵循哪些主要的原则？

15. 何为数控加工工艺？有哪些特点？

16. 进行数控加工工艺分析的内容有哪些？如何进行数控加工工艺分析？

第6章

机械装配工艺基础

本章知识点

1. 机械产品装配工艺的内容；
2. 机械产品的装配精度；
3. 保证装配精度的方法。

 先导案例

图 6-1 所示为齿轮装配图局部示意图，为保证轴转动时不与轴套发生干涉，需保证轴与轴套端面的间隙 A_0，采用何种装配方法来保证此精度？

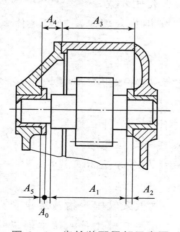

图 6-1 齿轮装配局部示意图

6.1 概 述

6.1.1 装配的概念

任何机械都是由许多零件和部件组成的，根据规定的技术要求，将若干零件"拼装"成部件或将若干零件和部件"拼装"成新产品的过程，称为装配。前者称为部件装配，简称部装；后者称为总装配，简称总装。

机械装配在新产品制造过程中占有非常重要的地位，因为产品的质量最终是由装配工作来保证的。零件的质量是产品质量的基础，但装配过程并不是将合格零部件简单地连接起来的过程，而是根据各级部装和总装的技术要求，采取适当的工艺方法来保证产品质量的复杂过程。如果装配工艺水平不高，那么即使采用高质量的零件，也会装出质量差甚至不合格的产品。因此，必须十分重视产品的装配工作。

6.1.2　装配工艺的内容

机械装配是产品制造过程中的最后一个阶段，它包括装配、调整、检验和试验等工作。机械装配工作有以下基本内容。

1. 清洗

清洗的目的是去除零件表面或部件中的油污及机械杂质。清洗的方法有擦洗、浸洗、喷洗和超声波清洗等。常用的清洗液有煤油、汽油、碱液及各种化学清洗液。

2. 连接

机械装配中的连接一般有可拆卸连接和不可拆卸连接。

常见的可拆卸连接有螺纹连接、键连接、销钉连接等。螺纹连接有三种，根据被连接工件的不同选择螺栓连接、双头螺柱连接、螺钉连接；根据螺纹连接分布的情况，合理确定紧固的顺序，施力要均匀，大小要适度。键连接主要用于轴与轴上旋转零件的周向固定，并传递扭矩。销钉连接主要是用作定位，也可用于实现轴与轴上零件之间的轴向和周向固定。销钉有圆柱销和圆锥销两种，圆柱销用于不常拆卸的场合，圆锥销用于常拆卸的场合。

常见的不可拆卸连接有焊接、铆接、过盈连接等。过盈连接多用于轴、孔的配合。一般机械常采用压入配合法；重要或精密机械常用热胀或冷缩配合法。

3. 校正、调整与配作

校正是指产品中相关零件间相互位置的找正、找平及相应调整工作。校正在产品总装和大型机械的基体件装配中应用较多。

装配中的调整是指相关零部件相互位置的具体调节工作，如调节零部件的位置精度，调节运动副间的间隙，来保证产品中运动零部件的运动精度。

装配中的配作，通常指的是配钻、配铰、配刮及配磨等，它们是装配中附加的一些钳工和机械加工工作。配钻和配铰多用于固定连接，它们是以连接件中一个零件上已有孔为基准，去加工另一零件上相应的孔。配钻用于螺纹连接；配铰多用于销孔定位。配刮和配磨是零部件接合表面的一种钳工工作，多用于运动副配合表面的精加工，使它们具有较高的接触精度。

4. 平衡

对于转速较高、运转平稳性要求高的机器，为了防止使用中出现振动，在总装配时，需对有关旋转零部件进行平衡工作。平衡是一个消除不平衡的过程。生产中的平衡法有静平衡法和动平衡法。盘类零件一般采用静平衡法；轴类零件一般采用动平衡法。

静平衡的步骤为①将盘类零件装上心轴，放到圆柱形的支架上。②推动零件使其自由地滚动，待其静止后，在正下方划线作标记，经过几次滚动，确定偏心方向。③在划线的相对方向的反向沿长线上某处黏上橡皮泥，并逐步增加橡皮泥的质量，直至标记线能停在任何方向。此时，可采取三种方式达到静平衡：一是在黏橡皮泥处固定同等质量的配重；二是在标记线上去除一定质量的材料；三是调整平衡块的位置。

5. 验收试验

机械产品装配完后，应根据有关技术标准和规定，对产品进行较全面的检验和试验工作，合格后方准出厂。

例如，普通车床在总装后需要进行静态检查、空运转试验、负荷试验等。

6.2　机械产品的装配精度

产品的装配精度，即装配时实际达到的精度，一般包括零部件间的距离精度、相互位置精度、相对运动精度、接触精度等。

1. 距离精度

距离精度是指相关零部件间的距离尺寸精度，如车床主轴与尾座轴心线不等高的精度等。距离精度还包括装配中应保证的各种间隙，如轴和轴承的配合间隙，齿轮啮合中非工作齿面间的侧隙及其他一些运动副间的间隙等。

2. 相互位置精度

装配中的位置精度包括相关零部件间的平行度、垂直度、倾斜度、同轴度、对称度、位置度及各种跳动等。例如，车床床鞍移动对尾座顶尖套锥孔轴心线的平行度、车床主轴锥孔轴心线的径向跳动等。

3. 相对运动精度

相对运动精度是产品有相对运动的零部件间在运动方向和相对速度上的精度。运动方向的精度多表现为部件间相对运动的平行度和垂直度，如车床床鞍移动精度及床鞍移动相对主轴轴心线的平行度等。相对速度的精度即传动精度，表现为传动链的两末端执行件之间速度的协调性和均匀性，如滚齿机滚刀主轴与工作台的相对运动、车床车螺纹时主轴与刀架移动的相对运动等，在速比上均有严格的精度要求。

4. 接触精度

接触精度常以接触面积的大小及接触点的分布来衡量，如齿轮啮合、锥体配合及导轨之间均有接触精度要求。

机器是由零件和部件组成的，故零件的精度特别是关键零件的加工精度，对装配精度有很大影响。图 6－2 所示车床主轴锥孔轴心线和尾座套筒锥孔轴心线对床鞍移动的等高度要求（A_Δ），即取决于主轴箱、底板及尾座的 A_1、A_2 及 A_3 的尺寸精度。车床的等高度要求是很高的，如果单靠提高尺寸 A_1、A_2 及 A_3 的尺寸精度来保证是很不经济的，甚至在技术上也是很困难的。

产品的装配精度和零件的加工精度有密切关系：零件精度是保证装配精度的基础，但装配精度不完全取决于零件精度。要合理地获得装配精度，应从产品结构、机械加工和装配等方面进行综合考虑。

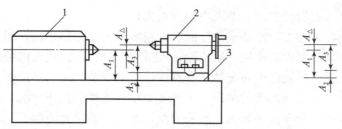

图 6-2　主轴箱主轴与尾座套筒中心线等高示意图
1—头架；2—尾座；3—底板

6.3　装配尺寸链

6.3.1　基本概念

装配尺寸链是产品或部件在装配过程中，由相关零件的有关尺寸（表面或轴线间距离）或相互位置关系（平行度、垂直度或同轴度等）所组成的尺寸链，其基本特征依然是尺寸（或相互位置关系）组合的封闭性，即由一个封闭环和若干个组成环所构成的尺寸链呈封闭图形 [图 6-2 (b)]。装配尺寸链各环的定义及特征同前所述，如装配尺寸链封闭环的基本特征，依然是不具有独立变化的特性，它是装配后才间接形成的，多为产品或部件的装配精度指标，如图 6-2 中的 A_Δ。装配尺寸链中的组成环是指那些对装配精度有直接影响的零件上的尺寸或相互位置关系，如图 6-2 中的 A_1、A_2 及 A_3。显然，A_2 和 A_3 是增环，A_1 则是减环。

装配尺寸链按照各环的几何特征和所处的空间位置，大致可分为直线尺寸链、角度尺寸链和平面尺寸链，其中最常见的是前两种。

直线尺寸链是由彼此平行的直线尺寸所组成的尺寸链（图 6-2），它所涉及的都是距离尺寸精度问题。角度尺寸链，是由角度（含平行度与垂直度）尺寸所组成的尺寸链，其封闭环的组成环的几何特征多为平行度或垂直度，如图 6-3 所示，它所涉及的都是相互位置精度问题。这种尺寸链的一个重要特点是组成环的基本尺寸都等于零。

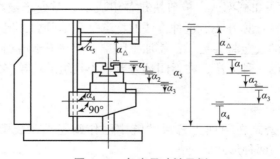

图 6-3　角度尺寸链示例

6.3.2　装配尺寸链的建立

当运用装配尺寸链去分析和解决装配精度问题时，首先要正确地建立装配尺寸链，即正确地确定封闭环，并根据封闭环的要求查明各组成环。

装配尺寸链的封闭环多为产品或部件的装配精度。为了正确地确定封闭环，必须深入了解产品的使用要求及各部件的作用，明确设计人员对产品及部件提出的装配技术要求。装配尺寸链的组成环是对产品或部件装配精度有直接影响的环节，为了迅速而正确地查明各组成环，必须仔细地分析产品或部件的结构，了解各个零件连接的具体情况。查找组成环的一般方法：取封闭环两端两个零件为起点，沿着装配精度要求的位置方向，以相邻零件装配基准间的联系为线索，分别由近及远地查找装配关系中影响装配精度的有关零件，直到找到同一个基准表面为止。这样，各有关零件上装配基准间的尺寸或位置关系，即组成环。

例如，图 6-2 所示的装配关系中，主轴、尾座轴心线间的等高度要求（A_Δ）为封闭环，按上述方法很快即可查出组成环 A_1、A_2 及 A_3。又如图 6-3 所示的装配关系中，铣床主轴轴心线对工作台台面的平行度要求为封闭环（α_Δ）。分析铣床结构后可知，影响此装配精度的有关零件有工作台、转台、床鞍、升降台和床身等，相应的各组成环为：工作台面对其导轨面的平行度 α_1；转台导轨面对其下支承平面的平行度 α_2；床鞍上平面对其下导轨面的平行度 α_3；升降台水平导轨对其垂直导轨的垂直度 α_4 以及主轴回转轴心线对床身导轨的垂直度 α_5。为了将呈垂直度形式的组成环转化成平行度形式，可作一条和床身导轨垂直的理想直线，这样原先的垂直度 α_4 和 α_5 即转变为主轴轴心线和升降台水平导轨相对理想直线的平行度 α_4 和 α_5。整个装配尺寸链如图 6-3（b）所示，它类似于直线尺寸链，而且可按直线尺寸链方程计算。

在建立装配尺寸链时，应注意以下几点。

（1）按一定层次分别建立产品与部件的装配尺寸链。

（2）在保证装配精度的前提下，装配尺寸链组成环可适当简化。

（3）装配尺寸链的组成应采用最短路线（环数最少）原则。

（4）当同一装配结构在不同位置方向有装配精度要求时，应按不同方向分别建立装配尺寸链。

6.3.3 装配尺寸链的计算

装配尺寸链建立后，需要通过计算来确定封闭环和各组成环的数量关系，尺寸链的计算有极值（极大极小法）法和概率法。极值法是各组成环误差处于极端的情况下，来确定封闭环与组成环关系的一种计算方法。这种方法的特点是简单可靠，但在封闭环公差较小且组成环较多时，各组成环的公差将会更小，使加工困难，制造成本增加。概率法是应用概率论原理来进行尺寸链计算的一种方法，在封闭环公差较小且组成环较多的情况下比极值法将更合理。

1. 极值法（极大极小法）

有关极值法的计算公式在前面工艺尺寸链中已作阐述。在装配尺寸链的计算中也有"正计算"和"反计算"两种形式。

正计算发生在已有产品装配图和全部零件图的情况下，用以验证组成环公差、基本尺寸及其偏差的规定是否正确，是否满足装配精度指标。装配工人通常要用到正计算。

反计算产生在产品设计阶段，即根据装配精度指标确定组成环公差、标注组成环基本尺寸及其偏差，然后将这些已确定的基本尺寸及其偏差标注到零件图上。反计算工作是由工程设计人员进行的。

2. 计算举例

以图 6 – 4 所示为例来说明具体的计算方法和结果。

设 $A_1 = 20$ mm，$A_2 = 20$ mm，且 $A_\Delta = 0^{+0.20}_{+0.05}$ mm（设计要求）。要求根据生产类型和具体条件确定装配方法，并计算出 A_1 和 A_2 的上下偏差。

首先考虑用完全互换法装配，按公式计算平均精度：

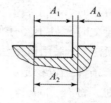

图 6 – 4   单键配合

$$\delta_{平均} = \frac{0.2 - 0.05}{3 - 1} = 0.075 \, (mm)$$

这个数值对 20 mm 的尺寸来讲符合经济精度。

因为尺寸 A_1 为外尺寸，A_2 为内尺寸，前者比后者容易加工，故将公差按生产经验分配，先确定 $\delta(A_2) = 0.1$，然后计算出 $\delta(A_1)$，即

$$\delta(A_1) = \delta(A_\Delta) - \delta(A_2) = 0.15 - 0.1 = 0.05 \, (mm)$$

因为设计上对 A_2 的公差分布并无规定要求，故可按加工的习惯方法，即内尺寸采用单向正公差，所以 A_2 尺寸及其偏差可预先确定为

$$A_2 = 20^{+0.1}_{0} \, mm$$

因为 A_1 是减环，按以前的公式可求出：

$$B_s(A_1) = -B_x(A_\Delta) + B_x(A_2) = -0.05 + 0 = -0.05 \, (mm)$$
$$B_x(A_1) = -B_s(A_\Delta) + B_s(A_2) = -0.2 + 0.1 = -0.10 \, (mm)$$

于是得到

$$A_1 = 20^{-0.05}_{-0.10} \, mm$$

验证计算的正确性：

$$A_{\Delta max} = (20 + 0.1) - (20 - 0.1) = 0.20 \, (mm)$$
$$A_{\Delta min} = 20 - (20 - 0.05) = 0.05 \, (mm)$$

因为用了经济公差，所以不论哪一种生产类型，这种装配方法都是合适的。

3. 装配尺寸链的解算

所谓装配尺寸链的解算，是指应用装配尺寸链方法解决实际问题，并作必要的计算。解算时，首先要根据装配精度建立相应的装配尺寸链，然后合理选择达到装配精度的方法，同时应用合适的计算方法进行尺寸链计算。

6.4   保证装配精度的方法

机械产品的精度要求，最终是靠装配实现的。生产中保证产品精度的具体装配方法有许多种，归纳起来可分为：互换装配法、选配装配法、修配装配法和调整装配法四大类。

6.4.1   互换装配法

互换装配法（简称互换法）就是装配过程中，零件互换后仍能达到装配精度要求的一种方法。产品采用互换装配法时，装配精度主要取决于零件的加工精度。互换法的实质就是用控制零件的加工误差来保证产品的装配精度。

采用互换性保证产品装配精度时，零件公差的确定有两种方法：极值法和概率法。采用极值法时，由于各有关零件的公差之和小于或等于装配公差，故装配中零件可以完全互换，即装配时零件不经任何选择、修配和调整，均能达到装配的要求。因此，它又称为"完全互换法"。采用概率法时，各有关零件公差值的平方之和的平方根小于或等于装配公差，当生产条件比较稳定，从而使各组成环的尺寸分布也比较稳定时，也能达到完全互换的效果。否则，将有一部分产品达不到装配精度的要求，因此称为"不完全互换法"。显然，概率法适用于大批、大量生产。

采用完全互换法进行装配，可以使装配过程简单，生产率高，易于组织流水作业及自动化装配，也便于采用协作方式组织专业化生产。但是当装配精度要求较高，尤其是组成环较多时，零件则难以按经济精度制造。因此，这种装配方法多用于较高精度的少环尺寸链或低精度的多环尺寸链中。

6.4.2 选配装配法

在成批或大量生产条件下，对于组成环不多而装配精度要求却很高的尺寸链，若采用完全互换法，则零件的公差将过严，甚至超过了加工工艺的现实可能性。在这种情况下可采用选配装配法（简称选配法），该方法是将组成环的公差放大到经济可行的程度，然后选择合适的零件进行装配，以保证规定的装配精度要求。

选配法有三种：直接选配法、分组选配法和复合选配法。

1. 直接选配法

直接选配法是由装配工人从许多待装配的零件中，凭经验挑选合适的零件通过试凑进行装配的方法。这种方法的优点是简单，零件不必事先分组，但装配中挑选零件的时间长，装配质量取决于工人的技术水平，不宜用于节拍要求较严的大批量生产。

2. 分组选配法

分组选配法是事先将互配零件测量分组，装配时按对应组进行装配以达到装配精度的方法。

分组装配在机床装配中用得很少，但在内燃机、轴承等大批、大量生产中有一定应用。例如，活塞与活塞销的连接，如图6-5（a）所示。根据装配技术要求，活塞销孔与活塞销外径在冷态装配时应有0.002 5~0.007 5 mm的过盈量。与此相应的配合公差按"等公差"分配时，它的公差只有0.002 5 mm。如果上述配合采用基轴制原则，则活塞销外径尺寸 $d = \phi 28_{-0.002\,5}^{\ 0}$ mm，相应的销孔直径 $D = \phi 28_{-0.007\,5}^{-0.005\,0}$ mm。显然，制造这样精确的活塞销和销孔是很困难的，也是不经济的。生产中采用的办法是先将上述公差值都增大4倍（ $d = \phi 28_{-0.010}^{\ 0}$ mm， $D = \phi 28_{-0.015}^{-0.005}$ mm），这样即可采用高效率的无心磨和金刚镗分别加工活塞销外圆和活塞孔，然后用精密量仪进行测量，并按尺寸大小分成4组，涂上不同的颜色，以便进行分组装配。具体分组情况见表6-1。

从该表可以看出，各组的公差和配合性质与原来的要求相同。

采用分组装配时应注意以下几点：

（1）为了保证分组后各组的配合精度和配合性质符合原设计要求，配合件的公差应当相等，公差增大的方向要同向，增大的倍数要等于以后的分组数［图6-5（b）］。

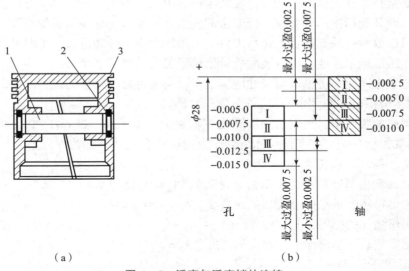

图 6-5　活塞与活塞销的连接

(a) 活塞与活塞销的连接；(b) 配合件的公差

1—活塞销；2—卡簧；3—活塞

表 6-1　活塞销与活塞销孔直径分组　　　　　　　　　　　　mm

组别	标志颜色	活塞销直径 $d = \phi 28^{\ 0}_{-0.010}$	活塞销孔直径 $D = \phi 28^{-0.005}_{-0.015}$	配合情况	
1	红	$d = \phi 28^{\ 0}_{-0.002\,5}$	$D = \phi 28^{-0.005\,0}_{-0.007\,5}$	最小过盈	最大过盈
2	白	$d = \phi 28^{-0.002\,5}_{-0.005\,0}$	$D = \phi 28^{-0.007\,5}_{-0.010\,0}$		
3	黄	$d = 28\phi^{-0.005\,0}_{-0.007\,5}$	$D = \phi 28^{-0.010\,0}_{-0.012\,5}$	0.002 5	0.007 5
4	绿	$d = \phi 28^{-0.007\,5}_{-0.010\,0}$	$D = \phi 28^{-0.012\,5}_{-0.015\,0}$		

(2) 分组数不宜多，多了会增加零件的测量和分组工作量，并使零件的储存、运输及装配等工作复杂化。

(3) 分组后各组内相配合零件的数量要相等，形成配套，否则会出现某些尺寸零件的积压浪费现象。

分组装配适用于配合精度要求很高和相关零件数一般只有三个的大批量生产。

3. 复合选配法

复合选配法是上述两种方法的复合，即零件预先测量分组装配时再在各对应组内凭工人经验直接选配。这一方法的特点是配合件公差可以不等，装配质量高，且速度较快，能满足一定的节拍要求。例如，在发动机装配过程中，气缸与活塞的装配多采用这种方法。

6.4.3　修配装配法

在单件、小批生产中，装配精度要求高且组成件多时，完全互换或不完全互换法均不能采用，在这些情况下，修配装配法（简称修配法）是被广泛采用的方法之一。

修配法是指在零件上预留修配量，在装配过程中用手工锉、刮、研等方法修去该零件上多余的材料，使装配精度达到要求。修配法的优点是能够获得很高的装配精度，而零件的制造精度要求可以放宽；缺点是装配过程中以手工操作为主，劳动量大，工时不易预定，生产率低，不便于组织流水作业，而且装配质量依赖于工人的技术水平。

下面通过车床尾座与主轴等高尺寸链实例来说明确定修配余量的过程。

（1）根据车床精度指标列出相应的装配尺寸链。

在车床尾座的装配中，尾座顶尖应高出主轴顶尖 A_Δ。图 6 – 2（b）中所列尺寸链即由与 A_Δ 这项精度指标有关的零部件尺寸组合而成的。这个尺寸链称为保证前、后顶尖等高性的装配尺寸链。各环的意义如下。

A_Δ——尾座顶尖对前顶尖的高出量（冷态），$A_\Delta = 0_{+0.03}^{+0.06}$（mm）。

A_1——主轴箱装配基准面至前顶尖的高度，$A_1 = 160$（mm）。

A_2——尾座垫块的厚度，$A_2 = 30$（mm）。

A_3——尾座体装配基准面至后顶尖的高度，$A_3 = 130$（mm）。

（2）确定增环、减环，验算基本尺寸。

从图中很容易看出，A_1 是减环，A_2、A_3 是增环。按公式验算基本尺寸为

$$A_\Delta = -A_1 + A_2 + A_3 = -160 + 30 + 130 = 0(\text{mm})$$

符合封闭的基本尺寸等于各组成环基本尺寸的代数和的要求。

（3）决定解装配尺寸链问题并作相应的计算。

一般来说，不论何种生产类型，首先应考虑采用完全互换法。在生产批量较大、组成环又较多时（两个以上），可酌情考虑采用不完全互换法；在封闭环精度较高，组成环环数较少（2~3）时，可考虑采用选配法；在上述方法均不能采用时，才考虑采用修配法或调整法。对本例来说，该车床属于小批量生产；在封闭环精度如此之高且有接触刚度要求的情况下，只有采用刮研修配法。因此，首先要合理选择修配对象。显然，在本例的情况下，以修配垫块的上平面最为合适。于是可将各组成环按经济精度确定加工公差如下：

$$A_1 = (160 \pm 0.1)(\text{mm}), A_2 = 30_{0}^{+0.2}(\text{mm}), A_3 = (130 \pm 0.1)(\text{mm})$$

计算封闭环的上、下偏差，得到

$$A_\Delta = 0_{-0.2}^{+0.4}(\text{mm})$$

将这一数值与装配要求 $A_\Delta = 0_{+0.03}^{+0.06}$ mm 比较一下可知，当 A_Δ 出现 -0.2 mm 时，垫铁上已无修配量，因此应该在尺寸上加上修配补偿量。把尺寸修改为

$$A_2 = 30.23_{0}^{+0.2}(\text{mm}) = 30_{+0.23}^{+0.43}(\text{mm})$$

经计算，得到

$$A_\Delta = 0_{+0.03}^{+0.63}(\text{mm})$$

从而可知，当 A_Δ 出现最小值 $+0.03$ mm 时，刚好满足装配精度要求，所以最小修刮量等于零；A_Δ 出现最大值时，超差量为 0.57 mm，所以最大修刮量应是 0.57 mm。

为了提高接触刚度，垫块上平面必须经过刮研，因此它必须具有最小修刮量，按生产经验最小修刮量为 0.1 mm。那么就应将此值加到 A_2 尺寸上去，于是得到

$$A_2 = 30.1_{+0.23}^{+0.43} = 30_{+0.33}^{+0.53}(\text{mm})$$

经计算，可得 $A_\Delta = 0_{+0.13}^{+0.73}$（mm）。因此最小修刮量为 0.1 mm，最大修刮量为 0.67 mm，这样的修刮量是比较大的，故在机床制造中常采用"合件加工"法来降低修配劳动量。

采用修配法时应注意：

（1）应正确选择修配对象。应选择那些只与本项装配精度有关而与其他装配精度项目无关的，且易于拆装及修配面不大的零件作为修配对象。

（2）应该通过计算，合理确定修配件的尺寸及其公差，既要保证它具有足够的修配量，又不要使修配量过大。

为了弥补手工修配的缺点，应尽可能考虑采用机械加工的方法来代替手工修配，如采用电动或气动修配工具或用"精刨代刮""精磨代刮"等机械加工方法。

具体修配方法很多，常用的除前述的"按件修配法"外，还有"综合消除法"，又称"就地加工法"。这种方法的典型例子是转塔车床对转塔的刀具孔进行"自镗自"，龙门刨床的"自刨自"；平面磨床的"自磨自"；立式车床的"自车自"等。此外，还有合并加工修配法，它是将两个或多个零件装配在一起后进行合并加工修配的一种修配方法。这样，可以减少累积误差，从而也减少修配工作量。由于修配法有其独特的优点，又采用了各种减轻修配工作量的措施，因此除了在单件、小批生产中被广泛采用外，在成批生产中也较多采用。至于合并法或综合消除法，其实质都是减少或消除累积误差，这种方法在各类生产中都有应用。

6.4.4　调整装配法

调整装配法（简称调整法）与修配法在原则上是相似的，但具体方法不同。这种方法是用一个可调整零件，在装配时调整它在机器中的位置，或增加一个定尺寸零件（如垫片、垫圈、套筒等）达到装配精度的。上述两种零件都起到补偿装配累积误差的作用，故称为补偿件。相应于这两种补偿件的调整法分别叫作可动补偿件调整法和固定补偿件调整法。

调整法的优点：

（1）能获得很高的装配精度，在采用可动补偿件调整法时，可达到理想的精度，而且可以随时调整由于磨损、热变形或弹性变形等原因所引起的误差。

（2）零件可按经济精度要求确定加工公差。

其缺点：

（1）往往需要增加调整件，这就增加了零件的数量，增加了制造费用。

（2）在应用可动调整件时，往往要增大机构的体积。

（3）装配精度在一定程度上依赖于工人的技术水平，对于复杂的调整工作，工时较长，时间较难预定，因此不便于组织流水作业。

因此采用调整法时，应根据不同机器、不同生产类型予以妥善的考虑。在大量、大批生产条件下采用调整法，应该预先采取措施，尽量使调整方便迅速。例如，调整垫片时，垫片应准备几挡不同规格。在单件、小批生产条件下，往往在调整好零件或部件位置后，再设法固定。

调整法进一步发展，产生了"误差抵消法"，这种方法是在装配两个或两个以上的零件时，调整其相对位置，使各零件的加工误差相互抵消以提高装配精度。例如，在安装滚动轴承时，可用这个方法调整径向跳动。这是在机床制造业中常用来提高主轴回转精度的一个方法，其实质就是调整前后轴承偏心量（向量误差）的相互位置（如相位角）。又如滚齿机的工作台与分度蜗轮的装配，也可用这个方法抵消偏心误差以提高其同轴度。

这种方法再进一步发展，又产生了"合并法"，即将互配件先行组装，经调整，再进行加工，然后作为一个整体进入总装，以简化总装配工作，减少累积误差。例如，分度蜗轮与工作台组装后再精加工齿形，就可消除两者的偏心误差，从而提高滚齿机的传动链精度。

6.5 装配的生产类型和组织形式

6.5.1 装配生产类型及特点

机械装配的生产类型按装配生产批量可分为大批、大量生产，成批生产及单件、小批生产三种。生产类型支配着装配工作而各具特点，如在组织形式、装配方法、工艺装备等方面都有所不同。为提高装配工艺水平，必须注意各种生产类型的特点、现状及其本质联系。各种生产类型的装配工作的特点见表6-2。

表6-2 各种生产类型的装配工作的特点

生产类型	大批、大量生产	成批生产	单件、小批生产
基本特征或装配工作特点	产品固定，生产活动长期重复，生产周期一般较短	产品在系列化范围内变动，分批交替投产或多品种同时投产，生产活动在一定时期内重复	产品经常变换，不定期重复，生产周期一般较长
组织形式	多采用流水装配线，有连续移动、间歇移动及可变节奏等移动方式，还可采用自动装配机或自动装配线	笨重、批量不大的产品多采用固定式流水装配，批量较大时采用流水装配，多品种平行投产时多采用可变节奏流水装配	多采用固定式装配或固定式流水装配进行总装，同时对批量较大的部件亦可采用流水装配
装配工艺方法	按互换法装配，允许有少量简单的调整，精密偶件成对供应或分组供应装配，无任何修配工作	主要采用互换法装配，但也灵活运用其他保证装配精度的装配工艺方法，如调整法、修配法及合并法，以节约加工费用	以修配法及调整法为主，互换件比例较少
工艺过程	工艺过程划分很细，有详细的工艺规程	工艺过程的划分需适合于批量的大小，有工艺规程	一般不制定详细工艺文件，工序可适当调度，工艺也可灵活掌握
设备及工艺装备	专业化程度高，广泛使用专用高效工艺装备	通用设备较多，使用一定数量的专用工、夹、量具	一般为通用设备及通用工、夹、量具

生产类型	大批、大量生产	成批生产	单件、小批生产
手工操作要求	手工操作比例小，技术水平要求不高	手工操作比例较大，技术水平要求较高	手工操作比例大，要求工人有较高的技术水平和多方面的工艺知识
应用实例	汽车、拖拉机、内燃机、滚动轴承、手表、缝纫机、电气开关等	机床、机车车辆、中小型锅炉、矿山采掘机械等	重型机床、重型机器、汽轮机、大型内燃机、大型锅炉及新产品试制等

由表 6 – 2 可以看出，不同生产类型的装配工作的特点都有其内在的联系，而装配工艺方法则各有侧重。例如，大量生产汽车或拖拉机的工厂，它们的装配工艺主要是互换法装配，只允许有少量简单的调整，工艺过程划分很细，即采用分散工序原则，以便达到高度的均衡性和严格的节奏性。在这样的装配工艺基础上和专用高效工艺装备的物质基础上，就能建立移动式流水线以至自动装配线。

单件、小批生产则趋向另一极端，它的装配工艺方法以修配法及调整法为主，互换件比例较小，与此相应，工艺上的灵活性较大，工序集中，工艺文件不详细，使用通用设备，组织形式以固定装配为多。这种装配工作的效率一般来说是较低的。要提高单件、小批生产的装配工作效率，应尽可能采用机械加工或机械化手动工具来代替繁重的手工修配操作。以先进的调整法及测试手段来提高调整工作可以适当调度和灵活掌握的必要性，又便于保质、保量并按期完成装配任务，同时又有利于培养新工人。

成批生产类型的装配工作介于大批、大量和单件、小批这两种生产类型之间。

6.5.2　装配组织形式

装配工作组织的好坏，对装配效率的高低和装配周期的长短均有较大的影响。根据产品结构的特点和批量大小的不同，装配工作应采取不同的组织形式。装配的组织形式一般可分为固定式装配和移动式装配两大类。

1. 固定式装配

固定式装配是将产品或部件的全部装配工作安排在某一固定的工作地点进行装配，装配过程中产品位置不变，装配所需要的零部件都汇集在工作地点附近。当批量很小或单件生产时（如新产品试制），产品的全部装配工作可集中在同一工作地点由同一组工人去完成，这样就需要较大的生产面积和技术水平较高的工人，整个产品的装配周期也比较长。当产品的批量较大时，为提高装配效率，可将产品的装配分成部装和总装，分别由几组工人在不同的工作地点同时进行。例如，成批生产的车床装配，就可分为主轴箱、进给箱、刀架、溜板箱和尾座等部件装配和车床总装配。为了进一步提高总装的效率，可将总装的工作再划分成几部分，每个部分由一个或一组工人完成。例如，车床总装中，有的分工调整主轴、尾座精度，有的分工调整三杠（丝杠、光杠、操纵杠）精度，有的负责试车，有的则负责结尾工作。总装时，布置在总装场地的各个产品位置不动，各组工人按一定程序，顺次通过每台产品去完成各自所分配的工作，这即构成固定式装配的流水作业线。

在单件生产和中、小批生产中，特别对那些因质量较重和尺寸较大，装配时不便移动的重型机械，或因机体刚度较差，装配时移动会影响装配精度的产品，都宜采用固定式装配的组织形式。

2. 移动式装配

移动式装配是将产品或部件置于装配线上，通过连续或间歇的移动使其顺次经过各装配工作地点以完成全部装配工作。采用移动式装配时，装配过程分得较细，每个工作地点重复完成固定的工序，广泛采用专用设备及工具，生产率很高，多用于大批、大量生产。批量很大的定型产品还可采用自动装配线进行装配。

6.6　装配工艺规程的制定

装配工艺规程是用文件形式规定下来的装配工艺过程，它是指导装配工作的技术文件，制订装配生产计划、进行技术准备的主要依据，也是设计或改建装配车间的基本文件之一。下面顺次讨论装配工艺规程中的有关问题。

6.6.1　制定装配工艺规程应遵循的原则

（1）保证并力求提高产品装配质量，以延长产品的使用寿命。
（2）合理安排装配工序，尽量减少钳工装配的工作量，提高装配效率以缩短装配周期。
（3）尽可能减少车间的生产面积，以提高单位面积的生产率。

6.6.2　制定装配工艺所需的原始资料

1. 产品的总装配图、部件装配图和主要零件的工作图

产品的装配图应清楚地表示出：所有零件的相互连接情况；重要零部件的联系尺寸；配合零件间的配合性质及精度；装配的技术要求；零部件明细表等。

2. 产品验收的技术条件

产品验收的技术条件是产品总装后验收产品的一种重要技术文件。它主要规定了产品主要技术性能的检验、试验工作的内容及方法，是制定装配工艺规程的主要依据之一。

3. 产品的生产纲领

产品的生产纲领即产品的生产批量，如单件、中批、大批等。

4. 现有生产条件

现有生产条件主要包括现有的装配设备及工艺装备、车间面积、工人的技术水平，以及时间定额标准等。

6.6.3　装配工艺规程的内容

装配工艺规程一般应规定以下内容。
（1）产品及其部件的装配顺序。

（2）装配方法。

（3）装配的技术要求及检验方法。

（4）装配所需的设备和工具。

（5）必需的工人技术等级及装配的时间定额等。

6.6.4　制定装配工艺规程的步骤

根据上述原则和原始资料，可以按下列步骤制定装配工艺规程。

1. 研究产品装配图和验收技术条件

制定装配工艺时，首先要仔细研究产品的装配图及验收技术条件。通过上述技术文件的研究，要深入地了解产品及其各部分的具体结构；产品及各部件的装配技术要求；设计人员所确定的保证产品装配精度的方法，以及产品的试验内容、方法等。研究产品装配图时，如果发现图样在完整性、技术要求和结构工艺性方面有缺点或错误，应及时提出，由设计人员研究后予以修改。

2. 确定装配的组织形式

产品装配工艺方案的制定与装配的组织形式有关。例如，总装、部装的具体划分，装配工序划分时的集中、分散程度，产品装配的运输方式，以及工作地的组织等都与组织形式有关。

装配组织形式的选择主要取决于产品结构特点（尺寸大小与质量）和生产批量。

3. 划分装配单元，确定装配顺序

装配单元包括零件和部件。装配单元的划分，就是从工艺角度出发，将产品分解成可以独立装配的组件及各级分组件，它是装配工艺制定中极重要的一项工作。

零件是组成产品的最基本单元。部件是许多零件组成的产品的一部分，是个通称，其划分是多层次的：直接进入产品总装的部件称为组件；直接进入组件装配的部件称为第一级分组件；直接进入第一级分组件装配的部件称为第二级分组件；以此类推。机械产品结构越复杂，分组件的级数就越多。如图 6-6 所示，用图解法表示的产品装配单元（即可以单独进行装配的部件）的划分。

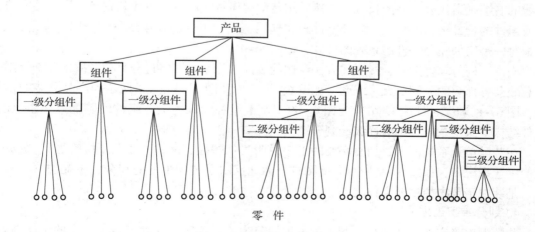

零　件

图 6-6　装配单元划分图解

装配单元划分后，可确定各级分组件、组件和产品的装配顺序。在确定产品和各级装配单元的装配顺序时，首先要选择装配的基准件，基准件可以选一个零件，也可以选低一级的装配单元。基准件首先进入装配，然后根据装配结构的具体情况，按照先下后上、先内后外、先难后易、先精密后一般、先重大后轻小的一般规律确定其他零件或装配单元的装配顺序。合理的装配顺序是在不断的实践中逐步形成的。

图6-7所示为产品装配单元的划分及其装配的顺序，通过装配单元系统图直观地表示了出来。图中每一零件、分组件或组件都用长方格表示，长方格的上方注明装配单元的名称，左下方填写装配单元的编号，右下方填写装配单元的数量。装配单元的编号必须和装配图及零件明细表中的编号一致。

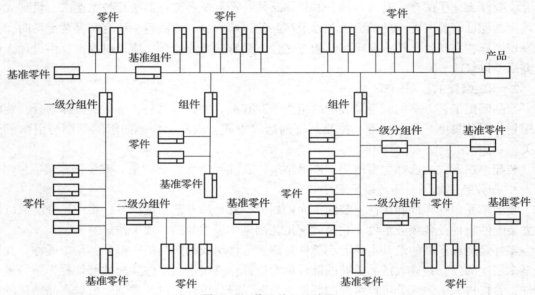

图6-7　装配单元系统图

绘制装配单元系统图时，先画出一条横线，在横线的左端画出代表基准件的长方格，在横线的右端画出代表产品的长方格。然后按装配顺序从左向右，将代表直接装到产品上的零件或组件的长方格从水平线引出，零件画在横线上面，组件画在横线下面。用同样的方法，可把每一个组件及分组件的系统图展开，如图6-7所示。

当产品构造较复杂时，按上述方法绘制的装配单元系统图将过分复杂，故常分别绘制产品总装及各部装的装配单元系统图，如图6-8所示。图6-8（a）所示为产品总装的系统图，图6-8（b）~图6-8(d)为图6-8中基准组件及其各级分组件的装配单元系统图。组件结构不太复杂时，不必逐级绘制分图。

在装配单元系统图上，加注必要的工艺说明（如焊接、配钻、铰孔及检验等），则成为装配工艺系统图，如图6-9所示。此图较全面地反映了装配单元的划分、装配的顺序及方法，是装配工艺中的主要文件之一。

4. 划分装配工序

装配顺序确定后，还要将装配工艺过程划分为若干工序，并确定各个工序的工作内容、所需的设备和工、夹具及工时定额等。装配工序应包括检查和试验工序。

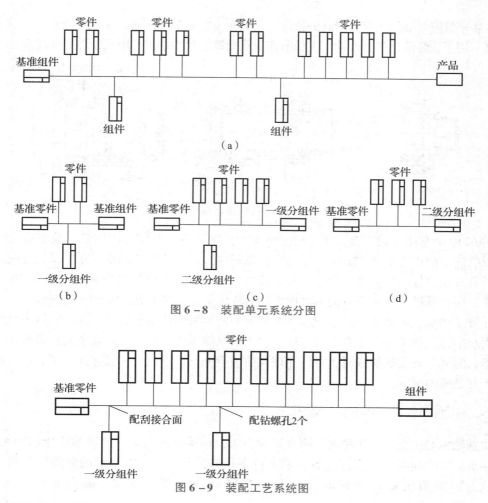

图 6-8　装配单元系统分图

图 6-9　装配工艺系统图

5. 制定装配工艺卡片

在单件、小批生产时，通常不制定工艺卡片，工人按装配图和装配工艺系统图进行装配。成批生产时，应根据装配工艺系统图分别制定总装和部装的装配工艺卡片。卡片的每一工序内容应简要地说明工序的工作内容，所需设备和工、夹具的名称及编号，工人技术等级，时间定额等。大批、大量生产时，应为每一工序单独制定工序卡片，详细说明该工序的工艺内容。工序卡片能具体指导工人进行装配。

6.7　装配工艺规程编制实例

为了进一步掌握装配工艺规程的编制过程，下面介绍主轴部件装配工艺规程的制定。

主轴及其轴承是主轴箱最重要的部分。主轴的旋转精度、刚度和抗振性等对工件的加工精度和表面粗糙度有直接影响。掌握主轴部件的装配和调整工艺显得相当重要。

6.7.1　主轴部件的结构

主轴部件的结构如图 6-10 所示。主轴是车床的关键部件之一，在工作时承受很大的切削力，故要求具有足够的刚度和较高的精度。它是一个空心的阶梯轴。主轴前端的锥孔为莫氏6号锥度，用于安装前顶尖和心轴。主轴前端采用短锥法兰式结构，用于安装卡盘或拨盘。

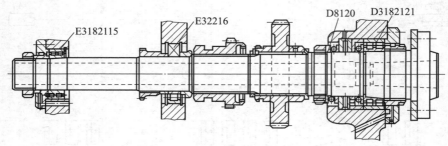

图 6-10   CA6140 型车床主轴部件

CA6140 型车床主轴有前、中、后三个支承，保证主轴有较好的刚性。前支承由两种滚动轴承组成。前面是 D 级 3182121 型圆锥孔双列向心短圆柱滚子轴承，用于承受径向力，这种轴承具有刚性好、精度高、尺寸小和承载能力大等优点。另外两个采用 D 级 8120 型推力球轴承，用于承受正反两个方向的轴向力。后支承采用一个 E 级 3182115 型圆锥孔双列向心短圆柱滚子轴承，中间支承是 E 级 32216 型单列向心短圆柱滚子轴承。这种将推力轴承安装在前支承中，离加工部位距离较近，中、后支承只能承受径向力，而在轴向可以游动。当主轴由于长时间运转发热膨胀时，可以允许向后微量伸长，以减小主轴弯曲变形，使主轴在重负荷下有足够的刚度。

6.7.2   主轴部件的装配技术要求

主轴轴承对主轴的旋转精度及刚度影响很大，轴承中的间隙直接影响机床的加工精度，主轴轴承应在无间隙（或少许过盈）的条件下运转，因此，主轴轴承的间隙应定期进行调整。该主轴的精度要求为径向跳动和轴向窜动均不超过 0.01 mm，通常为 0.001 ~ 0.003 mm。

6.7.3   主轴部件的装配工艺过程

1. 装配顺序

主轴部件的装配基准件是主轴，主轴上各直径向右呈阶梯状，这就决定了装配的顺序应当是：主轴自右向左装入箱体，右边的零件先装到主轴上，左边的零件后装到主轴上。

2. 装配单元系统图

主轴部件的装配用如图 6-11 所示的装配单元系统图来表达。

3. 主轴部件的精度检验

1）主轴径向跳动的检验

如图 6-12 所示，在锥孔中紧密地插入一根锥柄检验棒，将百分表固定在机床上，使百分表测头顶在检验棒表面上。旋转主轴，分别在靠近主轴端部 a 处和距轴端部 300 mm 的 b 处检验。a、b 的误差分别计算。主轴转 1 转，百分表读数的最大差值，就是主轴锥孔中心线的径向跳动误差。

为了避免检验棒锥柄配合不良的影响，拨出检验棒，相对主轴旋转90°重新插入主轴孔

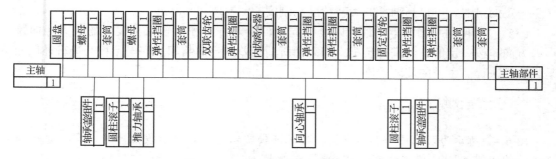

图 6-11　主轴部件装配单元系统图

中，依次重复检验三次，四次测量结果的平均值为主轴径向跳动误差。

2）主轴轴向窜动的检查

在图 6-13 中，主轴孔中紧密地插入一根锥柄短检验棒，中心孔中装入钢球。平头百分表固定在床身上，使百分表测头顶在钢球上（钢球用黄油黏上），旋转主轴检查。百分表读数的最大差值，即主轴轴向窜动误差。

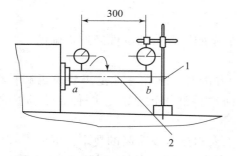

图 6-12　主轴径向跳动的检验
1—百分表；2—检验棒

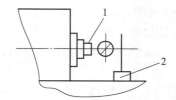

图 6-13　主轴轴向窜动的检查
1—检验棒；2—百分表

4. 主轴部件的调整

主轴轴承的间隙应定期调整，具体办法：松开主轴前端双列向心短圆柱滚子轴承右侧的螺母，拧紧主轴前端推力球轴承左侧的圆螺母。因双列向心短圆柱滚子轴承内圈是锥度为 1∶12 的薄壁锥孔，由于推力球轴承左侧圆螺母的推力，双列向心短圆柱滚子轴承内圈右移胀大，减少径向间隙，同时也控制了主轴的轴向窜动。这种结构一般只调整前轴承，当只调整前轴承达不到要求时，可以对后轴承进行同样的调整，中间轴承间隙不调整。

5. 提高主轴旋转精度的装配调整措施

对于用滚动轴承支承的主轴组件，采用合理的装配和调整方法，对提高主轴的旋转精度起着决定的作用。采用高精度轴承，并保证主轴、支承座孔以及有关零件的制造精度，无疑是提高主轴旋转精度的前提条件，但从装配手段上还可以采用如下措施：

（1）采用选配法进一步提高滚动轴承与轴颈和支承孔的配合精度，减少配合件的形状误差对轴承精度的影响。即事先测出轴颈和支承座孔的实际尺寸，然后选择"合适"的轴承尺寸进行装配。

（2）按要求在装配时可对滚动轴承采取预加载荷的方法，来消除轴承的间隙，并使其产生一定的过盈，可提高轴承的旋转精度和刚度。

（3）在装配时可对轴承的最大限度径向跳动误差方向和主轴有关表面的最大径向跳动误差方向，按一定的方向进行装配，即采用所谓误差的定向装配法使误差相互进行补偿而不是累积，来提高主轴的旋转精度。

 先导案例解决

图6-1所示为装配图局部示意图，为保证轴转动时不与轴套发生干涉，需保证轴与轴套端面的间隙 A_0，采用何种装配方法来保证此精度？

保证装配精度的方法根据生产的类型来确定。当大批量生产时，采用互换法装配来保证装配精度，此种方法生产率高，对工人的技术水平要求低，但要求所有工件具有较高的加工精度。当小批量生产时，采用修配法保证装配精度，选择其中一个轴套作为"修配环"，这样可以降低对其他零件的精度要求，能降低生产成本，但要求工作有较高的技术水平。

 生产学习经验

1. 重视装配工作，因为零件质量是产品质量的基础，合格的零件经过正确的工艺方法才能保证产品质量。

2. 连接是装配工作中的重要环节，选择连接方法时，首先考虑是否要求拆卸，再根据连接任务，如要求定位时选用销钉，实现周向连接选用键连接，两件结合选用螺纹连接。

3. 互换法进行装配过程简单、生产率高，对工人的技术没有高的要求，但要求零件具有较高精度；选配法降低了对零件精度的要求，从而降低了生产成本，但装配质量取决于工人的操作水平；分组装配法实质是先测量分组，再互换装配；修配法实质是根据其他零件的精度配作"修配环"；调整法实质就是调整"补偿件"的位置，保证装配精度。

 **本章小结**

本章主要介绍了机械产品装配工艺的内容、机械产品的装配精度、保证装配精度的方法。

机械装配分为部件装配和总装配。装配工作有清洗、连接、校正、调整与配作、平衡、验收试验。

产品的装配精度包括零部件间的距离精度、相互位置精度、相对运动精度、接触精度等。保证产品精度的装配方法有互换装配法、选配装配法、修配装配法和调整装配法四大类。

 思考题与习题

1. 图6-14所示为CA6140车床主轴法兰盘装配图，根据技术要求，主轴前端法兰盘与主轴箱端面间保持 0.38~0.95 mm，试查明影响装备精度的有关零件上的尺寸，并求出有关尺寸的上、下偏差。

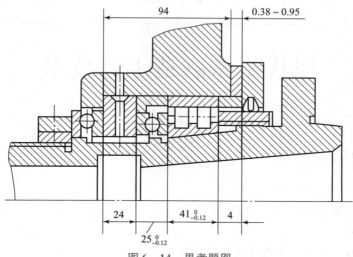

图 6-14　思考题图

2. 什么是装配、部件装配、总装配？

3. 装配工作有哪些基本内容？

4. 机械产品的装配精度一般包含哪些内容？试分别解释它们的含义？

5. 装配尺寸链的正计算、反计算分别应用于什么场合？

6. 试述保证装配精度的方法及它们的适用范围。

7. 装配的生产类型和组织形式有哪些？

8. 制定装配工艺规程应遵循哪些原则？

9. 制定装配工艺需要哪些原始资料？

10. 装配工艺规程的内容有哪些？

11. 可以按什么步骤来制定装配工艺规程？

12. 试分析 CA6140 型车床主轴部件的结构。

13. 试述主轴径向跳动、轴向窜动的检验方法。

14. 试述提高主轴旋转精度的措施。

第7章

现代机械制造工艺技术

 本章知识点

1. 成组技术；
2. 计算机辅助工艺设计；
3. 柔性制造系统；
4. 计算机辅助制造和计算机集成制造系统；
5. 智能制造。

 先导案例

图7-1所示为液压支架立柱千斤顶的接长杆，是液压支架的重要零件，其生产批量较大，对于液压支架生产厂家而言，是一种较为常用、批量适中的零件。由于其尺寸较大（长1.2~1.5 m），如果采用组合夹具，则会长期占用大量的组合夹具的元件，并且还存在着组合夹具过于庞大，不利于生产连续进行的缺陷。应采用何种技术解决这一问题？

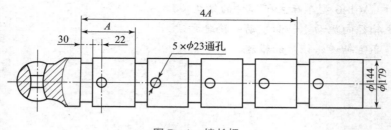

图7-1 接长杆

机械加工的根本任务是在保证零件加工质量的前提下，提高劳动生产率和降低成本。合理选用高效的机床、工艺装备及采用先进的加工方法是提高机械加工生产率的重要途径。随着数控技术和计算机技术的迅速发展，机械制造工艺已由计算机数控机床发展到计算机辅助制造系统，达到了制造过程高度自动化和集成化的水平。

7.1 成组技术

在机械制造工业中，中小批量生产占有较大的比例。随着市场竞争的日益加剧和科技水平的飞跃发展，要求产品不断改进和更新，多品种、小批量的生产方式越来越占有重要的地位。但是，传统的小批量生产方式存在着很多弊端，如无法采用先进高效的设备和工装、生产率低、生产周期长、生产管理复杂等。与大批、大量生产相比，传统的针对小批量生产的组织模式会存在如下一些矛盾：

（1）生产计划、组织管理复杂化；

（2）零件从投料到加工完成的总生产时间较长；

（3）生产准备工作量大；

（4）产量小，使先进制造技术的应用受到限制。

成组技术便是为了解决这一矛盾而产生的一门新的生产技术。

7.1.1 概述

1. 零件的相似原理

机械产品中零件间的相似性是客观存在的，且遵循一定的分布规律。大量的统计资料表明，各种机械产品的组成零件大致可以分为复杂件（或称特殊件）、相似件和简单件三大类，而其中相似件（如各种轴、套、法兰盘、齿轮等）约占零件总数的70%。这些相似件之间在结构形状和加工工艺方面存在着大量的相似特征。

2. 成组技术

充分利用事物之间的相似性，将许多具有相似信息的研究对象归并成组，并用大致相同的方法来解决这一组研究对象的生产技术问题，这样就可以发挥规模生产的优势，达到提高生产效率、降低生产成本的目的，这种技术统称为成组技术（Group Technology，GT）。

成组技术的核心是成组工艺，即把尺寸、形状和工艺相近的零件组成一个零件组（族），制定统一的加工方案，并在同一机床组中制造。其重要作用在于扩大工艺批量，使大批量生产中行之有效的工艺方法和高效自动化生产设备可以应用到中小批生产中去。这样就把原先的多品种转化为少品种，小批量转化为大批量，并以这些组为基础，组织生产的各个环节，从而实现多品种、中小批量生产的产品设计，使制造和管理合理化，从而克服了传统小批量生产方式的缺点，使小批量生产能获得接近大批量生产的技术经济效果。这对于我国目前单件、中小批生产占绝对优势（约占80%）的生产状况来说，无疑具有重大的经济价值。

3. 成组工艺实施步骤

零件分类编码及分组——拟定零件组工艺过程——选择机床——设计成组夹具——确定生产组织形式及核算经济效果等。

其中零件分类编码及分组是关键，没有正确的编码和分组，成组工艺也就不可能有效地实现。

7.1.2 零件的分类编码系统

1. 零件分类编码的基本原理

分类是一种根据特征属性的有无，把事物划分成不同组的过程。编码能用于分类，它是对不同组的事物给予不同的代码。成组技术的编码，是对机械零件的各种特征给予不同的代码。这些特征包括零件的结构形状、各组成表面的类别及配置关系、几何尺寸、零件材料及热处理要求，各种尺寸精度、形状精度、位置精度和表面粗糙度等要求。对这些特征进行抽象化、格式化，就需要用一定的代码（符号）来表述。所用的代码可以是阿拉伯数字、拉丁字母，甚至汉字，以及它们的组合。最方便、最常见的是数字码。

迄今为止，世界各国已制定了几十种编码系统，其中德国阿享工业大学奥匹兹教授领导的机床和生产工程实验开发的 OPITZ 零件分类编码系统，在国际上获得较为广泛的应用。我国已制定了机械工业成组技术分类编码系统（JLBM - 1 系统）。

2. JLBM - 1 分类编码系统

JLBM - 1 系统是由我国机械工业部组织制定并批准的分类编码系统，于 1984 年正式成为我国机械工业部的指导性技术文件。它由 15 个码位组成，采用混合式代码结构。其结构如图 7 - 2 所示。

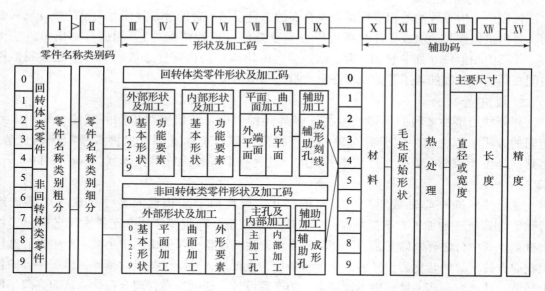

图 7 - 2 　JLBM - 1 分类编码系统结构示意图

该系统的 1、2 码位表示零件的名称类别，它采用零件的功能和名称作为标志，以矩阵表的形式表示出来，不仅容量大，也便于设计部门检索。但由于零件的名称不规范，可能会造成混乱，因此在分类前必须先对企业的所有零件名称进行统一并使其标准化。

3~9 码位是形状及加工码分别表示回转体零件和非回转体零件的外部形状、内部形状、平面、孔及其加工与辅助加工的种类。

10~15 码位是辅助码表示零件的材料、毛坯、热处理、主要尺寸和精度的特征。尺寸码规定了大型、中型与小型三个尺寸组，分别供仪表机械、一般通用机械和重型机械等三种类型的企业参照使用。精度码规定了低精度、中等精度、高精度和超高精度四个等级。在中等精度和高精度两个等级中，再按有精度要求的不同加工表面而细分为几个类型，以不同的特征码来表示。

表 7-1～表 7-4 列出了 JLBM-1 分类系统的部分内容，供查阅。

表 7-1　JLBM-1 分类系统的名称类别分类表

第1位		第2位 0	1	2	3	4	5	6	7	8	9
0	轮盘类	盘、盖	防护盖	法兰盘	带轮	手轮捏手	离合器体	分度盘、刻度盘、环	滚轮	活塞	其他
1	环套类	垫圈、片	环、套	螺母	衬套、轴套	外螺纹套、直管接头	法兰套	半联轴节	液压缸、气压缸		其他
2	销、杆、轴类（回转类零件）	销、堵、短圆柱	圆杆、圆管	螺杆、螺钉、螺栓	阀杆、阀芯、活塞杆	短轴	长轴	蜗杆丝杠	手把、手柄操纵杆		其他
3	齿轮类	圆柱外齿轮	圆柱内齿轮	锥齿轮	蜗轮	链轮棘轮	螺旋锥齿轮	复合齿轮	圆柱齿条		其他
4	异形件	异形盘套	弯管接头、弯头	偏心件	弓形件、扇形件	叉形接头、叉轴	凸轮、凸轮轴	阀体			其他
5	专用件										其他
6	杆条类（非回转类零件）	杆、条	杠杆、摆杆	连杆	撑杆、拉杆	扳手	键镶（压）条	梁	齿条	拨叉	其他
7 8	板块类	板、块	防护板、盖板、门板	支承板、垫板	压板、连接板	定位块、棘爪	导向块（板）、滑块（板）	阀块、分油器	凸轮板		其他
9	座架类	轴承座	支座	弯板	底座机架	支架					其他
	箱壳体类	罩、盖	容器	壳体	箱体	立柱	机身	工作台			其他

表7-2　JLBM-1分类系统回转件分类表（第3~9码位）

码位	3		4		5		6		7		8		9
特征项号	外部形状及加工				内部形状及加工				平面、曲面加工				辅助加工（非同轴线孔、成形、刻线）
	基本形状		功能要素		基本形状		功能要素		外（端）面		内面		
0	光滑	0	无	0	无轴线孔	0	无	0	无	0	无	0	无
1	单一轴线 单向台阶	1	环槽	1	无加工孔	1	环槽	1	单一平面、不等分平面	1	单一平面、不等分平面	1	均布孔 轴向
2	双向台阶	2	螺纹	2	通孔 光滑单向台阶	2	螺纹	2	平行平面、等分平面	2	平行平面、等分平面	2	径向
3	球、曲面	3	1+2	3	双向台阶	3	1+2	3	槽、键槽	3	槽、键槽	3	非均布孔 轴向
4	正多边形	4	锥面	4	盲孔 单侧	4	锥面	4	花键	4	花键	4	径向
5	非圆对称截面	5	1+4	5	双侧	5	1+4	5	齿形	5	齿形	5	倾斜孔
6	弓、扇形或4、5以外的	6	2+4	6	球、曲面	6	2+4	6	2+5	6	3+5	6	各种孔组合
7	多轴线 平行轴线	7	1+2+4	7	深孔	7	1+2+4	7	3+5或4+5	7	4+5	7	成形
8	弯曲、相交轴线	8	传动螺纹	8	相交孔、平行孔	8	传动螺纹	8	曲面	8	曲面	8	机械刻线
9	其他	9	其他	9	其他	9	其他	9	其他	9	其他	9	其他

表 7-3　JLBM-1 分类系统非回转件分类表（第 3~9 码位）

码位	3 外部形状及加工 总体形状	4 平面加工	5 曲面加工	6 外形要素	7 主孔及内部形状 主孔加工及要素	8 内部平面加工	9 辅助加工 （辅助孔、成形）
0	轮廓边缘由直线组成	0 无	0 无	0 无	0 无	0 无	无
1	无弯曲 轮廓边缘由直线和曲线组成	1 一侧平面及台阶平面	1 回转面加工	1 外部一般直线沟槽	1 光滑、单向台阶或单向盲孔（单一轴线，无螺纹）	1 单一轴向沟槽	圆周排列的孔（单方向，均布孔）
2	板条 板或条与圆柱体组合	2 两侧平行平面及台阶平面	2 回转定位槽	2 直线定位导向槽	2 双向台阶双向盲孔	2 多个轴向沟槽	直线排列的孔
3	有弯曲 轮廓边缘由直线或直线+曲线组成	3 直交面（双向平面）	3 一般曲线，沟槽	3 直线导轨定位凸起	3 平行轴线（多轴线）	3 内花键（主孔内）	两个方向配置孔（多方向）
4	板或条与圆柱体组合	4 斜交面	4 简单曲面	4 1+2	4 垂直或相交轴线	4 内等分平面	多个方向配置孔
5	块状	5 两个两侧平行平面（即四面需加工）	5 复合曲面	5 2+3	5 单一轴线（有螺纹）	5 1+3	单个方向排列的孔（非均布孔）
6	有分离面	6 2+3 或 3+5	6 1+4	6 1+3 或 1+2+3	6 多轴线	6 2+3	多个方向排列的孔
7	箱壳座架 无分离面 矩形体组合	7 六个平面需加工	7 2+4	7 齿形、齿纹	7 单一轴线（功能锥、功能槽、球面、曲面等）	7 异形孔	无辅助孔（成形）
8	矩形体与圆柱体组合	8 斜交面	8 3+4	8 刻线	8 多轴线	8 内腔平面及窗户平面加工	有辅助孔
9	其他	9 其他	9 其他	9 其他	9 其他	9 其他	其他

表7-4　JLBM-1分类系统材料、毛坯、热处理、主要尺寸、精度分类表

码位	10	11	12	13							14	15
项目	材料	毛坯原始形式	热处理	项目	主要尺寸/mm						项目	精度
					直径或宽度（D或B）			长度（L或A）				
					大型	中型	小型	大型	中型	小型		
0	灰铸铁	棒材	无	0	≤14	≤8	≤3	≤50	≤18	≤10	0	低精度
1	特殊铸铁	冷拉材	发蓝	1	>14~20	>8~14	>3~6	>50~120	>18~30	>10~16	1	内回转面加工
2	普通碳钢	管材（异形管）	退火正火及时效	2	>20~58	>14~20	>6~10	>120~250	>30~50	>16~25	2	中等精度 / 外平面加工
3	优质碳钢	型材	调质	3	>58~90	>20~30	>10~18	>250~500	>50~120	>25~40	3	1+2
4	合金钢	板材	淬火	4	>90~160	>30~58	>18~30	>500~800	>120~250	>40~60	4	外回转面加工
5	铜和铜合金	铸件	高、中频淬火	5	>160~400	>58~90	>30~45	>800~1250	>250~500	>60~85	5	内回转面加工
6	铝和铝合金	锻件	渗碳+4或5	6	>400~630	>90~160	>45~65	>1250~2000	>500~800	>85~120	6	高精度 / 4+5
7	其他有色金属及其合金	铆焊件	氮化处理	7	>630~1000	>160~440	>65~90	>2000~3150	>800~1250	>120~160	7	平面加工
8	非金属	铸塑成形件	电镀	8	>1000~1600	>440~630	>90~120	>3150~5000	>1250~2000	>160~200	8	4或5或6加7
9	其他	其他	其他	9	>1600	>630	>120	>5000	>2000	>200	9	超高精度

按照JLBM-1系统对如图7-3所示回转体零件进行分类编码的结果如下：

第1~2位表示该零件为回转体类、轮盘类法兰盘，第1位为0，第2位为2。

第3~9位表示该零件"外部基本形状"：单向台阶；"外部功能要素"：无；"内部基本形状"：双向台阶通孔；"内部功能要素"：有环槽；"外平面与端面"：单一平面；"内平面"：无；"辅助加工"：均布轴向孔。第3~9位分别为1、0、5、1、1、0、1。

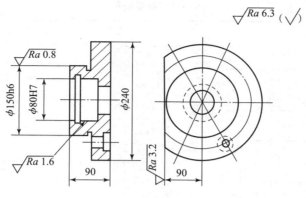

图 7 - 3　JLBM - 1 分类编码举例

第 10 ~ 12 位表示该零件材料为普通非合金钢，毛坯原始形状为锻件，不进行热处理，第 10 ~ 12 位分别为 2、6、0。

第 13 ~ 15 位表示该零件主要尺寸（直径）$D > 160 ~ 400$ mm；主要尺寸（长度）$L > 50 ~ 120$ mm；内、外圆与平面中等精度。第 13 ~ 15 位分别为 5、1、3。

所以，按 JLBM - 1 系统分类，该零件的分类编码为：021051101260513。

7.1.3　零件分类成组的方法

施行成组技术时，首先必须按零件的相似特征将零件分类成组，然后才能以成组的方式进行工艺设计和组织生产。编码分类法是一种比较科学和有效的分类成组方法。其具体做法是首先根据具体情况选用合适的编码系统，然后对零件进行编码，根据零件的代码按照一定的准则将零件分类归并成组。零件分类成组方法有特征码位法、码域法及特征位码域法。

1. 特征码位法

按编码分类，如把编码完全相同的归为一个零件组，这就要求同组零件有更多的特征属性相似，即标准太严，会出现零件组组数过多，而每组零件种数又很少的情况。实际上，根据分类的目的，往往只要求有若干特征属性相似即可。这样，只需要在编码中选用若干特征码位来制定分类的相似性标准；只要是特征码位代码相同的零件皆可以归于同一零件组。如此，可能出现的最大组数可大大减少。例如，表 7 - 5 表示用特征码位法的零件分类，其中特征码位为第 1、2、6 及 7 码位，规定的代码分别为 0、4、3 及 0，凡零件编码相应码位的代码与其相同的均可归于同一零件组；图中列出符合上述相似特征要求的几个零件的简图及其编码。

2. 码域法

码域法是对零件代码各码位的特征规定几种允许的数据，用它作为分组的依据，就将相应码位的相似特征放宽了范围。在图 7 - 4（a）所示的零件族特征矩阵表上，横向数字表示码位，纵向数字表示各个码位上的代码，图中"×"表示的范围称为码域。图 7 - 4（a）是根据大量统计资料和生产经验而制定的零件相似性特征矩阵表。凡零件各码位上的编码落在该码域内，即划分为同一零件组，如图 7 - 4（b）中所示三个零件为一组，或称为一个零件族。这种分类方法就称为码域法。

表7－5　特征码位法

工件	号	形状码	辅助码
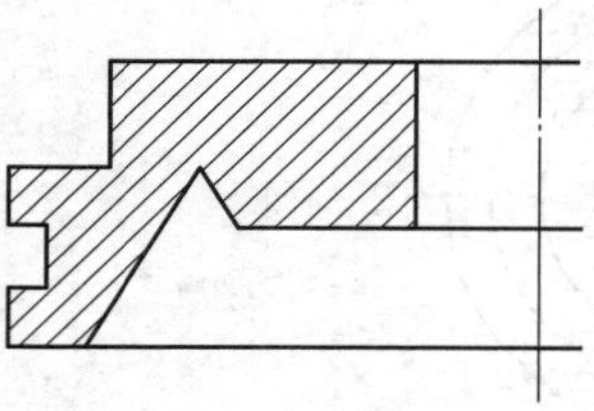	264	04100	3072
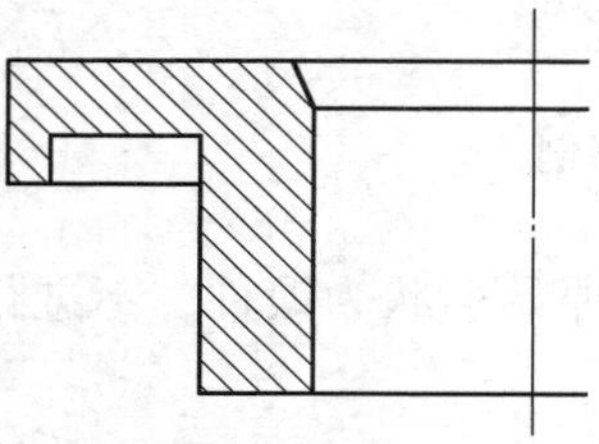	156	04100	3075
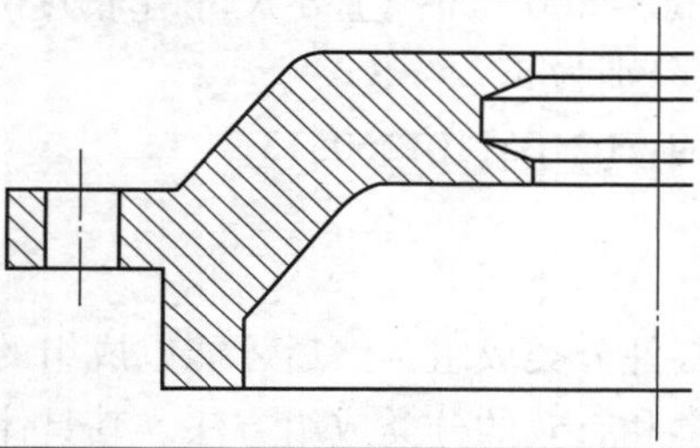	490	04703	3072

	1	2	3	4	5	6	7	8	9
0	×	×	×	×	×	×		×	×
1	×	×		×		×		×	×
2	×	×		×		×	×		
3			×				×		
4							×		
5							×		
6							×		
7							×		
8									
9									

（a）

零件	代码
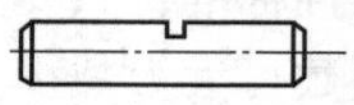	10030 0401
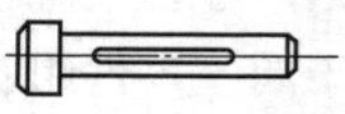	11030 1301
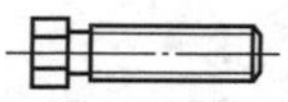	22020 1200

（b）

图7－4　码域法分组

（a）零件组特征矩阵；（b）零件及其代码

3. 特征位码域法

它是上述两种方法的综合，因而能兼备两者的特点，即既能抓住零件分类的主要特征方面，又能适当放宽其相似性要求，允许有更多的零件种数进入零件组，以期得到满意的分类效果。

7.1.4 成组工艺的设计方法

1. 复合零件法

按照零件组中的复合零件来编制工艺规程的方法称为复合零件法。所谓复合零件，是指拥有同组零件的全部待加工表面要素的一个零件。它可以是零件组中实际存在的某个具体零件，也可以是一个假拟的零件。如图 7 – 5（a）所示的复合零件包含了组内其他零件所具有的所有 5 种加工表面要素，按照这一零件所设计的工艺过程，即该零件组的成组工艺。只要从中删除一些不为某一零件所用的工序或工步内容，便能为组内其他零件使用，形成各个零件的加工工艺。

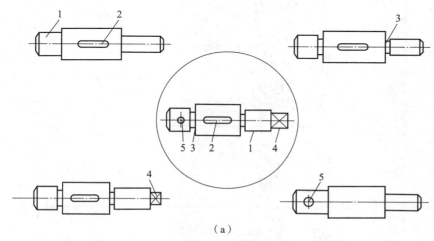

（a）

零件图	工艺过程
复合零件：	C1—C2—X—Z
	C1—C2—XJ
	C1—C2—XJ
	C1—C2—XJ—X
	C1—C2—Z

（b）

图 7 – 5 按复合零件法设计成组工艺

（a）零件组及其复合零件；（b）工艺过程

1—外圆柱面；2—键槽；3—功能槽；4—平面；5—辅助孔

C1—车；C2—车；XJ—铣键槽；X—铣方头；Z—钻

2. 复合路线法

对于形状不规则的非回转体零件，有时找出某一零件组的复合零件十分困难，此时可以采用复合路线法。复合路线法是在零件分类成组的基础上，分析比较全组所有零件的工艺路线，从中选出工艺较长、流程合理、代表性强的一条作为基础工艺路线，然后将其他零件的工序（去掉重复的）按合理的位置安插到基础工艺路线中，便得到一条适合整个零件组的成组工艺路线，并以它为依据来编制详细的工艺规程。图 7-6 所示为按复合路线法设计成组工艺的实例。

本组零件图	工艺路线
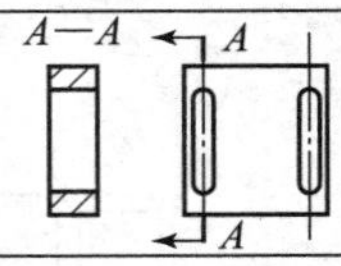 A—A	X1—X2—Z—X
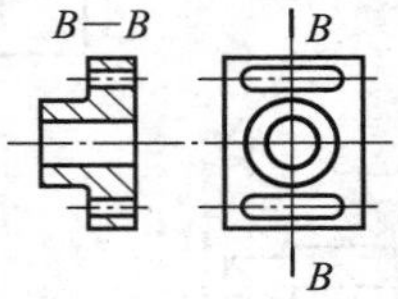 B—B	选作代表路线： X1—C—Z—X
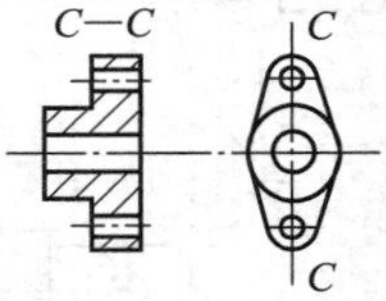 C—C	X1—C—Z
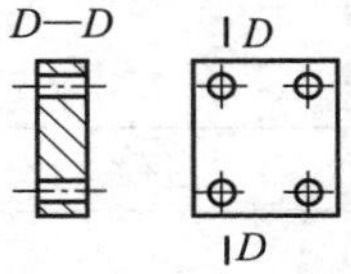 D—D	X1—X2—Z
本组零件的复合工艺路线 （在代表路线中补入所缺的X2工序）	X1—X2—C—Z—X

图 7-6　按复合路线法设计成组工艺的实例

X1—铣一面；X2—铣另一面；C—车；Z—钻；X—铣槽

7.1.5　成组生产的组织形式

1. 单机成组加工

在转塔车床、自动车床或其他数控机床上成组加工小型零件，这些零件的全部或大部分加工工序都在这一台设备上完成，这种形式称为单机成组加工。单机成组加工时机床的布置虽然与机群式生产工段类似，但在生产方式上却有着本质的差异。它是按成组工艺来组织和安排生产的。

2. 成组生产单元

在一组机床上完成一个或几个工艺相似零件组的全部工艺过程，该组机床即构成车间的一个封闭生产单元。这种生产单元与传统的小批量生产下常用的"机群式"排列的生产工段是不一样的。一个机群式生产工段只能完成零件的某个工序，而成组生产单元却能完成零件组的全部工艺过程。

图 7 - 7 所示为成组生产单元的平面布置示意图。由图可见，单元内的机床按照成组工艺过程排列，零件在单元内按各自的工艺路线流动，缩短了工序间的运输距离，减少了在制品的积压，缩短了零件的生产周期；同时零件的加工和输送不需要保持一定的节拍，使得生产的计划管理具有一定的灵活性；单元内的工人工作趋向专业化，加工质量稳定，效率比较高，所以成组生产单元是一种较好的生产组织形式。

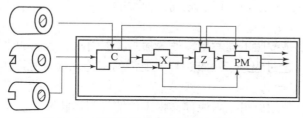

图 7 - 7　成组生产单元的平面布置示意图
C—车床；X—铣床；Z—钻床；PM—平面磨床

3. 成组生产流水线

当组内零件工艺相似程度很高，且批量较大时，机床可以排列成一条流水生产线。这种流水线称为成组生产流水线。零件在线上用相接近的节拍单向流动，工作过程连续而有一定的节奏，因此它具有一般流水线的大部分优点。与一般流水线相比，其不同之处在于它经过少量的调整可以加工组内的不同零件，对于某一种零件来说，不一定经过线上的每一台机床。成组生产流水线是成组加工的高级形式。

7.2　计算机辅助工艺设计

7.2.1　概述

如前所述，工艺规程设计是机械制造生产过程中一项重要的技术准备工作，是产品设计和制造之间的中间环节。但是传统的工艺设计方法需要大量的时间和丰富的生产实践经验，工艺设计的质量在很大程度上取决于工艺人员的水平和主观性，这就使工艺设计很难做到最优化和标准化。随着计算机在产品设计和制造过程中的应用日渐普及，传统的用手工编制工艺规程的方法显得很不协调，于是产生了计算机辅助编制工艺规程（CAPP）的方法。所谓计算机辅助编制工艺规程，就是通过向计算机输入被加工零件的原始数据、加工条件和加工要求，由计算机自动地进行编码、编程直至最后输出经过优化的工艺规程卡片。采用 CAPP不仅克服了上述传统工艺设计的各项缺点，适应了当前日趋自动化的现代制造环节的需要，而且为实现计算机集成制造提供了必要的技术基础。正因为 CAPP 的产生和应用对机械制造技术的发展有着十分重要的意义，所以在国内外已经引起越来越多的重视和研究。目前在理论体系和生产实际应用方面都已取得重大进展，一批先进实用的 CAPP 系统在生产中得到应用，并取得了较好的效果。

CAPP 系统的主要功能：只要输入零件加工的有关信息，计算机就能自动生成并输出零件的加工工艺规程。有些较完善的系统还能进行动态仿真，对加工过程进行模拟显示，以便检查工艺规程的正确性。

CAPP 系统一般由若干程序模块组成，如输入输出模块、工艺过程设计模块、工序决策模块、工步决策模块、NC 指令生成模块以及控制模块、动态仿真模块等，视系统的规模大小和完善程度而存在一定的差异。

7.2.2　CAPP 的类型

根据 CAPP 系统的工作原理，可以分成五种类型。

1. 交互型

交互型 CAPP 系统是按照不同类型零件的加工工艺需求，编制的人机交互软件系统。系统以人机交互方式对工艺过程进行决策，形成所需的工艺规程，对操作人员的依赖性很大。

2. 变异型（又称派生型）

变异型 CAPP 系统利用成组技术原理，将零件按几何形状及工艺相似性进行分类、归族和编码，每一个族有一个主样件，根据此样件建立加工工艺文件，即典型工艺规程，存入典型工艺规程库中。当需要设计新零件的工艺规程时，根据其成组编码，确定其所属零件族，由计算机检索出相应零件族（主样件）的典型工艺规程，再根据当前零件的具体要求对典型工艺进行修改，最后得到新零件的工艺规程。变异型 CAPP 系统工作流程如图 7-8 所示。

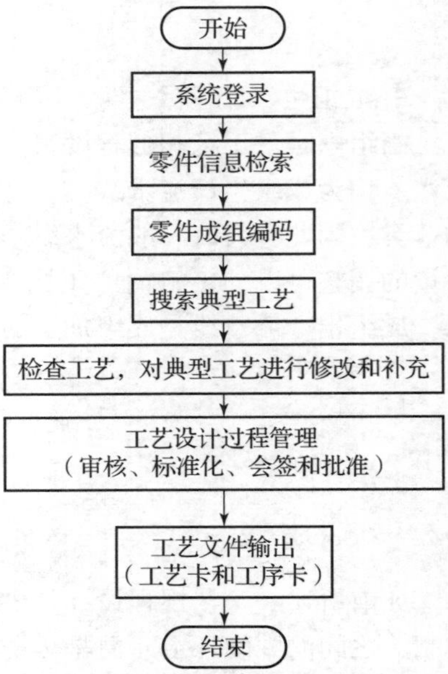

3. 创成型

创成型 CAPP 系统是一个能综合加工信息，自动地为一个新零件制定工艺规程的系统。在创成型 CAPP 系统中，工艺规程是根据工艺数据库中的信息在没有人工干预的条件下生成的。系统在获取零件信息后，能自动地提取制造信息，产生零件所需要的各个工序和加工顺序，自动地选择机床、夹具、量具、切削用量和加工过程，并通过应用决策逻辑模拟工艺设计人员的决策过程。创成型 CAPP 系统的总体结构如图 7-9 所示。

在创成型 CAPP 系统中，系统的决策逻辑是软件的

图 7-8　变异型 CAPP 系统工作流程

核心，它控制着程序的走向。就决策知识的应用形式来分，创成型 CAPP 系统有常规程序实现和采用人工智能技术实现两种类型。前者按工艺决策知识利用决策表、决策树或公理模型等技术来实现；后者为工艺设计专家系统，它利用人工智能技术，综合工艺设计专家的知识和经验，进行自动推理和决策。

4. 综合型

综合型 CAPP 系统将变异型与创成型结合起来，采取变异与自动决策相结合的工作方式。对一个新零件进行工艺设计时，先通过计算机检索它所属零件族的典型工艺，然后根据零件的具体情况，对典型工艺进行修改，工序设计则采用自动决策产生。

5. 智能型

智能型 CAPP 系统是将人工智能技术应用于工艺过程设计而形成 CAPP 专家系统。与创

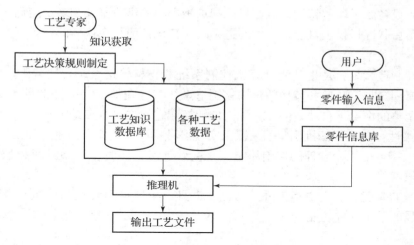

图 7 - 9　创成型 CAPP 系统的总体结构

成型 CAPP 系统相比，虽然两者都可自动生成工艺规程，但创成型 CAPP 系统是以逻辑算法加决策表为特征，而智能型 CAPP 系统则是以推理加知识为特征。

7.2.3　CAPP 的数据库

在计算机辅助工艺规程设计时，所需的信息和数据都以文件的形式储存在计算机的存储器中，形成数据库以备检索和调用。因此，在 CAPP 软件中，工艺数据库占据重要位置。工艺数据是在工艺设计过程中所使用、产生的数据。在生成零件工艺规程时，一方面要应用到大量工艺图表、线图等静态数据，同时也将产生许多动态的工艺数据，如大量的中间过程数据、工序图形、NC 代码等。这些储存于计算机的外存储器中供用户共享的工艺数据集合就称为工艺数据库。

工艺数据的数据类型和数据结构都比较复杂，同时系统必须具备材料动态数据模式才能对工艺数据进行处理和规范化管理。工艺数据库的建立比一般数据库更加复杂和麻烦。

一般工艺数据库的内容如下：

（1）材料数据：各种材料规格及属性的数据，毛坯特性，刀具—工件组合特性等。

（2）刀具数据：刀具号、刀具成组分类信息，刀具尺寸及几何形状，刀具应用条件等。

（3）机床数据：各种机床名称、型号、规格、控制系统类型、用量范围、精度等。

（4）夹具和量具数据：各种夹具和量具的类型、重要尺寸及精度等。

（5）标准工艺规程及成组分类特征数据。

（6）动态工艺设计信息，包括零件图形数据、工序图形数据、最终工艺规程、NC 代码等。

7.3　柔性制造系统

7.3.1　概述

随着机电一体化技术的发展，传统的机械技术与新兴的微电子技术相结合，出现了很多现代化的加工设备和手段，特别是数控机床和加工中心的迅速普及和多功能化，为改变中小批量生产的落后状况提供了可能。柔性制造系统（FMS）便是在这样的背景下产生和发展起来的。

所谓柔性制造系统，是指利用计算机控制系统和物料输送系统，把若干台设备联系起来，形成没有固定加工顺序和节拍的自动化制造系统。它在加工完一定批量的某种工件后，能在不停机调整的情况下自动地向另一种工件转换。它的主要特点是：

（1）高柔性：能在不停机调整的情况下实现多种不同工艺要求的零件加工。

（2）高效率：能采用合理的切削用量实现高效加工，同时使辅助时间和准备终结时间减小到最低限度。

（3）高度自动化：自动更换工件、刀具、夹具，实现自动装夹和输送，自动监测加工过程，有很强的系统软件功能。

7.3.2　柔性制造系统的组成

柔性制造系统由加工系统、物料流系统、信息系统三部分组成。

1）加工系统

加工系统的功能是以任意顺序自动加工各种工件，并能自动地更换工件和刀具。通常由若干台加工零件的 CNC 机床和 CNC 板材加工设备以及操纵这种机床要使用的刀具所构成。在加工较复杂零件的 FMS 加工系统中，由于机床上机载刀库能提供的刀具数目有限，除尽可能使产品设计标准化，以便使用通用刀具和减少专用刀具的数量外，必要时还需要在加工系统中设置机外自动刀库以补充机载刀库容量的不足。

2）物料流系统

FMS 中的物料流系统与传统的自动线或流水线有很大差别，整个工件输送系统的工作状态是可以进行随机调度的，而且都设置有储料库以调节各工位上加工时间的差异。物料流系统包含工件的输送和储存两个方面。

工件输送包括工件从系统外部送入系统和工件在系统内部的传送两部分。目前，大多数工件送入系统和夹具上装夹工件仍由人工操作，系统中设置装卸工位，较重的工件可用各种起重设备或机器人搬运。工件输送系统按所用运输工具可分成四类：自动输送车、轨道传送系统、带式传送系统和机器人传送系统。

工件的存储：在 FMS 的物料系统中，设置适当的中央料库和托盘库及各种形式的缓冲储区，来进行工件的存储，保证系统的柔性。

3）信息系统

信息系统包括过程控制及过程监视两个子系统，其功能分别为进行加工系统及物流系统的自动控制，以及在线状态数据自动采集和处理。FMS 中信息由多级计算机进行处理和控制。

7.3.3　FMS 中的机床设备和夹具

1. 加工设备

FMS 中的机床设备一般选择卧式、立式或立卧两用的数控加工中心（MC）。数控加工中心机床是一种带有刀库和自动换刀装置（ATC）的多工序数控机床，工件经一次装夹后，能自动完成铣、镗、钻、铰等多种工序的加工，并且有多种换刀和选刀功能，从而可使生产效率和自动化程度大大提高。

在 FMS 的加工系统中还有一类加工中心，它们除了机床本身之外，还配有一个储存工件的托盘站和自动上下料的工件交换台。当在这类加工中心机床上加工完一个工件后，托盘交换装置便将加工完的工件连同托盘一起拖回环形工作台的空闲位置，然后按指令将下一个待加工的工件/托盘转到交换装置，由托盘交换装置将它送到机床上进行定位夹紧以待加工。这类具有储存较多工件/托盘的加工中心是一种基础形式的柔性制造单元（FMC），它的规模和柔性化程度都比 FMS 小，可以作为 FMS 的基础加工单元，也可作为独立的自动化加工设备。FMC 自成体系、占地面积少、成本低、功能完善，有廉价小型 FMS 之称。由于 FMC 的这些特点比较适合我国的国情，因而近年来在我国发展较快。

FMS 对机床的要求：工序集中；高柔性度和高效率；易控制；具有通信接口。

2. 机床夹具

目前，用于 FMS 机床夹具有两个重要的发展趋势：其一，大量使用组合夹具，使夹具零部件标准化，可针对不同的服务对象快速拼装出所需的夹具，使夹具的重复利用率提高；其二，开发柔性夹具，使一台夹具能为多个加工对象服务。

7.3.4　自动化仓库

FMS 的自动化仓库与一般仓库不同，它不仅是储存和检索物料的场所，同时也是 FMS 物料系统的一个组成部分。它由 FMS 的计算机控制系统所控制，为 FMS 服务，服从 FMS 的命令和调度，所以从功能性质说它是一个工艺仓库。正因为 FMS 自动仓库属于一种工艺仓库，它的布置和物料存放方法也以方便工艺处理为原则，仓库本身按工艺分成毛坯库、在制品库和成品库等多个存储单元。目前，自动化仓库一般采用多层立体布局的结构形式，所占用的场地面积较小。

7.3.5　物料运载装置

物料运载装置直接担负着工件、刀具以及其他物料的运输，包括物料在加工机床之间，自动仓库与托盘存储站之间以及托盘存储站与机床之间的输送与搬运。FMS 中常见的物料运载装置有传送带、自动运输小车和搬运机器人等。

7.3.6　刀具管理系统

刀具管理系统在 FMS 中占有重要地位，其主要职能是负责刀具的运输、存储和管理，适时地向加工单元提供所需的刀具，监控管理刀具的使用，及时取走已报废或耐用度已耗尽的刀具，在保证正常生产的同时，最大限度地降低刀具的成本。刀具管理系统的功能和柔性程度直接影响到整个 FMS 的柔性和生产率。典型的 FMS 刀具管理系统通常由刀库系统、刀具预调站、刀具装卸站、刀具交换装置以及管理控制刀具流的计算机组成。

7.3.7　控制系统

控制系统是 FMS 的核心。它管理和协调 FMS 内各项活动，以保证生产计划的完成，实现最大的生产效率。FMS 除了少数操作由人工控制外（如装卸、调整和维修），正常的工作完全是由计算机自动控制的。FMS 的控制系统通常采用两级或三级递阶控制结构形式，在控制结构中，每层的信息流都是双向流动的：向下可下达控制指令，分配控制任务，监控下层的作业过程；向上可反馈控制状态，报告现场生产数据。然而，在控制的实时性和处理信息量方面，各层控制计算机是有所区别的：越往底层，其控制的实时性要求越高，而处理的信息量则越小；越到上层，其处理信息量越大，而对实时性要求则越小。

这种递阶的控制结构，各层的控制处理相对独立，易于实现模块化，使局部增、删、修改简单易行，从而增加了整个系统的柔性和开放性，充分地利用了计算机的资源。然而，究竟需分几层为好，这要视具体对象和条件而定，不可千篇一律。

7.4 计算机辅助制造和计算机集成制造系统

7.4.1 计算机辅助制造（CAM）

1. CAM 的概念和应用

利用计算机分级结构将产品的设计信息自动地转换成制造信息，以控制产品的加工、装配、检验、包装、试验等全过程，以及与这些过程有关的全部物流系统和初步的生产调度，这就是计算机辅助制造（CAM），它可以理解为"计算机在制造领域的应用"。这是一个广义含义，它包含了制造系统中的许多功能活动。按照计算机与制造系统的关系，它可以分为直接应用和间接应用两类。

（1）直接应用。直接应用指计算机用于制造过程的监视和控制，如 CNC、FMS 等，即 CAM 的基础单项形式。

（2）间接应用。计算机并不与制造过程直接连接，而是用来提供生产计划，进行技术准备和发出各种指令和有关信息，以进一步指导和管理制造过程，如计算机辅助工艺规程设计、计算机辅助数控编程、计算机辅助编制生产作业计划、计算机辅助生产管理等。在 CAM 的间接应用中，人给计算机输入数据和信息，再按照计算机的输出去指导生产。

随着计算机在上述各部门的广泛应用，人们越来越认识到，单纯孤立地在各个部门用计算机辅助进行各项工作，远没有充分发挥出计算机控制生产的潜在能力；各个环节之间也容易产生矛盾和不协调。只有用更高级的计算机分级结构网络将制造过程的各个环节集中和协调起来，组成更高水平的制造系统，才能取得更好的效益，这就是通常所说的 CAM 系统。

2. CAM 系统的组成和分级结构

CAM 系统的组成可以分为硬件和软件两个方面：硬件方面有各种数控机床、加工中心、自动输送和储运装置、检测装置及计算机网络等；它的软件系统通常由下列 5 个部分组成。

（1）中心数据库。中心数据库包括工艺设计数据、切削有关的数据、NC 编程的数据、生产调度数据、监控数据、管理数据及相应的产品设计数据等，这是一个庞大复杂的工程数据库，系统根据需要，随时存入或调用其中的数据，进行运算和编程等工作。

（2）工艺设计程序。

（3）生产调度程序。

（4）加工控制程序。

（5）质量管理和监控程序。

系统启动后，上述各应用程序从中心数据库取得各种信息，进行运算和处理，控制制造过程自动运行，并将有关信息再返回数据库。

7.4.2　计算机集成制造系统（CIMS）

1. 计算机集成制造（CIM）的概念

如前所述，随着计算机技术在生产中的普及推广和应用，在各项制造功能的子系统中发展了许多计算机辅助的自动化系统，如计算机辅助设计（CAD）、计算机辅助工艺规程设计（CAPP）、计算机辅助制造（CAM）、计算机辅助计划编程等，但它们都是各自独立的，没有经过整体规划，而是从改进各单项功能目标和效益出发发展起来的。因此，各系统之间常常会因为耦合关系不紧密而导致企业整体效益不高。如果用计算机网络将这些"自动化独立岛"有机地集成起来，使之成为一个整体，消除企业内部信息和数据间不该有的矛盾和冗余，使它们具有充分的及时性、准确性、一致性和共享性，将会取得极好的效果。这就是计算机集成制造的概念。

2. 计算机集成制造系统的功能和组成

由一个多级计算机控制结构，配合一套将设计、制造和管理综合为一个整体的软件系统所构成的全盘自动化系统，称为计算机集成制造系统（CIMS），它是 CIM 的具体实施，是未来生产自动化系统的一种模式。

CIMS 不是各个子系统简单的叠加，而是一种有机的集成。它不仅包括了 CAM 的各种制造功能，也包括了工程设计和经营管理的功能。

CIMS 系统由经营管理、工程设计、产品制造、质量保证和物资保障等五大模块组成，另外还需要有一个能有效连接这些子系统的支撑环境，即计算机网络和数据库系统。

（1）管理信息系统（MIS）。这是 CIMS 的上层管理系统，它根据市场需求信息作出生产决策，确定生产计划和估算产品成本，同时作出物料、能源、设备、人员的计划安排，保证生产的正常运行。

（2）工程设计系统（CAE）。这里包括了所有的工程设计工作。工程设计系统由 CAD、CAPP 及计算机辅助工装设计和其他具有分析计算功能的子系统组成，其中的关键是 CAD/CAPP/NCP 的集成。（NCP 是计算机辅助编程的简称）。

（3）制造过程控制系统。制造过程控制系统主要指车间生产设备和过程的控制与管理，如 CNC、FMC、FMS 等。

（4）质量保证系统。这是一个保证产品质量的全企业范围内的系统。从产品设计、原材料入库、检验，一直到制造过程中生产设备、加工方法和工具的选择，工作人员的能力确定等，并监视在生产和运输过程中一切可能影响产品质量的操作。

（5）物料储运和保障系统。物料储运和保障系统保证全企业物资的供应，包括原材料、外购件、自制件等的储存和运送，保障企业生产按计划正常运行。

（6）数据库系统。数据库系统包括各分系统的地区数据库和公用的中央数据库。在数据库管理系统的控制和管理下供各部门调用和存取。

7.5　智能制造

7.5.1　智能制造概述

智能制造（Intelligent Manufacturing，IM）是面向产品全生命周期，实现泛在感知条件下的信息化制造，是一种由智能机器和人类专家共同组成的人机一体化智能系统，它在制造过程中能进行智能活动，如分析、推理、判断、构思和决策等。通过人与智能机器的合作共事，去扩大、延伸和部分地取代人类专家在制造过程中的脑力劳动。它把制造自动化的概念更新，扩展到柔性化、智能化和高度集成化，是信息化与工业化深度融合的大趋势。由于智能制造模式突出了知识在制造活动中的价值地位，而知识经济又是继工业经济后的主体经济形式，所以智能制造就成为影响未来经济发展过程的制造业的重要生产模式。

智能制造含智能制造技术（IMT）和智能制造系统（IMS）。

7.5.2　智能制造技术

智能制造技术是指利用计算机模拟制造专家的分析、判断、推理、构思和决策等智能活动，并将这些智能活动与智能机器有机地融合起来，将其贯穿应用于整个制造企业的各个子系统（如经营决策、采购、产品设计、生产计划、制造、装配、质量保证和市场销售等），以实现整个制造企业经营运作的高度柔性化和集成化，从而取代或延伸制造环境中专家的部分脑力劳动，并对制造业专家的智能信息进行收集、存储、完善、共享、继承和发展的一种极大地提高生产效率的先进制造技术。智能制造技术的研究对象是世界范围内的整个制造环境的集成化和自组织能力，包括制造智能处理技术、自组织加工单元、自组织机器人、智能生产管理信息系统、多级竞争式控制网络、全球通信与操作网等。

智能制造技术旨在将人工智能融进制造过程的各个环节（即产品整个生命周期的所有环节），通过模拟专家的智能活动，对制造问题进行分析、判断、推理、构思、决策，旨在取代或延伸制造环境中人的部分脑力劳动，并对人类专家的制造智能进行收集、存储、完善、共享、继承和发展，从而在制造过程中系统能自动监测其运行状态，在受外界或内部激励时能自动调整其参数，以期达到最佳状态，具有自组织能力。

智能制造技术是一个从产品概念体系到最终产品的集成活动和系统，是一个功能体系和信息处理系统，实质上是智能控制技术在制造领域的应用。智能制造技术研究过程如图 7 - 10 所示。

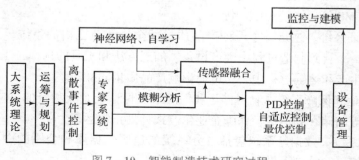

图 7 - 10　智能制造技术研究过程

对于物流系统设计和仿真来说，现代柔性自动化物流系统的设计解决的问题有：物流设备的选择和布局优化；自动化立体仓库的设计；AGV 设计与调度；缓冲站设计；机器人（机械手）功能的开发与应用；物流系统的评价分析。由于物流系统涉及因素很多，往往难以建立数学解析模型，因此计算机仿真成为物流系统设计最常用的手段，将面向对象的概念引入 Petri 网技术中，按面向对象的概念对网络进行分类和抽象，形成层层子网的树形结构，出现了将形式化建模与非形式化建模相融合的复合建模方法。

由于神经网络、模糊控制、面向对象设计等新理论、新技术不断应用，物流系统设计正朝着自动化、柔性化、智能化、集成化方向发展。

物料识别是进行计算机储存控制的基础。自动识别及生产的关键部分，通过声、光、电磁、电子等多种介质获取物料流动过程中某一活动的关键特性。在识别技术中，条形码自动识别技术已被广泛采用。物料控制是在物料识别信息基础上，根据生产情况，由计算机统一协调控制相应的设备和装置，实现物料的按需传送。物料调度是以自动小车，特别是 AGV 为控制对象，在实施实时调度、规划、路径选择时，利用新理论，提高决策水平，适应物流系统柔性化、自动化日益提高的要求。

智能是在各种环境和目的的条件下正确制定决策和实现目的的能力。人是制造智能的重要来源，在智能制造的进程中起着决定性的作用。人工智能就是为了用技术系统来突破人的自然智力的局限性，实现部分代替，延伸和加强人脑的科学。

7.5.3　智能制造系统

智能制造系统是指基于 IMT，利用计算机综合应用人工智能技术（如人工神经网络、遗传算法等）、智能制造机器、代理（Agent）技术、材料技术、现代管理技术、制造技术、信息技术、自动化技术、并行工程、生命科学和系统工程理论与方法，在国际标准化和互换性的基础上，使整个企业制造系统中的各个子系统分别智能化，并使制造系统形成由网络集成的、高度自动化的一种制造系统。智能制造系统就是要通过集成知识工程、制造软件系统、机器人视觉和机器人控制等来对制造技术的技能与专家知识进行模拟，是智能机器在没有人工干预情况下进行生产，实现人类智能活动向制造机械智能活动的转化。

智能制造系统的内容如图 7-11 所示，包括智能活动、智能机器以及两者的有机融合技术，其中智能活动是研究问题的核心。在众多基础技术的研究中，制造智能处理技术负责各环节的制造智能的集成和生成智能机器的智能活动，是智能制造的重要组成部分。智能制造系统是与其环境有物质、能量和信息交换的，是依赖于"强制性"的损耗（磨损、耗散）的开放式自组织系统，是原理平衡态的耗散结构。

与传统的制造系统相比，IMS 具有以下几个特征。

（1）自组织能力。IMS 中的各种组成单元能够根据工作任务的需要，自行集结成一种超柔性最佳结构，并按照最优的方式运行。其柔性不仅表现在运行方式上，还表现在结构形式上。完成任务后，该结构自行解散，以备在下一个任务中集结成新的结构。自组织能力是 IMS 的一个重要标志。

（2）自律能力。IMS 具有搜集与理解环境信息及自身的信息，并进行分析判断和规划自身行为的能力。强有力的知识库和基于知识的模型是自律能力的基础。IMS 能根据周围环

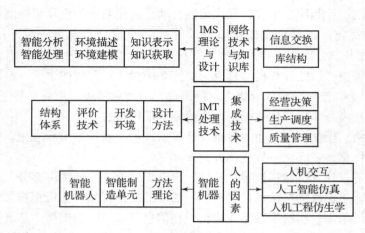

图 7 –11　智能制造系统的内容

境和自身作业状况的信息进行监测和处理，并根据处理结果自行调整控制策略，以采用最佳运行方案。这种自律能力使整个制造系统具备抗干扰、自适应和容错等能力。

（3）自学习和自维护能力。IMS 能以原有的专家知识为基础，在实践中不断地进行学习，完善系统的知识库，并删除库中不适用的知识，使知识库更趋合理；同时，还能对系统故障进行自我诊断、排除及修复。这种特征使 IMS 能够自我优化并适应各种复杂的环境。

（4）整个制造系统的智能集成。IMS 在强调各个子系统智能化的同时，更注重整个制造系统的智能集成。这是 IMS 与面向制造过程中特定应用的"智能化孤岛"的根本区别。IMS 包括了各个子系统，并把它们集成为一个整体，实现整体的智能化。

（5）人机一体化智能系统。IMS 不单纯是"人工智能"系统，而是人机一体化智能系统，是一种混合智能。人机一体化一方面突出人在制造系统中的核心地位，同时在智能机器的配合下更好地发挥了人的潜能，使人机之间表现出一种平等共事、相互"理解"、相互协作的关系，使两者在不同的层次上各显其能，相辅相成。因此，在 IMS 中，高素质、高智能的人将发挥更好的作用，机器智能和人的智能将真正地集成在一起。

（6）虚拟现实。这是实现虚拟制造的支持技术，也是实现高水平人机一体化的关键技术之一。人机结合的新一代智能界面，使可用虚拟手段智能地表现现实，它是智能制造的一个显著特征。

综上所述，作为一种模式，IMS 集自动化、柔性化、集成化和智能化于一身，并不断向纵深发展的先进制造系统。

7.5.4　智能制造的应用和发展

美国是智能制造思想的发源地之一。1989 年，D. A Bourne 组织完成了首台智能加工工作站（IMW）的样机，被认为是智能制造及其发展史的一个重要里程碑；1993 年 4 月美国工程师协会（SME）召开的 IPC '93'，提出了"智能制造、新技术、新市场、新动力"的口号。1991 年韩国提出了"高级先进技术国家计划"，用来实施"先进制造系统"的研究与开发。1992 年，日、美、欧三方共同提出研究开发出能使人和智能设备都不受生产操作和过节限制的合作的系统。与此同时，日本国内也成立了 IMS 研究机构，先期进行 IM 研究开发及配合国际研究计划的实施。德国针对来自亚洲制造业的竞争威胁和美国的"先进制造业"发展，提出了"工业"计划，期望充分发挥德国在制造业的现有优势，以确保德国制造业的未来。"工业"是以智能制造为主导的第四次工业革命，旨在通过充分利用信息通信技术和网络空间虚拟系统——信息物理系统（Cyber - Physical Syst，CPS）相结合的手段，将制造业向智能化转型。"工业"项目主要分为两大主题：一是"智能工厂"，重点研究智能化生产系统及过程，以及网络化分布式生产设施的实现；二是"智能生产"，主要涉及整个企业的生产物流管理、人机互动以及 3D 技术在工业生产过程中的应用等。日、美、欧都将智能制造视为制造技术的尖端科学，并认为是国际制造业科技竞争的制高点，且有着巨大的利益。智能制造技术着重研究制造过程中的智能决策、基于多智能体（Multi - agent）的智能协作求解、智能并行设计、物流传输的智能自动化、智能加工系统和智能机器等问题。

我国也对智能制造进行了探索与研究，并提出了"中国制造 2025"，加快从制造大国向制造强国的转变。最早在 1993 年，国家自然科学基金重大项目就研究了"智能制造系统关键技术"，而到 1999 年，又开展了"支持产品创新先进制造技术若干基础性研究"活动。在智能制造的企业应用方面，有部分企业的智能工厂将智能传感器技术、工业无线传感网络技术、国际开放现场总线和控制网络的有线/无线异构智能集成技术、信息融合与智能处理技术等融入生产各环节，通过与现有的企业信息化技术融合，实现了复杂工业现场的数据采集、过程监控、设备运维与诊断、产品质量跟踪追溯、优化排产与在线调度、用能优化及污染源实时监测，开发了工业现场分析与装备健康运行监测平台、大型离散制造过程的可视化系统与智能工厂应用的云计算平台。

智能制造系统主要研究部分代替人的智能活动和技能；使用智能计算机技术来集成设计制造过程，以虚拟现实技术实现虚拟制造；通过卫星、Internet 和数字电话网络实现全球制造；进行智能化和自律化的智能加工系统以及智能化 CNC、智能机器人的研究；应用分布式人工智能技术，实现自律协作控制等难题。

智能制造的发展核心是"智能化"和"集成化"，集成是智能的基础，智能促使进一步集成。增强专家系统、模糊技术、神经网络技术、基因算法优化控制及其他优化技术等智能技术自身优势的发挥，实施智能技术的集成，实现智能技术的协作与融合，必将成为今后智能机器提高智能化深度的有效途径。通过网络计算机将人的智能活动与智能机器人有机融合，进而实现整个制造过程的最优化、智能化和自动化，达到智能制造的研究目标。

 先导案例解决

如图 7-1 所示液压支架立柱千斤顶的接长杆，尽管其尺寸（长度方向）不同，但其结构是相似的。对于这类零件如果能够运用成组技术的理论，采用成组技术将钻胎设计为成组钻胎，则会更加经济、方便且效率更高。

液压支架上所用的接长杆的直径 d_0 较为常用的有 φ144 和 φ179 两种，采用 V 形铁定位可以很好地解决接长杆上的 5 个 φ23 孔的对中问题。对于不同的 A 值可以以槽宽 30 mm 来对孔 φ23 定位，可以将钻套板设计成浮动结构，沿着接长杆的轴线方向拖动钻套板，就可以完成对 φ23 孔的钻孔工作。图 7-12 即该钻胎的成组工装。

为提高工作效率，减少工件装夹的辅助工作时间，该钻胎设计成对称结构，可以一次完成工件的吊装。并且在钻套板的设计上也同时考虑了加工的便捷，从图 7-12 可知钻套板可以左右双置，并利用双面偏心的凸轮夹紧钻套板。如果采用5个钻套板一次调整完成，就不用来回拖动钻套板，这样就更加便捷。该钻胎实用性强，能解决液压支架生产中所遇到的所有接长杆的钻孔问题。

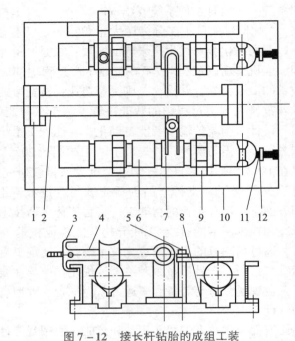

图7-12　接长杆钻胎的成组工装

1—支座；2—转轴；3—夹紧轮；4—钻套板；5—夹紧螺栓；6—工件；
7—夹板；8—底座；9—V形铁；10—立板；11—定位螺钉；12—定位板

生产学习经验

1. 成组技术的实质是按零件的形状、尺寸、制造工艺的相似性，将零件分类归并成组（族），扩大零件的工艺批量，以便采用高效率的工艺方法和设备，使中小批量生产也能获得类似大批量流水生产的经济效益，成组技术成为 CAD、CAPP、CAM、FMS 等技术的基础。

2. 计算机辅助工艺设计（Computer Aided Process Panning，CAPP）是利用计算机技术辅助工艺人员以系统化、标准化的方法，确定零件或产品，从毛坯到成品制造方法的技术。应用 CAPP 技术可以快速、合理地编制出满足生产要求的工艺文件，缩短生产准备周期与新产品开发周期。CAPP 技术从根本上改变了传统工艺设计"个体"与"手工"劳动的性质，提高了工艺设计质量与企业的管理水平。CAPP 是企业信息化和实施 MRP（物料需求计划）和 PDM（产品数据管理）的关键技术。

3. 柔性制造技术（Flexible Manufacturing Technology，FMT）的具体实施是运用数控加工设备、物料运储装置和计算机控制系统组成的自动化系统来运行的。它能最大限度地利用和控制制造的技术、信息和资源来达到最佳的经济效益。柔性制造技术是制造技术吸收 NC 技术、计算机技术、自动控制技术、通信技术等综合应用的生产系统。

4. CAM 技术是利用计算机对制造过程进行设计、控制和管理。目前应用 CAM 技术主要集中在数字化控制、生产计划、机器人和工厂管理等方面。CAM 的应用形式可分为直接应用和间接应用。

5. CIMS 是在自动化技术、信息技术和制造技术的基础上，利用计算机及其软件，将制造工厂全部的生产活动所需要的各种分散的自动化系统有机地集成起来，形成总体上高效益、高柔性的智能制造系统。它的实质是"信息集成"，将不同种类和功能的自动化"孤岛"连接起来，实现全局优化的制造，使生产过程连成一个和谐的整体，创造出高效率、高质量、高产出而赢得市场竞争的局面。集成制造系统是人为的系统。也就是说，是人们为了达到某种目的而设计和建造的系统，整个系统的分析、设计、建构、实施和运行各个阶段均需要人的参与。在实施 CIMS 的过程中不但要强调技术集成，而且要强调技术、人员和经营管理的集成。从系统的功能上看，CIMS 是由管理信息系统、设计自动化系统、制造自动化系统、计算机辅助质量保证系统这四个功能系统以及计算机通信网络和数据库这两个支撑系统工程所组成的。

本章小结

本章主要介绍了成组技术、计算机辅助工艺设计、柔性制造技术、计算机辅助制造、计算机集成制造系统和智能制造系统。小结如下：

1. 成组技术是从成组工艺发展起来的。成组工艺是把形状、工艺、尺寸相近似的零件组成一个零件族（组），按零件族统一制定工艺规程进行制造，扩大了批量，便于采用高效率的生产方法，从而大大提高了劳动生产率。零件的成组分类编码是用数字来描绘零件的名称、几何形状、工艺特征、尺寸和精度等，也就是零件特征的数字化。零件分类成组的方法主要有特征码位法、码域法、特征位码域法。成组工艺的设计方法有复合零件法和复合路线法。成组生产的组织形式有单机成组加工、成组生产单元和成组生产流水线。

2. 计算机辅助工艺设计是指用计算机编制零件的加工工艺过程。CAPP 系统的主要功能是只要输入零件加工的有关信息，计算机就能自动生成并输出零件的加工工艺规程，系统一般由若干程序模块所组成。根据 CAPP 系统的工作原理，可以分成交互型、变异型（又称派生型）、创成型、综合型、智能型 5 种类型。CAPP 一般工艺数据库的内容有材料数据、刀具数据、机床数据、夹具和量具数据、标准工艺规程及成组分类特征数据和动态工艺设计信息等。

3. 柔性制造系统是利用计算机控制系统和物料输送系统，把若干台设备联系起来，形成没有固定加工顺序和节拍的自动化制造系统。它由加工系统、物料流系统、信息流系统三部分组成。

4. 计算机辅助制造是利用计算机分级结构将产品的设计信息自动地转换成制造信息，以控制产品的加工、装配、检验、包装、试验等全过程，以及与这些过程有关的全部物流系统和初步的生产调度，它可以分为直接应用和间接应用两类。CAM 系统的组成可以分为硬件和软件两个方面：硬件方面有各种数控机床、加工中心、自动输送和储运装置、检测装置及计算机网络等；软件系统通常由中心数据库、工艺设计程序列、生产调度程序、加工控制程序和质量管理和监控程序 5 个部分组成。

5. 计算机集成制造系统（CIMS）是由一个多级计算机控制结构，配合一套将设计、制造和管理综合为一个整体的软件系统所构成的全盘自动化系统，它是 CIM 的具体实施，是未来生产自动化系统的一种模式。CIMS 主要有管理信息系统（MIS）、工程设计系统（CAE）、制造过程控制系统、质量保证系统、物料储运和保障系统以及数据库系统。

6. 智能制造是面向产品全生命周期，实现泛在感知条件下的信息化制造，是一种由智能机器和人类专家共同组成的人机一体化智能系统，它在制造过程中能进行智能活动，如分析、推理、判断、构思和决策等。通过人与智能机器的合作共事，去扩大、延伸和部分地取代人类专家在制造过程中的脑力劳动。它把制造自动化的概念更新，扩展到柔性化、智能化和高度集成化，是信息化与工业化深度融合的大趋势。由于智能制造模式突出了知识在制造活动中的价值地位，而知识经济又是继工业经济后的主体经济形式，所以智能制造就成为影响未来经济发展过程的制造业的重要生产模式。智能制造含智能制造技术（IMT）和智能制造系统（IMS）两部分。

 思考题与习题

1. 在机械制造业中，利用成组技术主要解决哪些问题？成组技术的实质是什么？
2. CAPP 系统常用的零件信息描述方法有哪些？
3. 成组技术的基本原理是什么？零件分类编码系统的作用是什么？
4. 简述 FMS 的组成。
5. 什么是 CIMS？简述其功能模块与作用。
6. 什么是智能制造？它在制造业中有什么作用？